普通高等教育“十一五”国家级规划教材

高等院校信息安全专业系列教材

网络信息安全技术

蔡皖东 编著

Information Security

http://www.tup.com.cn

清华大学出版社
北京

内容简介

本书从理论与应用相结合的角度，系统地介绍网络信息安全的基本理论和应用技术。在内容上，注重新颖性，尽量收录近几年发展起来的新概念、新方法和新技术；在形式上，侧重系统性，从系统体系结构的角度来介绍网络信息安全技术及其应用。因此，本书从形式到内容都有其独到之处。

全书共有10章，介绍网络信息安全概论、密码技术、网络层安全协议、传输层安全协议、应用层安全协议、系统安全防护技术、网络安全检测技术、系统容错容灾技术、信息安全标准、系统等级保护等内容。

本书主要作为高等院校相关专业本科生的教材，也可作为相关专业研究生的教材，同时还可供从事网络系统安全技术工作的广大科技人员参考。

图书在版编目(CIP)数据

网络信息安全技术/蔡皖东编著. —北京：清华大学出版社，2015(2020.8重印)
高等院校信息安全专业系列教材
ISBN 978-7-302-39151-7

Ⅰ. ①网…　Ⅱ. ①蔡…　Ⅲ. ①计算机网络—安全技术—高等学校—教材　Ⅳ. ①TP393.08

中国版本图书馆CIP数据核字(2015)第017955号

责任编辑：张　民　薛　阳
封面设计：常雪影
责任校对：梁　毅
责任印制：沈　露
出版发行：清华大学出版社
　　网　　址：http://www.tup.com.cn，http://www.wqbook.com
　　地　　址：北京清华大学学研大厦A座　　**邮　　编**：100084
　　社 总 机：010-62770175　　**邮　　购**：010-62786544
　　投稿与读者服务：010-62776969，c-service@tup.tsinghua.edu.cn
　　质量反馈：010-62772015，zhiliang@tup.tsinghua.edu.cn
　　课件下载：http://www.tup.com.cn，010-83470236
印 装 者：三河市龙大印装有限公司
经　　销：全国新华书店
开　　本：185mm×260mm　　**印　张**：17.75　　**字　　数**：445千字
版　　次：2015年4月第1版　　**印　　次**：2020年8月第7次印刷
定　　价：35.00元

产品编号：062654-01

高等院校信息安全专业系列教材

编审委员会

出版说明

21世纪是信息时代，信息已成为社会发展的重要战略资源，社会的信息化已成为当今世界发展的潮流和核心，而信息安全在信息社会中将扮演极为重要的角色，它会直接关系到国家安全、企业经营和人们的日常生活。随着信息安全产业的快速发展，全球对信息安全人才的需求量不断增加，但我国目前信息安全人才极度匮乏，远远不能满足金融、商业、公安、军事和政府等部门的需求。要解决供需矛盾，必须加快信息安全人才的培养，以满足社会对信息安全人才的需求。为此，教育部继2001年批准在武汉大学开设信息安全本科专业之后，又批准了多所高等院校设立信息安全本科专业，而且许多高校和科研院所已设立了信息安全方向的具有硕士和博士学位授予权的学科点。

信息安全是计算机、通信、物理、数学等领域的交叉学科，对于这一新兴学科的培养模式和课程设置，各高校普遍缺乏经验，因此中国计算机学会教育专业委员会和清华大学出版社联合主办了“信息安全专业教育教学研讨会”等一系列研讨活动，并成立了“高等院校信息安全专业系列教材”编审委员会，由我国信息安全领域著名专家肖国镇教授担任编委会主任，指导“高等院校信息安全专业系列教材”的编写工作。编委会本着研究先行的指导原则，认真研讨国内外高等院校信息安全专业的教学体系和课程设置，进行了大量前瞻性的研究工作，而且这种研究工作将随着我国信息安全专业的发展不断深入。经过编委会全体委员及相关专家的推荐和审定，确定了本丛书首批教材的作者，这些作者绝大多数都是既在本专业领域有深厚的学术造诣、又在教学第一线有丰富的教学经验的学者、专家。

本系列教材是我国第一套专门针对信息安全专业的教材，其特点是：

① 体系完整、结构合理、内容先进。

② 适应面广。能够满足信息安全、计算机、通信工程等相关专业对信息安全领域课程的教材要求。

③ 立体配套。除主教材外，还配有多媒体电子教案、习题与实验指导等。

④ 版本更新及时，紧跟科学技术的新发展。

为了保证出版质量，我们坚持宁缺毋滥的原则，成熟一本，出版一本，并保持不断更新，力求将我国信息安全领域教育、科研的最新成果和成熟经验反映到教材中来。在全力做好本版教材，满足学生用书的基础上，还经由专家的推荐和审定，遴选了一批国外信息安全领域优秀的教材加入本系列教材中，以进一步满足大家对外版书的需求。热切期望广大教师和科研工作者加入我们的队伍，同时也欢迎广大读者对本系列教材提出宝贵意见，以便对本系列教材的组织、编写与出版工作不断改进，为我国信息安全专业的教材建设与人才培养做出更大的贡献。

"高等院校信息安全专业系列教材"已于2006年年初正式列入普通高等教育"十一五"国家级教材规划（见教高[2006]9号文件《教育部关于印发普通高等教育"十一五"国家级教材规划选题的通知》）。我们会严把出版环节，保证规划教材的编校和印刷质量，按时完成出版任务。

2007年6月，教育部高等学校信息安全类专业教学指导委员会成立大会暨第一次会议在北京胜利召开。本次会议由教育部高等学校信息安全类专业教学指导委员会主任单位北京工业大学和北京电子科技学院主办，清华大学出版社协办。教育部高等学校信息安全类专业教学指导委员会的成立对我国信息安全专业的发展起到重要的指导和推动作用。2006年教育部给武汉大学下达了"信息安全专业指导性专业规范研制"的教学科研项目。2007年起该项目由教育部高等学校信息安全类专业教学指导委员会组织实施。在高教司和教指委的指导下，项目组团结一致，努力工作，克服困难，历时5年，制定出我国第一个信息安全专业指导性专业规范，于2012年年底通过经教育部高等教育司理工科教育处授权组织的专家组评审，并且已经得到武汉大学等许多高校的实际使用。2013年，新一届"教育部高等学校信息安全专业教学指导委员会"成立。经组织审查和研究决定，2014年以"教育部高等学校信息安全专业教学指导委员会"的名义正式发布《高等学校信息安全专业指导性专业规范》（由清华大学出版社正式出版）。"高等院校信息安全专业系列教材"在教育部高等学校信息安全专业教学指导委员会的指导下，根据《高等学校信息安全专业指导性专业规范》组织编写和修订，进一步体现科学性、系统性和新颖性，及时反映教学改革和课程建设的新成果，并随着我国信息安全学科的发展不断完善。

我们的E-mail地址：zhangm@tup.tsinghua.edu.cn；联系人：张民。

"高等院校信息安全专业系列教材"编审委员会

前言

近年来，随着信息化的发展，国内各行各业建设了大量的网络信息系统，信息安全问题变得日益突出。人们在享受网络所带来方便和效益的同时，也面临着网络安全提出的巨大挑战，如黑客攻击、病毒传播、非法联络、情报获取等，给网络信息安全带来严重的威胁，安全事件屡有发生，给国家安全、企业利益和个人权益带来极大的危害，并造成了巨大的经济损失。

为了应对信息安全方面的挑战，国家制定了两种信息系统安全保护制度：信息系统安全等级保护制度和涉密信息系统分级保护制度，并制定了一系列相关国家技术标准和法律法规，推动了网络信息安全技术发展和应用，规范了网络信息系统建设和管理。

随着我国信息化的发展和应用的普及，网络信息安全越来越重要，国家和业界都加大了对网络信息安全技术研发方面的投入，对网络信息安全专门人才的需求也越来越大。因此，在很多高校设置了信息安全、安全保密等专业，一些计算机、网络工程、电子商务、电子信息等相关专业开设了信息安全课程，加强了对网络信息安全人才的培养，对网络信息安全教材的需求也随之增加。

作者于2004年编写并出版了《网络与信息安全》，作为国防科工委“十五”规划教材。在10年间，我国在网络信息安全技术、应用和政策层面上都有了很大的发展和变化，教材内容也要与时俱进，吐故纳新，更好地服务于教学。因此，作者对原书进行了重新编写。

全书共有10章。第1章为网络信息安全概论，主要介绍网络安全威胁、网络攻击技术、信息安全技术、信息安全工程、信息安全法规等内容；第2章为密码技术，主要介绍对称密码算法、非对称密码算法、数字签名算法、单向散列函数等内容；第3章为网络层安全协议，主要介绍IPSec安全体系结构、安全联盟、安全协议、密钥管理、IPSec协议的应用等内容；第4章为传输层安全协议，主要介绍SSL握手协议、SSL记录协议、SSL支持的密码算法、SSL协议安全性分析、SSL协议的应用等内容；第5章为应用层安全协议，主要介绍S-HTTP协议、S/MIME协议、PGP协议等内容；第6章为系统安全防护技术，主要介绍身份鉴别技术、访问控制技术、安全审计技术、防火墙技术等内容；第7章为网络安全检测技术，主要介绍安全漏洞扫描技术、网络入侵检测技术等内容；第8章为系统容错容灾技术，包括数据备份技术、磁盘容错技术、系统集群技术、数据灾备技术等内容；第9章为信息安全标准，主要介绍国内外信息安全标准、信息技术安全评估公共准则、系统安全工程能力成熟模型等内容；第10章为系统等级保护，主要介绍信息系统安全等级保护的基本概念、定级方法、基本要求、应用举例等内容。

本书强调理论联系实际，尽量避免理论与应用相脱节。在讲述网络信息安全理论的同时，还介绍了网络信息安全应用示例，以便于读者理解和掌握，也有利于自学，达到事半功倍的学习效果。

本书根据网络信息安全技术发展迅速的特点，还介绍了一些新概念、新方法和新技术，读者在系统地学习理论知识的同时，还能够了解到这一技术的前沿和发展趋势，并从中得到启迪和帮助。

书中难免存在不足和疏漏之处，欢迎广大读者批评指正。

最后，感谢西北工业大学规划教材出版基金对本书的大力资助。

作　者

2014年盛夏于西北工业大学

目录

第1章 网络信息安全概论

1.1 引言

随着互联网技术的不断发展，越来越显示出计算机网络在社会信息化中的巨大作用，计算机网络已经成为当今社会经济活动和社会生活的基础设施，推动了工业信息化、新兴服务业、信息产业的快速发展，带动了国民经济发展和社会进步。

由于网络系统的开放性，以及现有网络协议和软件系统存在的安全缺陷，使任何一种网络系统都不可避免地、或多或少地存在着一定的安全隐患和风险，使人们在享受网络所带来的方便和效益的同时，也面临着网络安全提出的巨大挑战，黑客攻击、病毒传播、非法联络、情报获取等给网络信息安全带来严重的威胁。网络安全事件屡有发生，给国家安全、企业利益和个人权益带来了极大的危害，并造成了巨大的经济损失。

以获取经济利益为目的的黑客经济兴起，网络侵权和犯罪活动屡禁不止，手法日益翻新，包括篡改网站内容、攻击网络服务器、传播盗版数字作品、窃取网银账号、组建僵尸网络等，直接危害了网络安全和社会和谐。

不法分子利用互联网传播黄色信息、邪教信息、虚假新闻、政治攻击、垃圾邮件等有害信息，严重扰乱了人们的思想，特别是给青少年的身心健康带来了极大的损害。

国内外敌对势力和恐怖组织利用互联网进行非法联络，通过加密邮件、即时通信、语音通信、P2P通信、社交网络等手段进行秘密联络，策划和实施恐怖活动，直接威胁着国家安全和社会稳定。

网络间谍利用互联网盗窃国家机密信息、企业内部信息和个人隐私信息，网络窃密和泄密事件不断发生。尤其是海外间谍机关利用木马技术有预谋性地窃取国家的政治、军事和经济情报，直接危害了国家安全和利益。

美国和中国台湾地区的军方分别组建了网络信息战组织，称为老虎部队（Tiger Team），其中一项重要任务就是利用互联网和木马技术有预谋地窃取中国大陆的政治、军事和经济情报，对要害部门和重要人员进行重点布控，试图通过植入木马来窃取重要情报。根据国家安全保密部门统计，在我国每年发生的泄密案件中，70%是海外间谍机关通过互联网和木马来窃取的，并且有逐年增长的趋势，对国家安全和利益造成极大的危害。在这些窃密木马中，大部分由中国台湾地区和美国所控制，其中中国台湾地区占65%，美国占8%。网络窃密问题已经给国家安全和利益带来了极大的危害。

2013年5月发生了轰动世界的“棱镜门”事件，由美国国家安全局前雇员爱德华·斯诺登披露了美国正在实施的互联网、电话网、手机网等网络监听项目，不仅对美国国内实施网络监听，还对包括中国在内的多个国家的网络基础设施和服务器实施网络入侵，获取所需要的信息，对国家安全和利益构成极大的威胁。

针对不断增长的信息安全挑战，必须采取有效的信息安全技术来提高信息系统安全防护和入侵检测能力，保障信息系统安全。信息系统安全保护工作是一项系统工程，需要采用工程化方法来规范信息系统安全建设，将信息安全技术贯穿于信息系统建设的各个阶段，而不是单一信息安全技术的简单应用，这样才能达到信息系统安全保护的整体要求。

本章主要介绍网络安全威胁、网络攻击技术、信息安全技术、信息安全工程以及信息安全法规等，使读者对信息系统安全问题有整体上的了解和认知。

1.2 网络安全威胁

1.2.1 网络环境下的安全威胁

所谓的安全威胁是指对系统安全性的潜在破坏。一个系统可能受到各种各样的安全威胁，只有认识到这些安全威胁，才能采取相应的安全措施进行防范。

通常，在开放的网络环境中，可能面临以下的安全威胁。

(1) 身份假冒：一个实体通过身份假冒而伪装成另一个实体，威胁源是用户或程序。

(2) 非法连接：在网络实体与网络资源之间建立非法逻辑连接，威胁源是用户或程序。

(3) 非授权访问：入侵者违反访问控制规则越权访问网络资源，威胁源是用户或程序，威胁对象是各种网络资源。

(4) 拒绝服务：拒绝为合法的用户提供正常的网络服务，威胁源是用户或程序。

(5) 操作抵赖：用户否认曾发生过的数据报发送或接收操作，威胁源是用户或程序。

(6) 信息泄露：未经授权的用户非法获取了信息，造成信息泄密，威胁源是用户或程序，威胁对象是网络通信中的数据报或数据库中的数据。

(7) 通信业务流分析：入侵者通过观察和分析通信业务流(如信源、信宿、传送时间、频率和路由等)获得敏感信息，威胁源是用户或程序，威胁对象是网络通信中的数据报。

(8) 数据流篡改：对正确的数据报序列进行非法修改、删除、重排序或重放，威胁源是用户或程序，威胁对象是网络通信中的数据报。

(9) 数据篡改或破坏：对网络通信中的数据报和数据库中的数据进行非法修改或删除，威胁源是用户或程序，威胁对象是网络通信中的数据报或数据库中的数据。

(10) 信息推测：根据公布的概要信息(如统计数据、摘要信息等)来推导出原有信息中的数据值，威胁源是用户或程序，威胁对象是数据库中的数据。

(11) 程序篡改：篡改或破坏操作系统、通信软件或应用软件，威胁源是用户或程序，威胁对象是系统中的程序。

1.2.2　TCP/IP 协议安全弱点

在制定 TCP/IP 协议之初，并没有过多地考虑安全问题。随着 TCP/IP 协议的广泛应用，尤其成为互联网的基础协议后，TCP/IP 协议暴露出一些安全弱点，被攻击者利用作为攻击网络系统的重要手段。

TCP/IP 协议的安全弱点主要表现在两个方面。一是没有提供任何安全机制，如数据保密性、数据完整性以及身份真实性等保证机制，不能直接用于建立安全通信环境，必须通过附加安全协议来提供安全机制和安全服务，如 IP 安全（IPSec）协议、安全套接层（SSL）协议等都是基于 TCP/IP 协议的安全协议。二是本身有安全隐患，往往被攻击者利用作为攻击网络系统的一种手段，如 IP 地址欺骗、ICMP Echo flood、TCP SYN flood 和 UDP flood 攻击等，它们大都属于拒绝服务（DoS）攻击。

所谓 DoS 攻击是指非法占用和消耗一个系统资源，使该系统不能提供正常的服务，造成该系统暂时瘫痪，严重时可能引起系统崩溃。DoS 攻击有很多方法，其中 ICMP Echo flood、TCP SYN flood 和 UDP flood 等都是基于 TCP/IP 协议的 DoS 攻击。下面简要介绍 ICMP Echo flood 和 TCP SYN flood 攻击的基本原理。

1. ICMP Echo flood 攻击

ICMP Echo flood 攻击是一种常见的 DoS 攻击，它利用了 ICMP 中的回送（Echo）请求/响应报文实现 DoS 攻击。

ICMP Echo 报文主要用于测试网络目的节点的可达性。源节点向某一指定的目的主机发送 ICMP Echo 请求报文，目的节点收到请求后必须使用 ICMP Echo 响应报文进行响应。在 TCP/IP 实现系统中，Ping 命令就是利用这种 ICMP Echo 报文来测试目的可达性的。

由于一个主机所创建的接收缓冲区总是有限的，如果攻击者在短时间内向一个主机发送大量的 ICMP Echo 请求报文，则会造成该主机的接收缓冲区阻塞和溢出，使它无法接收其他正常的处理请求，于是便产生拒绝服务，造成该主机的网络功能暂时瘫痪。

2. TCP SYN flood 攻击

TCP SYN flood 攻击是一种常见的 DoS 攻击，它利用 TCP 协议在建立连接时的“三次握手”过程实现 DoS 攻击。

TCP 协议为什么要通过“三次握手”过程建立连接呢？主要为了防止因 TCP 报文的延迟和重传可能带来的不安全因素。由于 TCP 报文是在 IP 通信子网上进行传输的，如果通信子网比较拥挤，则 TCP 报文将被延迟，进而产生重复的 TCP 报文。对于 TCP 数据报文，可以通过报文中的序号滤除重复的 TCP 报文。对于 TCP SYN 报文（建立连接）和 TCP FIN 报文（关闭连接），重复的 TCP 报文将带来一定的安全隐患。例如，在电子交易中，一个客户与银行建立一个 TCP 连接，客户通知银行给某个商家的账户里转入一大笔款，然后便释放该连接。如果在建立连接时产生了重复的 TCP SYN 报文和数据报文，并因网络拥挤被暂存在某个路由器上，在该连接释放后，这些被重复的报文却又顺序地到达目的端，请求建立一个新的连接并再次转账，结果给客户造成了很大的损失。因此，

TCP协议在建立连接和关闭连接时双方必须进行认证，即必须执行一个“三次握手”过程。建立连接和关闭连接的情况基本相同，下面以建立连接为例说明这个问题。

在正常情况下，主机A向主机B发送一个起始序号为i的TCP SYN报文请求建立连接；主机B收到后发送一个应答报文，同时请求建立一个反向连接（TCP SYN＋ACK），且起始序号为j；主机A在发送数据报文的同时捎带对反向连接请求进行应答（TCP DATA＋ACK）。

在出现被延迟的重复TCP SYN报文的情况下，重复的TCP SYN报文到达主机B后，请求在已关闭的连接上再次建立连接，主机B发送一个应答报文并请求建立一个反向连接（TCP SYN＋ACK）；主机A便可以发现这个建立连接请求是虚假的，并拒绝主机B的请求，不作任何应答；主机B超时后将放弃该连接。这样，通过“三次握手”过程可以避免因TCP报文的延迟和重传可能带来的不安全因素。

然而，“三次握手”却引起另一种安全问题，即TCP SYN flood攻击问题。通常，在TCP接收程序中设有一个最大连接请求数的参数。如果某个时刻的连接请求数已经达到最大连接请求数，则后续到达的连接请求将被TCP丢弃。除非某一连接被关闭，在TCP连接请求队列中腾出空位置，才能接收新的连接请求。这就是SYN flood攻击的基本原理。

如果攻击者A向B主机发送多个TCP SYN报文请求建立连接，并将源IP地址替换成一个不存在的虚假主机X，则B向X发送TCP SYN＋ACK报文进行响应，但肯定不会收到来自X的TCP ACK报文。于是，B主机的IP层向TCP层报告一个错误信息：X主机不可达，但B主机的TCP层对此不予理睬，认为只是暂时的，继续等待。由于TCP连接请求队列被这种虚假的连接请求所填满，因而不能再接收正常的连接请求，结果产生拒绝服务，造成B主机的网络功能暂时瘫痪。

由于信息系统和通信协议存在安全漏洞和弱点，被攻击者利用发动网络攻击，对信息系统构成很大的威胁，人们不得不耗费大量的人力和物力开发各种信息安全产品，用于增强系统安全性，防范各种网络攻击。

1.3 网络攻击技术

在开放的互联网络系统中，不仅包含了各种交换机、路由器、安全设备和服务器等硬件设备，还包含了各种操作系统平台、服务器软件、数据库系统以及各种应用软件等软件系统，系统结构十分复杂。从系统安全角度讲，任何一个部分要想做到万无一失都是非常困难的，而任何一个疏漏都有可能导致安全漏洞，给攻击者可乘之机，形成安全威胁，并可能带来严重的后果。

在现实网络世界中，网络攻击是安全威胁的具体实现，常见的网络攻击行为主要有以下几种：一是网络监听，通过监听和分析网络数据包来获取有关重要信息，如用户名和口令、重要数据等；二是信息欺骗，通过篡改、删除或重放数据包进行信息欺骗；三是系统入侵，通过网络探测、IP欺骗、缓冲区溢出、口令破译等方法非法获取一个系统的管理员权限，进而植入恶意代码（如木马、病毒等），获取重要数据或者实施系统破坏；四是网络攻击，通过分布式拒绝服务、计算机病毒等方法攻击一个网络系统，使该系统限于瘫痪或崩溃。

下面主要介绍计算机病毒、特洛伊木马、DDoS 攻击、缓冲区溢出攻击、IP 欺骗攻击等几种典型的网络攻击技术。

1.3.1　计算机病毒

1. 计算机病毒概述

计算机病毒（简称病毒）是指一种人为制造的恶意程序，通过网络、存储介质（如 U 盘）等途径进行传播，传染给其他计算机，从事各种非法活动，包括控制计算机、获取用户信息、传播垃圾信息、吞噬计算机资源、破坏计算机系统等，成为计算机及其网络系统的公害。

计算机病毒这个词最早诞生于 20 世纪 70 年代中期美国的科幻小说之中，那时人们更多地把它当作一个杞人忧天的想法来谈论。1984 年美国计算机专家 Fred Cohen 在美国国家计算机安全会议上演示了计算机病毒实验，目的在于引起有关部门的注意。根据有关的资料，第一例广泛传播的计算机病毒是在 1986 年诞生的巴基斯坦病毒，主要目的是为了保护软件版权，用户使用盗版软件就会染上这个病毒。到 1987 年后，计算机病毒在全球广泛流行起来。

1988 年 11 月 1 日，美国康奈尔大学的研究生 Robert Morris 在网络上试验计算机病毒的可行性时，释放了一种实验性的网络蠕虫程序，在 8 小时之内，这一程序入侵了 3000～6000 台运行 UNIX 操作系统的 VAX 和 Sun 计算机，由于蠕虫程序以极快的速度在网络中的计算机之间进行复制，这些计算机的所有计算时间都被蠕虫程序占用，造成系统瘫痪，造成了大约 9200 万美元的重大经济损失。从此，人们开始认识到通过网络传播病毒的危害性。

我国第一次发现计算机病毒是在 1988 年年底。在此之后，计算机病毒的增长速度十分迅速，根据 1992 年公安部门的统计，全国 70%～80% 的计算机都被感染过。在这一阶段，国内计算机病毒的传播途径主要是从国外传入的。在 20 世纪 90 年代之后，开始出现了国产病毒，例如广州一号、中国炸弹等。

目前，全世界流行的计算机病毒已超过八万种，并以每月 300～500 种的速度不断增长。据国际计算机安全协会（ICSA）的抽样调查结果，被抽样的计算机中几乎所有计算机都有过被计算机病毒感染的经历。虽然有 91% 的服务器和 98% 的客户机都使用了防病毒软件，但被计算机病毒感染和破坏的事件仍然有增无减。同时，随着互联网的普及，通过钓鱼网站、电子邮件等传播的计算机病毒和黑客程序越来越多，互联网成为计算机病毒的重要传播途径。

当前，计算机病毒呈现出多样化发展的态势，其破坏性也在不断增加，包括破坏计算机硬件、随机修改和删除文件、篡改网页信息、设置后门程序、获取敏感信息、攻击网络系统、传播垃圾信息等，造成很大的危害。

2010 年 9 月 24 日，伊朗核设施遭到震网（Stuxnet）病毒攻击，导致其核设施不能正常运行。震网病毒是世界上首个专门攻击工业控制系统的计算机病毒，通过 U 盘将震网病毒"摆渡"到内部网络进行传播，进而攻击内部网络中的工业控制系统。据著名的网络安全公司赛门铁克公司的统计，全球大约有 45 000 个网络被该病毒感染。信息安全界将震网病毒攻击伊朗核设施事件列为 2010 年十大 IT 事件之一。

2011 年出现的毒区(Duqu)病毒和 2012 年出现的火焰(Flame)病毒等都是专门攻击工业控制系统的计算机病毒，说明计算机病毒已经成为一种强大的网络战武器。

2. 震网病毒工作原理

震网病毒主要通过 U 盘传入内部网络进行传播，它利用了 5 个 Windows 系统漏洞以及西门子公司的工业控制软件 WinCC 中的漏洞，伪装 RealTek 与 JMicron 两大公司的数字签名，通过一套完整的入侵传播流程，突破工业控制网络的物理隔离，对西门子的数据采集与监视控制(SCADA)系统实施特定的攻击。

SCADA 系统是一种广泛用于能源、交通、水利、铁路交通、石油化工等领域的工业控制系统。SCADA 系统不仅能实现生产过程控制与调度的自动化，而且具备现场数据采集、状态监视、参数调整、信息报警等多项功能。当震网病毒激活后，攻击目标是 SCADA 系统，修改可编程逻辑控制器(PLC)，劫持 PLC 发送控制指令，给工业控制系统造成控制混乱，最终造成业务系统异常、核心数据泄露、停产停工等重大事故，给企业造成难以估量的经济损失，甚至给国家安全带来严重威胁。

震网病毒传播的过程是首先感染外部主机，然后感染 U 盘，利用快捷方式解析漏洞，传播到内部网络。在内部网络中，通过快捷方式解析漏洞，包括 RPC 远程执行漏洞、打印机后台程序服务漏洞等，实现联网计算机之间的传播。如果病毒感染了运行 WinCC 软件的计算机，则对工业控制系统发起攻击。

震网病毒采取多种手段进行渗透和传播，其工作过程如下：

(1) 通过感染震网病毒的 U 盘感染目标系统中的某台计算机。

(2) 通过被感染计算机将震网病毒传播给内部网其他计算机。

(3) 震网病毒尝试与外网的控制台服务器进行通信。

(4) 震网病毒感染内部网中安装有 WinCC 软件的工作站。

(5) 当被感染的工作站连接 PLC 时，震网病毒向 PLC 部署恶意代码。

(6) 恶意代码向工业控制设备发送特定的指令实施攻击。

震网病毒可以在 Windows 2000、Windows XP、Windows Vista、Windows 7 以及 Windows Server 等操作系统中激活运行。该病毒激活后，将利用 WinCC 7.0、WinCC 6.2 等版本的工业控制系统软件漏洞，实施对 CPU 6ES7-417 和 6ES7-315-2 型 PLC 的攻击和控制。可见，震网病毒最终的攻击目标是 PLC，这也是震网病毒区别于其他传统病毒的主要特点。

PLC 是工业控制系统自主运行的关键，PLC 中的控制代码通常由一台运行 WinCC/step 7 等软件的工作站进行远程配置，同时工作站还可以通过管理软件检测 PLC 代码合法性和安全性。PLC 中的代码一旦配置完成，就可以脱离工作站独立地运行，自主完成对生产现场的数据采集、监视、调度等工作。

当震网病毒激活后，首先将原始的 s7otbxdx. dll 文件重命名为 s7otbxsx. dll。然后用自身取代原始的 DLL 文件。这时，震网病毒就可以拦截来自其他软件的任何访问 PLC 的命令了。被震网病毒修改后的 s7otbxdx. dll 文件保留了原来的导出表，导出函数仍为 109 个，其中 93 个导出命令会转发给真正的 DLL，即重命名后的 s7otbxsx. dll，而剩下的 16 种涉及 PLC 的读、写、定位代码块的导出命令，则被震网病毒改动后的 DLL 所拦截。

此外，震网病毒为了防止其写入 PLC 的恶意数据被 PLC 安全检测软件和防病毒软件发现，震网病毒利用 PLC rootkit 技术将其代码藏于假冒的 s7otbxdx. dll 中，主要监测和截获对自己的隐藏数据模块的读请求、对受感染代码的读请求以及可能覆盖震网病毒自身代码的写请求，通过修改这些请求，能够保证震网病毒不会被发现或被破坏，如劫持 s7blk_read 命令，监测对 PLC 的读数据请求，凡是读请求涉及震网病毒在 PLC 中的恶意代码模块，将返回一个错误信息，以规避安全检测。

震网病毒在感染 PLC 后，将改变控制系统中两种频率转换器的驱动，修改其预设参数。频率转换器用来控制其他设备的运行速度，如发动机等，大量应用于供水系统、油气管道系统等工业设施中。震网病毒主要针对伊朗德黑兰的 Fararo Paya 公司和芬兰 VACON 公司生产的变频器，导致其控制设备发生异常。

震网病毒与传统蠕虫病毒相比，除了具有极强的隐蔽性与破坏力外，还具备以下特点：

(1) 病毒攻击具有很强的目的性和指向性。震网病毒虽然能够像传统的蠕虫病毒一样在互联网上进行传播，但并不是以获取用户数据或牟利为目的的，其最终的攻击目标是重要基础设施的 SCADA 系统，修改 SCADA 系统的数据采集、监测、调度等命令逻辑，造成 SCADA 系统的采集数据错误，命令调度混乱，甚至完全操纵控制系统的指控逻辑，按攻击者的意图对工业生产实施直接破坏。

(2) 漏洞利用多样化和攻击技术复杂化。震网病毒从感染、传播，到实现对工业控制系统的攻击，综合利用了多个层次的系统漏洞，涉及 Windows 等通用系统和 SCADA 等专用系统的开发和利用技术，对病毒设计者的技术能力要求很高。例如，在设计入侵 PLC 的攻击代码时，至少需要精通 C/C++ 和 MC7 两种编程语言，同时还要熟练掌握进程注入、程序隐藏等高级编程技术。此外，为了防止防病毒软件的查杀，该病毒还利用安全证书仿冒技术、Rootkit 技术等精心设计了一套自保护机制。国外的信息安全专家称，震网病毒具备相当的高端性，其背后有强大的技术支撑和财政支持。

(3) 面向物理隔离的内部网络的攻击。一般情况下，工业控制系统所在的内部网络是与互联网物理隔离的。为了攻击这种内部网络中的工业控制系统，震网病毒设计者专门设计了通过 U 盘向内部网络进行“摆渡”传播，以感染物理隔离的内部网络，最终达到攻击工业控制系统的目的。震网病毒是高级持续威胁(Advanced Persistent Threat，APT)的典型代表，通过对特定目标的网络环境以及软件和硬件系统的探测分析，寻找可能被利用的安全漏洞和脆弱性，针对这些安全漏洞和脆弱性设计系统攻击方案和流程，将多种攻击手法组合成更复杂的攻击方式，对特定目标进行长时间、持续的攻击，攻击成功率很大，具有更大的危害性。

当前计算机病毒具有以下的特点：

(1) 计算机病毒通过钓鱼网站、游戏网站、黄色网站、P2P 网络以及电子邮件等媒介进行传播，其传播速度更快，感染范围更广。

(2) 计算机病毒越来越多地利用系统安全漏洞，尤其是 Windows 系统平台安全漏洞，波及面非常广。

(3) 计算机病毒采用多种手法来隐藏自己，试图避开防病毒软件的检测和杀除。

(4) 计算机病毒攻击与网络攻击手段紧密结合，使计算机病毒具有更大的破坏力和危害性。

(5) 计算机病毒种类越来越多，传播途径多样化，传播速度更快，破坏性增大，并呈现无国界的态势。

针对网络时代计算机病毒的特点，必须采取有效的防病毒措施。全方位地建立全面的计算机病毒防范和监测体系，做到防"毒"于未然。

计算机病毒主要采用防病毒软件来防范。从目前的防病毒软件来看，一般都采取被动杀毒和主动防毒相结合的策略，将静态扫描杀毒和实时监控杀毒有机结合起来，静态扫描杀毒功能能够查杀各种已知病毒，但不具备防范病毒功能，只能被动地杀毒。实时监控杀毒功能将动态地监测计算机用户操作，包括上网浏览、接收电子邮件、打开网络文件、插入移动盘等，在这些操作过程中能够动态检测和查杀病毒，防止系统被病毒感染，这是主动的防病毒措施，从而提高了计算机病毒检测和查杀能力。

目前，市场上防病毒软件产品有很多种，包括单机版防病毒软件、网络版防病毒软件以及基于云计算的防病毒系统等。用户在使用计算机上网时必须安装被市场广泛认可的防病毒软件，并且要及时升级软件版本和更新病毒模式库，防范新病毒的入侵和破坏。

1.3.2 特洛伊木马

特洛伊木马(简称木马)也是一种恶意程序，木马程序具有短小精悍、隐蔽性强、技术含量高等特点，与计算机病毒不同的是，木马程序一般不具有传播功能，很少破坏计算机系统。

攻击者通过各种手段将木马程序植入目标计算机上，使目标计算机成为受控主机，然后通过远端控制台对受控主机进行远程控制和信息获取，并通过代理服务器将控制台隔离保护起来，防止从受控主机追踪到控制台，图 1.1 为木马系统工作模型。

对目标计算机实施木马攻击的首要条件是将木马程序悄然植入目标计算机上。常用的植入技术手段有渔叉式攻击、诱骗式攻击、利用预留后门等，一般需要利用系统安全漏洞。

(1) 渔叉式攻击：将木马程序隐藏在各种文件中，通过电子邮件等方式定向传送给目标用户，引诱目标用户点击，进而在所使用的计算机上植入木马程序。

(2) 诱骗式攻击：将木马程序隐藏在 Web 网页文件、FTP 文件、图片文件或其他文件中，引诱目标用户点击访问，进而在所使用的计算机上植入木马程序。

(3) 利用预留后门：利用预留在计算机上的系统后门植入木马程序。

在目标计算机开机启动时，木马程序随系统进程加载而自动激活运行。木马程序激

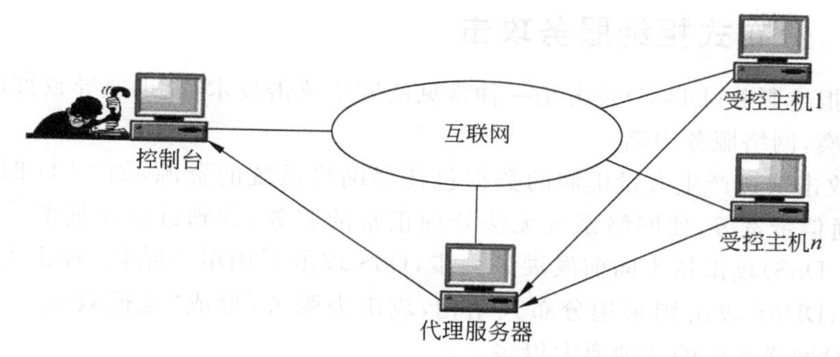

图 1.1　木马系统工作模型

活后，主动向外发出连接请求（即反向连接），与控制台建立网络连接。这时目标计算机便受控于控制台，等待执行控制台命令，并返回执行结果。

一般的木马程序都具有以下基本功能：

(1) 远程操作受控主机文件（上传/下载/删除/修改）；

(2) 远程获取受控主机键盘记录；

(3) 远程获取受控主机当前屏幕；

(4) 远程获取受控主机系统信息和窗口信息；

(5) 远程操作受控主机注册表；

(6) 远程操作受控主机服务与进程；

(7) 远程关闭和锁定受控主机等。

木马程序比较健壮，采用了隐蔽隐身、防火墙穿透、追踪隔离、抗查杀保护等技术，具有难发现、难阻断、难追踪、难清除等特点。

木马程序是一种利用互联网窃取敏感信息的重要工具，网络间谍主要采用对目标计算机进行定点式植入，利用木马程序有预谋地窃取国家政治、国防和经济等方面的情报信息，危及国家安全和利益。网络黑客主要采用"广种薄收"式植入，甚至利用病毒传播机制传播和植入木马程序，窃取个人网银账号、用户口令等个人隐私信息以及企业内部信息，对个人和企业造成财产和信誉等方面的损失。

因此，木马程序具有更大的危害性，必须增强木马防范意识。

(1) 坚持"上网不涉密，涉密不上网"的基本原则，绝不能在上网的计算机上处理涉密信息，防止涉密信息被植入的木马窃取。

(2) 增强信息安全意识，提高木马防范技能。

① 加强防护：在计算机上必须安装防病毒软件，并及时更新病毒库和升级软件版本，增强计算机系统的防护能力。

② 堵住漏洞：经常利用漏洞扫描工具检查计算机上可能存在的系统安全漏洞，并及时安装补丁程序来修补漏洞，提高计算机系统的健康水平。

③ 谨防陷阱：提倡绿色上网，审慎单击不明邮件、不良网页、共享软件等，不放过任何可疑的网络连接、系统提示信息以及其他的异常现象。

1.3.3 分布式拒绝服务攻击

分布式拒绝服务(DDoS)攻击是一种常见的网络攻击技术，能迅速导致被攻击网站服务器系统瘫痪，网络服务中断。

DDoS攻击通过产生大量虚假的数据包耗尽网络系统的资源，如CPU时间、内存和磁盘空间、通信带宽等，使网络系统无法处理正常的服务，直到过载而崩溃。DDoS攻击将拒绝服务(DoS)攻击技术向前发展了一步，DoS攻击采用单点结构，攻击力有限，呈现"孤岛效应"；DDoS攻击则采用分布式结构，攻击力强大，形成"规模效应"。两者相比，DDoS攻击对网络系统的威胁要大得多。

DDoS攻击源于网络测试技术，通过发送海量数据包来测试和验证一个网络系统所能处理的最大网络流量。后来，这种网络测试技术被黑客开发成强大的黑客攻击工具，用于对网络系统实施攻击。

DoS攻击最早用于互联网中的IRC(Internet Relay Chat)网络聊天室，网民们通过DoS将某个计算机系统暂时挂起，以获得频道控制权。最早出现的DDoS攻击工具是一种叫做smurf的软件工具，它利用了网络系统对广播地址自动应答的错误配置，发送一个数据包就会引起上百个数据包的来回反射。

从DDoS攻击机理来看，攻击者首先扫描和寻找互联网中有安全漏洞的脆弱计算机，植入受控程序，也称为僵尸程序，使之成为僵尸主机。然后通过适当的方式将这些僵尸主机有机组织起来，构成一个强大的攻击网络，也称为僵尸网络(Betnet)，黑客通过控制台向各个僵尸主机发送攻击命令，各个僵尸主机按照命令同时向目标系统发起大规模的DDoS攻击，迅速耗尽目标系统的可用资源，使目标系统过载而崩溃。图1.2为DDoS攻击模型。

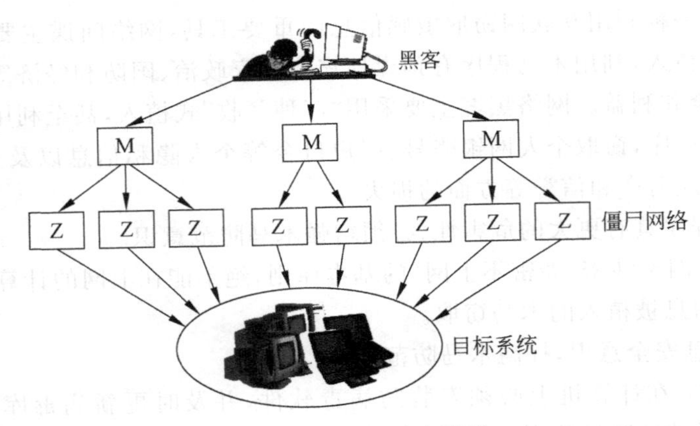

图1.2 DDoS攻击模型

事实上，DDoS攻击是一个分布式攻击系统，通过僵尸网络将互联网中成千上万个脆弱计算机组织和协同起来，构建一个分布式攻击系统，共同对目标系统实施大规模的DDoS攻击。不论一个计算机系统具有多么强大的计算能力，其可用系统资源总是有限的，面对大规模的DDoS攻击，其可用资源将会很快耗尽，导致系统崩溃或死机。

防范 DDoS 攻击的主要方法是采用防火墙技术，将防火墙部署在网络边界接入点或者被保护系统的前端，通过设置有效的安全规则，对网络流量进行检查和过滤，阻止任何异常数据包进入网络，阻断 DDoS 攻击或削弱其攻击力。并且使用入侵检测系统(IDS)来检测进入网络的可疑流量，并及时发出报警信号，提醒管理员采取应对措施，如切断连接等。如果采用防火墙和入侵检测系统联动技术，则能更加有效地防范 DDoS 攻击。

1.3.4 缓冲区溢出攻击

缓冲区溢出攻击是一种渗透式攻击手法。攻击者主要利用程序设计上的某些缺陷来实施缓冲区溢出攻击，其目的是通过缓冲区溢出执行一些恶意代码，获得一个计算机系统的控制权，为实施进一步的攻击提供基础。

一个程序在执行数据拷贝操作前，首先需要分配一个缓冲区，用于存放要拷贝的数据。如果所分配的缓冲区空间小于要拷贝的数据长度，则会产生缓冲区溢出问题，缓冲区溢出的数据将会被覆盖。这些数据可能是随机数据，也可能是用户数据。如果要拷贝的数据是用户提供的，则可以利用缓冲区溢出来执行一些恶意的动作，例如修改变量值、改变程序执行顺序等。

下面是一个典型的缓冲区溢出例子：

```
void func(char * userdata)
{
    char buf [256];
    ⋮
    strcpy (buf, userdata) ;
    ⋮
}
```

程序员以要拷贝的数据肯定少于 256 字节为假设前提，并将数据直接存放到缓冲区中。然而，由于数据是由用户提供的，数据的内容和大小就可以是任意的。strcpy()函数将会连续地从 * userdata 中拷贝数据到 buf 中，直至碰到一个 NULL 字符为止。因此，任何大于 256 字节的数据都会从这个缓冲区溢出。

在缓冲区溢出攻击中，攻击者将一个包含攻击代码 shellcode 的数据拷贝到缓冲区中，并使缓冲区产生溢出，shellcode 的地址将覆盖所保存的指令地址。这样，当函数返回时，程序将会重定向到攻击代码上执行，参见图 1.3。

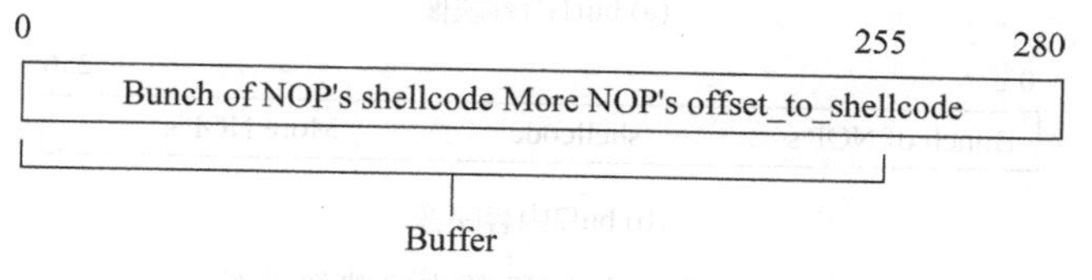

图 1.3　单缓冲区溢出攻击示意

为了避免缓冲区溢出，程序员可以使用 strncpy()函数拷贝数据，strncpy()函数只拷贝满足缓冲区大小的数据。在上面的例子中，将 strcpy (buf, userdata)替换成 strncpy (buf, userdata, 256),而 strncpy (buf, userdata,256)只能拷贝最大长度为 256 字节的数据,就不会发生溢出了。

缓冲区溢出攻击有多种方式,它们主要采用程序重定向法达到攻击的目的。下面是一个更为复杂的双缓冲区溢出的例子,它与上述的单个缓冲区溢出略有不同。假如一个用户可以控制两个相邻缓冲区的内容,其代码段如下:

```
int
main (int argc, char * * argv)
{
char buf1 [1024];
char buf2 [256];
strncpy (buf, argv [1], 1024);
strncpy (buf2, argv [2], 256);          /* 这里可能导致 buf2 未中断 * /
⋮
if (somecondition)
   print_error (buf2);                  /* 报告错误 * /
}

void print_error (char * p)
{
char mybuf [263];
sprintf (mybuf, "error: %s", p);
}
```

由于 main()函数使用了 strncpy(),程序员假定数据在到达 print_error()之前是“干净”的。因此 print_error()没有做检查就直接调用了 sprintf()。然而,p 指向 buf2,而 buf2 又没有被正确地中断,sprintf()就会连续地拷贝数据一直到发现 buf1 末尾的 NULL 字符为止。

现在假设要溢出一个 256 字节的缓冲区。首先使用 shellcode 和 NOP 指令填充 buf2,然后在 buf1 的开头处填入 shellcode 的起始地址。这样,在 strncpy()之后,buf1 和 buf2 中的内容如图 1.4 所示。

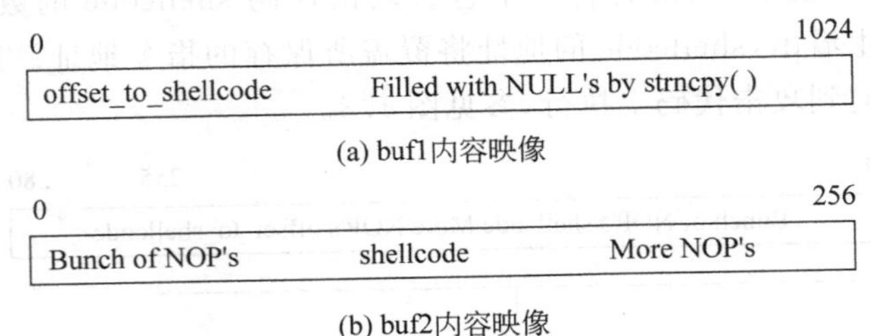

图 1.4 buf1 和 buf2 的内容映像示意

这样的安排是由缓冲区在堆栈中的位置所决定的。argv[1](要被拷贝到 buf1 中的数据)被放在内存中较高的地址处,argv[2](要被拷贝到 buf2 中的数据)被放在内存中较低的地址处。因此，shellcode 地址被放在 buf1 的开头而不是末尾。在 print_error()被调用后，main()的堆栈内容如图 1.5 所示。

图 1.5　main()的堆栈内容映像示意

当 print_error()被调用时，它将一个指针指向 buf2 的开始处或者 main()函数堆栈的顶部。因此，当执行 sprintf()调用时，发生缓冲区溢出，程序执行流程被重定向到 shellcode。

在上面的例子中，攻击成功的关键在于编译器对缓冲区对齐的处理方式。如果编译器为了缓冲区对齐而对某个缓冲区进行了字节填充，则被填充的缓冲区以及填充的内容都会影响到攻击的可能性。

如果 buf2 被对齐，而且填充的内容包含 NULL 字节，则不会发生溢出；如果填充内容非 NULL 字节，并且填充内容在一个双字边界上结束，则仍有可能覆盖被保存的指令地址。

如果 buf1 被对齐，不管填充内容是否包含 NULL 字节，都不会产生什么影响，因为填充的内容处于 shellcode 的后面，因此不会中断正常的拷贝。

缓冲区溢出是一种程序设计上的漏洞，问题并不在于 C 语言或是库函数，也不在于操作系统，而在于程序员没有安全意识。因此，程序员在程序设计时，必须采取有效的预防措施，对存入缓冲区的数据要进行超长中断，以防止缓冲区溢出，同时还应当检查返回值。

下面是 C 语言中一些不能自动中断字符串的函数列表：

```
fread()
the read() family [ read(), readv(), pread() ]
memcpy()
memccpy()
memmove()
bcopy()
for (i=0; i<MAXSIZE; i++)
    buf [i]=buf2 [i];
gethostname()
strncat()
```

在使用这些函数时，应当采取预防措施。注意，在不同的操作系统上，这些函数的实现可能会不同，在编程之前，必须认真地阅读程序设计语言有关的技术说明。

1.3.5　IP 欺骗攻击

IP 欺骗攻击是一种常用的攻击手法，攻击者主要利用了 TCP/IP 协议和操作系统中的某些缺陷来实施 IP 欺骗攻击，进而达到获得一个主机系统的控制权(Root 权限)的目的，为实施进一步的攻击打下基础。因此，IP 欺骗攻击属于一种渗透式攻击。IP 欺骗攻击的手法有很多种，下面介绍的 IP 欺骗攻击是利用 rlogin 程序和建立 TCP 连接过程实施渗透式攻击的。

对于那些基于远程过程调用（RPC）的命令，如 rlogin、rcp、rsh 等都采用客户和服务器模式，在一个主机上运行客户程序（如 rlogin），在另一个主机上运行服务程序（如 rlogind）。在建立远程连接时，服务程序是根据 $HOME/.rhosts 以及/etc/hosts.equiv 文件进行安全检查的，并且只根据信源 IP 地址来确认用户的身份，以确定是否接收用户的 RPC 请求。由于 RPC 连接是基于特定端口的 TCP 连接，而建立 TCP 连接需要经历“三次握手”过程。每次建立 TCP 连接时，TCP 都要为该连接产生一个初始序列号（ISN）。为了防止因 TCP 报文的延迟和重传带来的不安全因素，TCP 协议采用适当的算法来产生初始序列号，而不能随便选取，并且不同的 TCP 实现系统可能采用不同的生成算法。如果掌握了 TCP 初始序列号的分配方法及其随时间变化的规律，则很容易实施 IP 欺骗攻击。

假设 B 是 A 所信任的主机，所谓信任是指在 A 的/etc/hosts.equiv 和 $HOME/.rhosts文件中注册有 B 的 IP 地址。如果 C 企图攻击 A，则必须知道 A 信任 B。那么，如何才能知道 A 信任 B 呢？主要依赖于广泛的信息搜集。下面是 C 采用 IP 欺骗手法攻击 A 的基本过程（参见图 1.6）：

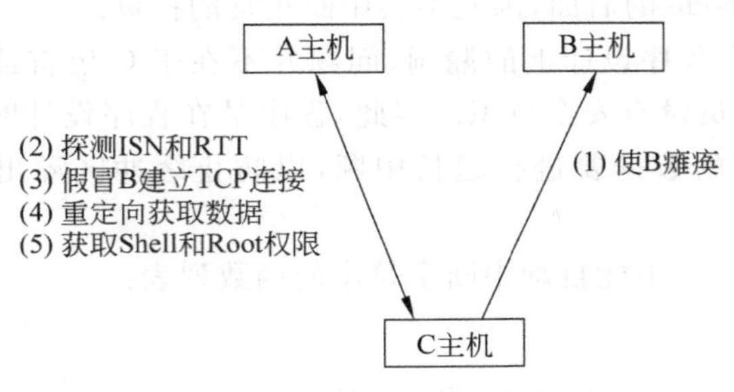

图 1.6　IP 欺骗攻击过程

(1) 假设 C 已经知道了 A 信任 B，首先设法使 B 的网络功能暂时瘫痪，以免 B 干扰攻击。可以通过 TCP SYN flood 攻击达到这一目的，即通过 TCP SYN flood 攻击使 B 的网络功能暂时瘫痪。

(2) C 设法探测 A 的当前 ISN，可以采用连续向 25 端口发送 TCP SYN 报文请求来实现。25 端口是 SMTP 服务，不提供任何安全检查机制。同时，还要计算 C 到 A 的 RTT（Round Trip Time）平均值。如果 C 掌握了 A 的 ISN 基值及其增加规律（例如每秒增加 128 000，每次连接增加 64 000），也计算出 C 到 A 的 RTT 平均值（RTT/2 时间），则可立即转入 IP 欺骗攻击。

(3) C 伪装 B 向 A 发送 TCP SYN 报文请求建立连接，其源 IP 为 B，TCP 端口为 513 端口（rlogin）。A 向 B 回送 TCP SYN＋ACK 报文进行响应，由于 B 处于暂时瘫痪状态，无法向 A 发送 TCP ACK 报文进行响应。

(4) C 伪装成 B 向 A 发送 TCP ACK 报文，该报文中带有 C 所预测的 A 的序列号

ISN+1。如果序列号预测准确，则该 TCP 连接便建立起来，转入数据传送阶段。如果序列号预测得不准确，则 A 可能会发送一个 TCP RST 报文来异常终止连接，本次攻击失败。

（5）由于该连接是 A 与 B 之间的连接，A 向 B 发送数据，而不是向 C，C 仍然无法看到 A 发送给 B 的数据。因此，C 还需要假冒 B 向 A 发送类似于 cat ++ ＞＞～/. rhosts 的 rlogin 命令完成攻击，进而执行 A 的 Shell，获得 Root 权限。

IP 欺骗攻击主要利用了 RPC 服务器的安全检查仅仅依赖于信源 IP 地址的弱点。一旦准确地预测了 A 的 ISN，攻击成功率是很大的。如果攻击者控制了 A 与 B 之间的路由器，则可以获得 A 发送给 B 的数据段，使攻击更加容易。

利用 IP 欺骗攻击可以得到一个主机的 Shell。对于高明的攻击者来说，得到目标主机的 Shell 后，能够很容易地获得该主机的 Root 权限，为实施进一步的攻击奠定基础。

预防这种攻击比较容易，例如：删除所有的/etc/hosts. equiv 和 $HOME/. rhosts 文件，并修改/etc/inetd. conf 文件，使 RPC 服务无法运行；在路由器中设置过滤器，滤除那些来自外部而信源地址却是内部 IP 的报文。另外，在 TCP 实现系统中，应当选择具有较好随机性的 ISN 生成算法，使 ISN 的生成和增加更具随机性，让攻击者难以找到规律。

受各种利益驱使，网络攻击现象会长期存在，网络攻击手法更加复杂、隐蔽、富有攻击性，呈现出以下发展趋势：

一是高级持续性威胁（APT），将多种攻击手法组合成更复杂的攻击方式，针对特定目标进行长时间、持续的攻击，更难发现，危害性更大。

二是零日（0 day）攻击，从发现某个漏洞到利用该漏洞进行攻击，在比较短的时间内完成，即利用了漏洞发现到漏洞修复之间的时间差，攻击成功率很大，难以防范。

三是面向工业控制系统的攻击，网络攻击从网络信息系统向工业控制系统延伸，对一个国家的工业基础设施安全构成很大的威胁，如震网病毒等。

四是黑客经济推动，黑客从网络攻击中获得很大的经济利益，形成黑客产业链，使网络攻击现象屡禁不止，难以根除。

因此，网络攻击和安全防护之间的网络对抗现象会持续下去，对网络攻击和安全防护技术的研究是长期的任务，任重道远。

1.4　信息安全技术

1.4.1　安全服务

在分析安全威胁的基础上，提出网络系统的安全需求，选择适当的安全服务来实施安全防护，消除安全威胁可能带来的危害。在网络安全体系中，主要有 5 种安全服务。

1. 实体认证安全服务

认证是防止主动攻击的安全措施，在网络环境中为保护信息安全发挥了重要的作用。认证的基础是识别和证实，首先要识别一个实体的身份，然后证实该实体是否符合其声明的身份。在网络环境中，实体认证安全服务有来访实体认证、交互双方实体认证和信息源实体认证等。

2. 访问控制安全服务

访问控制是防止越权访问和使用系统资源的安全措施。访问控制大体可分成自主访问控制和强制访问控制，其实现机制可以是基于访问控制属性的访问控制列表（ACL），或者是基于安全标签、用户分类和资源分级的多级访问控制等。

3. 数据保密性安全服务

数据保密性是防止信息泄露的安全措施。数据保密性安全服务又细分为：

（1）报文保密。保护通信系统中的报文或数据库中的数据。

（2）选择段保密。保护报文中所选择的数据段。

（3）通信业务流保密。防止通过观察和分析通信业务流（如信源、信宿、传送时间、频率和路由等）来获得敏感信息等。

4. 数据完整性安全服务

数据完整性是防止非法篡改数据报、文件或通信业务流，保证正确无误地获得资源的安全措施。数据完整性安全服务又细分为：

（1）面向连接完整性。为一次面向连接传输中的所有数据报提供完整性。其方法是验证数据报是否被非法篡改、插入、删除或重放。

（2）面向连接选择段完整性。在一次面向连接传输中，为数据报中所选择字段提供完整性。其方法是验证数据报中所选择字段是否被非法篡改、插入、删除或重放。

（3）无连接完整性。为一次无连接传输中的所有数据报提供完整性。其方法是验证所接收的数据报是否被非法篡改。

（4）无连接选择段完整性。在一次无连接传输中，为数据报中所选择报字段提供完整性。其方法是验证数据报中所选择报字段是否被非法篡改。

5. 抗抵赖性安全服务

抗抵赖性是防止否认曾发生过操作的安全措施。抗抵赖性安全服务又细分为：

（1）发送的抗抵赖性。防止发送者否认发送过信息。

（2）接收的抗抵赖性。防止接收者否认接收过信息。

（3）公证。在通信双方互不信任时，可以通过双方都信任的第三方来公证已经发生过的操作。

1.4.2 安全机制

安全机制可以分成两类：一类与安全服务有关，用来实现安全服务；另一类与安全管理有关，用来加强对系统的安全管理。

1. 安全服务相关的安全机制

（1）加密机制：用于保证通信过程中信息的保密性，采用加密算法对通信数据或业务流进行加密。它可以单独使用，也可以与其他机制结合起来使用。加密算法可分成对称密钥加密算法和非对称密钥加密算法。

（2）数字签名机制：用于保证通信过程中的抗抵赖性，发送者在报文中附加使用自己的私钥加密的签名信息，接收者使用签名者的公钥对签名信息进行验证。

（3）数据完整性机制：用于保证通信过程中信息的完整性，发送者在报文中附加使用单向散列函数计算出的散列值，接收者对散列值进行验证。使用单向散列函数计算出的散列值具有不可逆向恢复的单向性。

（4）实体认证机制：用于保证实体身份的真实性，通信双方相互交换实体的特征信息来声明实体的身份，如口令、证书以及生物特征等。

（5）访问控制机制：用于控制实体对系统资源的访问，根据实体的身份及有关属性信息确定该实体对系统资源的访问权，访问控制机制一般分为自主访问控制和强制访问控制。

（6）信息过滤机制：用于控制有害信息流入网络，根据安全规则允许或禁止某些信息流入网络，防止有害信息对网络系统的入侵和破坏。

（7）路由控制机制：用于控制报文的转发路由，根据报文中的安全标签来确定报文的转发路由，防止将敏感报文转发到某些网段或子网，被攻击者非法窃听和获取。

（8）公证机制：由第三方参与的数字签名机制，通过双方都信任的第三方的公证来保证双方操作的抗抵赖性。

2. 安全管理相关的安全机制

（1）可信任性：来保证安全机制所提供的安全性的可信任度。

（2）安全标签：来标明安全对象的敏感程度或安全级。

（3）事件检测：来检测与安全性相关的事件。

（4）安全审计：来记录和审查与安全相关的实体活动和系统事件。

（5）灾难恢复：来将遭到破坏的安全性恢复到与破坏前一致的安全状态。

安全服务与安全机制有着密切的关系，一个安全系统的功能通过安全服务体现出来，安全服务又是由安全机制实现的。一种安全服务可以由一个或多个安全机制实现，一个安全机制也可以用于实现不同的安全服务。例如，实体认证安全服务可以通过加密机制、数字签名机制以及实体认证机制实现。同时，加密机制可以用于实现实体认证、数据保密性、数据完整性、抗抵赖性等多种安全服务。

1.4.3 网络模型

网络系统所面临的安全风险和潜在的安全威胁与网络模型密切相关。目前，网络模型大致可分为三种。

（1）开放网络：这类应用主要是指互联网中向公众开放的各种信息服务系统或网站，网站与互联网连接，信息内容完全开放，任何客户都可以通过互联网浏览网站上的信息。这种网络应用是开放的，它所面临的安全风险是拒绝服务（DoS）、篡改网页内容以及被非法利用等。

（2）专用网络：这类应用主要是指基于互联网连接的专用网，如企业网、金融网、商务网等，专用网通过防火墙与互联网连接，网络资源只向授权的用户开放，他们可以通过互联网访问专用网上的信息资源。这种网络应用是半开放的，它所面临的安全风险是假冒合法用户获取信息以及在信息传输过程中非法截获或者篡改信息等。

（3）私用网络：这类应用主要是指与互联网物理隔离的内部网，如涉密网等，私用网与互联网是物理隔离的，网络资源只向授权的内部网用户开放，他们只能通过内部网访问网络中的信息资源。这种网络应用是封闭的，它所面临的安全风险是内部用户的非授权访问，窃取和泄露敏感信息等。

针对不同网络模型所面临的安全风险，应当采取适当的安全措施来增强网络系统的安全性。总体上，信息安全技术大致上可分成信息交换安全技术和网络系统安全技术两大类，两者的安全机制和技术方法有所不同，参见图 1.7。

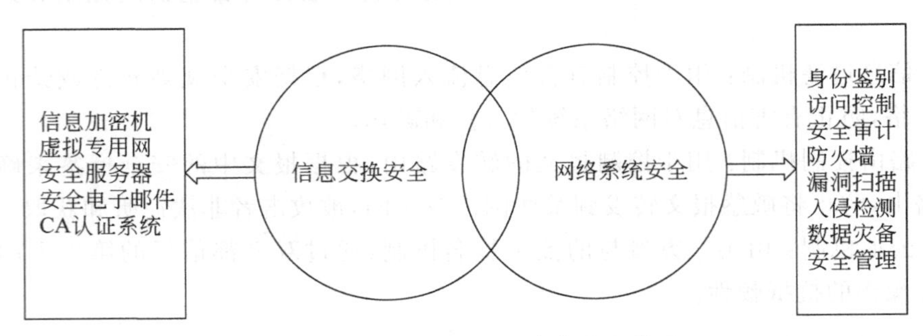

图 1.7　网络信息安全技术分类和体系

1.4.4　信息交换安全技术

信息交换安全技术主要是为了保证在网络环境中信息交换的安全，防止在信息传输过程中被非法窃取、篡改、重放和假冒等。信息交换安全技术是通过数据保密性、数据完整性和抗抵赖性等安全机制实现的，其关键技术是密码技术和安全协议。主要技术方法有信息加密机、虚拟专用网（VPN）、安全服务器、安全电子邮件、CA 认证系统等。

1. 密码技术

密码技术是信息交换安全的基础，通过数据加密、消息摘要、数字签名及密钥交换等技术实现了数据保密性、数据完整性、抗抵赖性和用户身份真实性等安全机制，从而保证了网络环境中信息交换的安全。密码技术大致可以分为三类：对称密码算法、非对称密码算法和单向散列函数。

1）对称密码算法

在对称密码算法中，使用单一密钥来加密和解密数据，典型的对称密码算法是数字加密标准（DES）算法。这种密码算法的特点是计算量小、加密效率高。但在分布式系统上应用时存在着密钥交换和管理问题。

2）非对称密码算法

非对称密码算法也称公钥密码系统，它使用两个密钥（即公钥和私钥）来加密和解密数据，特别适合在分布式系统中应用。通常，用户的公钥可以通过网络发布。当两个用户进行加密通信时，发送方首先获得接收方的公钥，然后用公钥加密数据，并传送给对方；而接收方则使用自己的私钥来解密所接收的数据。由于私钥不在网上传送，比较容易解决密钥管理问题，消除了在网上交换密钥所带来的安全隐患。非对称密码算法的缺点是计算量大、加密效率低，不适合加密长数据。

非对称密码算法除了用于数据加密外，还可以用于数字签名(DS)。数字签名主要提供信息交换时的抗抵赖性，公钥和私钥的使用方式与数据加密恰好相反。当两个用户进行通信时，发送方首先使用自己的私钥加密某些特征信息(即数字签名)，表明对发送该数据的认可，然后将数据和签名信息一起发送给对方。接收方从网上找到发送方的公钥，然后用公钥解密签名信息，并验证签名信息。

常用的非对称密码算法是 RSA 算法，它是由 Rivest，Shamir 和 Adleman 三人发明的，故称为 RSA 算法。美国国家标准技术协会(NIST)提出一种基于非对称密码的数字签名算法，称为 DSA(Digital Signature Algorithm)。

3）单向散列函数

单向散列(Hash)函数的特点是单向不可逆性，原始数据经过单向散列函数计算后，得到一个散列值，而从散列值推导出原始数据是不可能的。单向散列函数主要用于提供信息交换时的完整性，以验证数据在传输过程中是否被篡改。由于单向散列函数计算量大，通常适合于对短数据进行散列计算，如口令、数据检查和等。典型的单向散列函数有 MD5 和 SHA 算法等。

近几年，随着用户对信息安全要求的提高，有关研究机构相继提出一些新型密码算法和标准，如椭圆曲线密码算法、AES 算法以及量子密码技术等。

椭圆曲线密码算法(Elliptic Curve Cryptography，ECC)是利用椭圆曲线上的点构成的 Abelian 加法群构造离散对数问题实现数据加密的。在实际应用中，利用基于有限域的椭圆曲线可以实现数据加密、密钥交换和数字签名等。椭圆曲线算法的特点是加密效率高，容易用计算机的硬件和软件实现。ISO、IEEE 和 IETF 等有关国际组织正在制定基于椭圆曲线的密码标准。

AES(Advanced Encrytion Standard，高级加密标准)算法是 NIST 提出的一种加密标准，目的是取代 DES，成为一种新的加密标准。AES 的基本特点是采用对称分组密码体制，密钥长度最小为 128、192、256 位，分组长度为 128 位，算法易于用各种硬件和软件实现。AES 算法已被美国选作美国加密标准，作为 DES 的替代标准。

量子技术在密码学上的应用可分为两类：一是利用量子计算机对传统密码体制进行分析；二是利用单光子(Heisenberg)的测不准原理在光纤一级实现信息加密和密钥管理，即量子密码学。量子计算机是一种传统意义上的超大规模并行计算系统，利用量子计算机可以在几秒钟内分解 129 位 RSA 的公钥，而传统计算机需要数月时间。

全光网络是今后网络技术的发展趋势。量子密码技术可以在光纤链路级上实现信息加密和密钥交换，其安全性建立在单光子的测不准原理上，如果攻击者企图接收并测量信息发送方的信息(偏振)，将会造成量子状态的改变，这种改变对攻击者而言是不可恢复的，而收发双方能够很容易地检测出信息是否受到攻击。有关研究表明，量子密钥分配在光纤上的有效距离是 48 公里，它同样可以在无光纤的大气中传播 48 公里，该结果可以应用于低轨道卫星和地面站的保密通信。

由于量子密码技术在传送距离上仍未能满足实际光纤通信的要求，其安全性仅基于现有的物理定理，可能存在新的攻击方法，因此，量子密码技术仍有待于进一步的研究。

2. 安全协议技术

在网络环境下，为了实现信息交换的安全，通信各方必须采用和遵循相同的安全协议。安全协议定义了网络安全系统结构、安全机制、所支持的密码算法以及密码算法协商机制等。按网络体系结构层次划分，安全协议可以分成网络层安全协议、传输层安全协议和应用层安全协议。

1）网络层安全协议

网络层安全协议主要是IPSec(IP Security)协议，它基于两种关键技术：加密封装和报文认证。加密封装技术提供了基于IP报文加密封装的数据传输保密性；报文认证技术则提供了基于IP报文认证信息的数据传输完整性。两者结合起来可以保证IP信息交换的安全性。IPSec协议由报文安全封装、IP报文完整性认证和密钥交换等部分组成。IPSec协议采用对称密码系统，其密钥交换由密钥交换(IKE)协议来实现。IPSec协议支持的加密算法有DES-CBC、3DES、CAST-128、IDEA、RC5和Blowfish等，支持的认证算法有MAC(Message Authentication Code)、MD5和SHA-1等。IPSec协议是由IETF开发的，并于1995年公布了IPSec草案，IPSec协议在国际上已得到了广泛的支持，很多的VPN产品都是采用IPSec协议实现的。

2）传输层安全协议

传输层安全协议主要有SSL(Secure Socket Layer)和TLS(Transport Layer Security)，它们都是在传输层上提供安全传输功能的协议。

SSL提供了两个TCP实体之间数据通信的保密性和完整性，它由记录协议(SRP)和握手协议(SHP)组成。在数据交换前，双方通过SHP交换握手信息，确认对方的身份，协商加密算法与密钥，其身份鉴别采用RSA算法和标准的X.509数字证书。双方实现握手后，则通过SRP进行安全的信息交换，SRP与TCP协议接口，并采用对称密码算法(如DES、RC4等)加密数据，采用单向散列函数(如SHA、MD5和MAC等)验证数据完整性。在密钥管理上，SSL支持基于椭圆曲线的密钥交换协议。SSL的优点是独立于上层协议。SSL最初是由Netscape公司开发的，并已嵌入Netscape浏览器中。IETF已公布了SSL的RFC草案，其中SSL v2和SSL v3得到了业界的广泛认可，被广泛应用于网络安全产品中。

TLS是IETF继SSL之后公布的传输层安全协议，实质上是SSL的一个后续版本，在结构上TLS和SSL基本相同，只是在某些报文格式上有一些差别。TLS提供了两个TCP实体之间数据传输的保密性和完整性，TLS由记录协议(TRP)和握手协议(THP)组成，其功能与SRP和SHP相对应。在密钥管理上，TLS同样支持基于椭圆曲线的密钥交换协议。

3）应用层安全协议

针对不同的网络应用，有关组织开发了相应的安全协议，下面是一些主要的应用层安全协议。

SET(Secure Electronic Transaction)是由万事达(MasterCard)和维萨(Visa)以及多家厂商共同制定的电子交易安全标准,并于1996年出台了SET协议规范。SET是为了解决用户、商家和银行之间通过信用卡进行支付的电子交易而设计的,以保证支付信息的保密性、支付过程的完整性、商户和持卡人身份的合法性以及可操作性。SET核心技术主要有公钥密码系统、电子数字签名、电子信封、电子安全证书等。由于SET提供了消费者、商家和收单银行的认证,确保交易各方身份的合法性和交易的抗抵赖性;同时使商家只能得到消费者的定购信息;而银行只能获得有关支付信息,确保了交易数据的安全、完整和可靠。

S-HTTP(Secure HTTP)是一种HTTP的安全增强协议,它增加了基于消息的安全特性,提供了HTTP数据安全传输机制,采用对称密码算法(如DES,RC2等)加密数据;采用非对称密码算法(如RSA、DSA等)进行身份鉴别和数字签名,使HTTP具有数据保密性、数据完整性、抗抵赖性和身份真实性等安全机制,保证了Web系统中客户和服务器之间的通信安全。S-HTTP是由Terisa公司开发的,IETF已公布了有关的RFC文档。

S-MIME(Secure MIME)是对电子邮件传输协议(MIME)的安全性增强,提供了电子邮件加密和用户身份验证功能。S/MIME是在早期的安全电子邮件协议基础上发展起来的,主要针对互联网或企业网。由于S/MIME是针对企业级用户设计的,已得到了许多机构的支持,被认为是商业环境下首选的安全电子邮件协议。目前市场上已经有多种支持S/MIME协议的产品,如微软的Outlook Express、Lotus Domino/Notes、Novell Group Wise及Netscape Communicator等。

PGP(Pretty Good Privacy)是一种对电子邮件进行加密和签名的安全协议,其软件工具可以在互联网上免费下载。PGP采用IDEA算法和RSA算法相结合的混合密码系统。发送方使用随机生成的会话密钥和IDEA算法加密邮件文件,使用接收方的公钥加密会话密钥,然后将加密的邮件文件和会话密钥发送给接收方。接收方使用自己的私钥解密会话密钥,然后再用会话密钥和IDEA算法解密邮件文件。另外,PGP还支持对邮件的数字签名和签名验证。PGP文件格式在RFC1991和RFC 2440文档中描述。

PEM(Privacy Enhanced Mail)是一种对电子邮件进行加密、认证和签名的安全协议,其软件工具可以在互联网上免费下载。PEM提供了数据保密性、身份真实性、数据完整性、抗抵赖性以及密钥分配等安全特性,保证了电子邮件的通信安全。PEM采用DES-CBC算法加密消息,采用MD2或MD5算法验证消息的完整性。PEM还支持基于RSA算法和X.509数字证书的密钥交换和管理。

SSH(Secure Shell)是一种增强远程连接安全性的安全外壳,以取代操作系统中一些远程登录或远程执行命令,如telnet、rlogin、rsh、rdist和rcp等,使远程客户与主机之间能够在开放网络中进行安全的通信。SSH采用RSA算法,提供了身份验证和数据加密功能。在实际中,很多SSH系统都是在SSL协议基础上实现的。

1.4.5 网络系统安全技术

网络系统安全技术主要用于保证网络环境中各种应用系统和信息资源的安全,防止未经授权的用户非法登录系统，非法访问网络资源，窃取信息或实施破坏。网络系统安全技术主要有身份鉴别、访问控制、安全审计、防火墙、漏洞扫描、入侵检测、数据备份、系统容错、数据灾备等，可归纳为系统安全防护、网络安全检测、系统容错容灾等技术。

1. 系统安全防护技术

系统安全防护技术是保护网络系统的第一道安全屏障，也是基本的网络系统安全防护措施，其目的是保证合法的用户能够以规定的权限访问网络系统和资源，防止未经授权的非法用户入侵网络系统，窃取信息或破坏系统。

系统安全防护技术主要有身份鉴别技术、访问控制技术、安全审计技术以及防火墙技术等，综合运用这些系统安全防护技术，构建起基本的网络安全环境。

1）身份鉴别技术

身份鉴别技术用于对请求登录系统的用户身份进行认证和鉴别，只允许经过注册的合法用户登录系统，而拒绝未经注册的非法用户登录系统。常用的身份鉴别方法有口令、一次性口令、USB Key、数字证书以及个人特征等，它们在安全性和实现成本上各有千秋，需要根据所制定的安全策略选择适当的身份鉴别方法。

2）访问控制技术

访问控制技术用于对用户访问网络系统和资源进行控制，使得合法用户登录系统后，只能以规定的权限访问网络系统和资源，而拒绝超越权限的访问。访问控制技术以访问控制模型为基础，通过建立访问控制表（ACL）实现对用户访问网络系统及其资源的控制。在操作系统中，一般都提供了身份鉴别、访问控制等安全机制和功能。例如，在Windows NT Server操作系统中，提供了基于域控模型的访问控制技术，可用来构建基本的网络安全环境。

3）安全审计技术

安全审计技术用于对系统中的用户操作行为和安全事件进行记录和分析，从中发现系统中可能存在的违规操作、异常事件、攻击行为以及系统漏洞等，为实现用户操作行为的电子取证和安全事件的可追溯性提供了重要手段，同时也可作为系统安全风险评估的依据。安全审计技术是一种重要的信息安全技术，在操作系统、应用系统、网络设备以及安全系统中，一般都提供安全审计功能。

4）防火墙技术

防火墙有两种类型：网络防火墙和主机防火墙。网络防火墙是一种设置在内部网与外部网之间的安全网关设备，通过安全规则来控制外部网用户对内部网资源的访问，使外部网和内部网之间既保持连通性，又不直接交换信息，外来的数据包必须经过安全检查后才能确定是否转发到内部网，防止非法用户入侵内部网。网络防火墙分为包过滤型、代理服务型和状态检测型三种，它们在安全性、系统效率和吞吐量等方面各有所长。主机防火墙是一种安装并运行在主机系统上的网络监控软件，用于对用户上网行为进行控制，主机防火墙又分为单机主机防火墙和分布式主机防火墙，后者的安全性更高。

2. 网络安全检测技术

网络安全检测技术主要用于检测和发现网络系统潜在的安全漏洞以及攻击者利用安

全漏洞实施的入侵行为，并及时发出报警。检测系统安全漏洞的安全技术称为安全漏洞扫描技术，检测攻击者入侵行为的安全技术称为入侵检测技术。它们是构建网络安全环境，提高网络安全管理水平必不可少的安全措施。

1）安全漏洞扫描技术

安全漏洞扫描技术用于检测远端或本地主机系统中是否存在安全漏洞。它通过查询一个系统的 TCP/IP 端口，记录目标的响应，采集某些特定的信息（如正在进行的服务、拥有这些服务的用户、是否支持匿名登录、某些网络服务是否需要认证）等方法判断该系统是否存在安全漏洞。安全漏洞扫描系统是一种系统脆弱性评估工具，它利用远程探测和模拟攻击方法对系统进行主动的漏洞扫描，以便及时发现系统潜在的漏洞，同时给出系统漏洞报告，系统管理员通过安装补丁程序、软件升级或关闭相关服务等手段修补安全漏洞。

2）入侵检测技术

入侵检测是一种对计算机和网络资源上的恶意行为进行识别和响应的安全技术，它不仅能够检测来自外部的入侵行为，同时还能够发现来自内部用户的未经授权的非法活动。入侵检测系统（IDS）将从系统日志文件和网络数据包中采集原始数据，然后根据多种检测方法对原始数据进行分析，以此发现入侵行为。从检测方法上，入侵检测系统可分为基于行为的和基于知识的两类。

基于行为的入侵检测也被称为异常检测，它根据用户的行为或资源使用状况的正常程度来判断是否发生入侵行为，而不依赖于具体的入侵模式。它首先建立被检测系统的正常行为模型库，然后基于正常行为模型来判断用户当前行为是否属于异常行为。例如一般在白天使用计算机的用户突然在午夜注册登录，则被认为是异常行为，有可能发生了入侵事件。

基于知识的入侵检测也被称为误用检测，它根据已知的攻击模式来判断是否发生入侵行为。它首先建立已知的攻击模式库，然后基于攻击模式来判断当前系统是否发生了入侵事件。

入侵检测系统一旦检测到入侵事件，将会做出适当的反应，如发出报警、记录有关信息等。系统管理员将根据所发生的入侵事件类型，采取相应措施来加强网络系统的安全性，如修补安全漏洞、升级软件系统、调整安全系统配置以及追查攻击者的踪迹和法律责任等。

3. 系统容错容灾技术

作为一个完整的网络安全体系，仅有“防范”和“检测”措施是不够的，还必须具有系统容错容灾能力。因为任何一种网络安全设施都不可能做到万无一失，一旦发生重大安全事件，其后果将是极其严重的。并且，天灾人祸等方面的灾难事件也会对信息系统造成毁灭性破坏。因此，对于重要的网络信息系统必须采用系统容错容灾技术来提高系统的健壮性、可用性以及可恢复性，即使发生系统故障和灾难事件，也能快速地恢复系统和数据。

系统容错容灾技术主要有数据备份、磁盘容错、系统集群、数据灾备等技术，它们是保障系统和数据安全的重要手段。

1）数据备份技术

数据备份是一种传统的静态数据保护技术，通常按一定的时间间隔对磁盘上的数据进行备份，在发生数据被损坏时，通过数据备份恢复被损坏的数据。由于数据是定时备份，而不是实时备份，因此，通过数据备份不能恢复自最后一次备份以来所产生的数据。这些数据一旦被破坏，将会永久性丢失，并且在数据恢复时必须中断系统服务，降低了系统的服务质量。在实际中，数据备份技术是一种比较常用的数据安全保护措施。

2）磁盘容错技术

磁盘容错是一种动态的数据保护措施，通过磁盘冗余和镜像的方法来保护磁盘上存储的文件和数据。在实际中，主要以双机容错的形式来应用，不仅可以通过磁盘容错技术解决因磁盘失效所带来的数据丢失或损坏问题，还可以通过系统容错技术解决因系统失效而引起的系统服务中断和停机问题，提高了整个系统的可用性和可靠性。

3）系统集群技术

系统集群是一种系统级的系统容错技术，通过对系统的整体冗余和容错解决系统部件失效而引起的系统死机和不可用问题，同时还可以提供负载均衡功能，提升了系统性能。集群系统可以采用双机热备系统、本地集群系统和异地集群系统等多种形式实现，也是云计算中的重要技术。

4）数据灾备技术

数据灾备技术通过通信线路将本地产生的业务数据实时备份到异地的数据备份系统上，以同步或异步方式实现异地数据备份，大大提高了系统抵御灾难能力和数据可恢复性。在数据灾备系统中，通常采用基于存储域网络（SAN）的网络存储框架，以光纤通道（FC）技术为基础，可以提供更好的网络存储性能，能够支持本地和异地动态数据备份，为构架高性能数据灾备系统提供了良好的网络基础架构和支撑环境。

1.5 信息安全工程

在实际应用中，为了达到对信息系统实施有效保护的目的，需要采用信息安全工程方法，首先依据国家相关信息安全标准、政策和法规，规划和设计信息系统安全保护方案；通过正确选择、部署和设置信息安全产品，对信息系统实施安全保护；经过权威机构测评并达到了保护要求后，信息系统投入运行；在信息系统运行过程中，通过安全管理手段对潜在的安全风险进行评估和控制，对所发生的安全事件进行应急响应和管理，确保信息系统安全。

因此，对信息系统实施安全保护并不是信息安全技术和产品的简单应用，而是一个系统工程，最重要的是建立和制定相关标准，以规范安全系统设计、实施、测评和运维等工作，使信息系统的整体安全防护能力达到标准要求。

我国目前已制定了八十多个信息安全技术标准，包括系统安全标准、信息安全技术标准、安全评估标准、公钥基础设施标准、系统等级保护标准以及系统分级保护标准等不同的类别，对推动和规范信息安全技术及产品的研究、开发、测评以及工程应用发挥了重要的作用。

随着信息化的发展,国内各行各业建设了大量的网络信息系统,信息安全问题变得日益突出。为了应对信息安全方面的挑战,国家制定了两种信息系统安全保护制度:信息系统安全等级保护制度和涉密信息系统分级保护制度,并制定了一系列相关国家技术标准和法律法规。在实际上,准确运用相关标准,正确实施信息安全工程非常重要。

信息系统安全等级保护是我国实行的一项重要的信息安全保护制度,被保护对象主要是非涉密信息系统,重点是保障信息系统安全,保护等级主要根据信息系统在国家安全、经济建设、社会生活中的重要程度,以及信息系统遭到破坏后对国家安全、社会秩序、公共利益以及公民、法人和其他组织的合法权益的危害程度等因素来确定,保护等级分成5个级别,其中第一级为最低级,属于基本保护;第五级为最高级。第三、第四、第五级主要侧重于社会秩序和公共利益的保护,虽然也涉及国家安全,但这类信息系统通常是涉密信息系统,必须实行分级保护。

信息系统安全等级保护和分级保护制度为信息安全工程的规范化和标准化提供了法规和标准依据。

1.6 信息安全法规

国家不断加强信息安全法律法规建设,制定和发布一系列信息安全法律法规,为增强人们的信息安全法律意识、规范行为道德、打击违法活动、惩罚犯罪分子提供了法律依据。表1.1给出了国家制定和发布的信息安全相关法律法规。

表1.1 信息安全相关法律法规

序号	法律名称	通过/发布日期	施行日期
1	中华人民共和国保守国家秘密法	1988年9月5日中华人民共和国第七届全国人民代表大会常务委员会第三次会议通过	自1989年5月1日起施行
2	中华人民共和国计算机信息系统安全保护条例	中华人民共和国国务院令第147号,1994年2月18日发布	自发布之日起施行
3	科学技术保密规定	国家科学技术委员会、国家保密局制定,1995年1月6日发布	自发布之日起施行
4	计算机信息网络国际联网管理暂行规定	中华人民共和国国务院令第195号,1996年1月23日国务院第42次常务会议通过	自发布之日起施行
5	计算机信息网络国际联网安全保护管理办法	1997年12月11日国务院批准,1997年12月30日公安部发布	自发布之日起施行
6	计算机信息系统安全专用产品检测和销售许可证管理办法	中华人民共和国公安部令第32号,公安部部长办公会议通过	自1997年12月12日起施行
7	涉及国家秘密的通信、办公自动化和计算机信息系统审批暂行办法	中保办发[1998]6号	自发布之日起施行

续表

序号	法律名称	通过/发布日期	施行日期
8	商用密码管理条例	中华人民共和国国务院令第273号,1999年10月7日发布	自发布之日起施行
9	计算机信息系统国际联网保密管理规定	国家保密局,2000年1月1日发布	自2000年1月1日起施行
10	互联网信息服务管理办法	中华人民共和国国务院令第292号,国务院第31次常务会议通过,2000年9月25日公布	自公布之日起施行
11	计算机病毒防治管理办法	中华人民共和国公安部,2000年4月26日发布	自发布之日起施行
12	全国人大常委会关于维护互联网安全的决定	2000年12月28日第九届全国人民代表大会常务委员会第十九次会议通过	自公布之日起施行
13	中华人民共和国电子签名法	2004年8月28日第十届全国人民代表大会常务委员会第十一次会议通过	自2005年4月1日起施行
14	互联网安全保护技术措施规定	中华人民共和国公安部,2005年12月13日发布	自2006年3月1日起施行
15	电子认证服务管理办法	中华人民共和国信息产业部令第35号,信息产业部第十二次部务会议审议通过,2005年2月8日发布	自2005年4月1日起施行
16	电子认证服务密码管理办法	国家密码管理局,2005年3月31日公布	自2005年4月1日起施行
17	商用密码科研管理规定	国家密码管理局,2005年12月11日公布	自2006年1月1日起施行
18	商用密码产品销售管理规定	国家密码管理局,2005年12月11日公布	自2006年1月1日起施行
19	商用密码产品生产管理规定	国家密码管理局,2005年12月11日公布	自2006年1月1日起施行
20	商用密码产品使用管理规定	国家密码管理局,2007年3月24日公布	自2007年5月1日起施行
21	信息安全等级保护管理办法	公通字[2007]43号,公安部、国家保密局、国家密码管理局、国务院信息工作办公室,2007年6月22日发布	自发布之日起施行
22	中华人民共和国保守国家秘密法	中华人民共和国主席令第28号,2010年4月29日第十一届全国人民代表大会常务委员会第十四次会议修订,2010年10月1日公布	自2010年10月1日起施行
23	全国人民代表大会常务委员会关于加强网络信息保护的决定	2012年12月28日第十一届全国人民代表大会常务委员会第三十次会议通过	自公布之日起施行
24	电信和互联网用户个人信息保护规定	中华人民共和国工业和信息化部令第24号,2013年6月28日中华人民共和国工业和信息化部第2次部务会议审议通过	自2013年9月1日起施行

在保密法律法规中，中华人民共和国保守国家秘密法于1989年5月1日起施行，于2010年4月进行了修订，并于2010年10月1日起施行。相关保密法规还有科学技术保密规定等。

计算机信息系统安全相关的法律法规有6部：中华人民共和国计算机信息系统安全保护条例，计算机信息系统安全专用产品检测和销售许可证管理办法，涉及国家秘密的通信、办公自动化和计算机信息系统审批暂行办法，计算机病毒防治管理办法，信息安全等级保护管理办法。

计算机网络安全相关的法律法规有7部：计算机信息网络国际联网管理暂行规定、计算机信息网络国际联网安全保护管理办法、计算机信息系统国际联网保密管理规定、互联网信息服务管理办法、全国人大常委会关于维护互联网安全的决定、全国人民代表大会常务委员会关于加强网络信息保护的决定、电信和互联网用户个人信息保护规定。

电子商务安全相关的法律法规有8部：中华人民共和国电子签名法、电子认证服务管理办法、电子认证服务密码管理办法、商用密码管理条例、商用密码科研管理规定、商用密码产品销售管理规定、商用密码产品生产管理规定、商用密码产品使用管理规定。

1.7 本章总结

本章主要介绍网络安全威胁、网络攻击技术、信息安全技术、信息安全工程以及信息安全法规等。

在网络环境下，信息系统面临着各种安全威胁和挑战，必须充分认识到这些安全威胁，才能采取相应的安全措施进行防范。网络攻击是安全威胁的具体实现，典型的网络攻击技术有计算机病毒、特洛伊木马、DDoS攻击、缓冲区溢出攻击等，对信息系统安全构成很大的威胁。受各种利益驱使，网络攻击现象会长期存在，网络攻击和安全防护之间的网络对抗也会持续下去，对网络攻击和安全防护技术的研究是长期的任务。

按照安全机制和技术方法，信息安全技术大致上可分成信息交换安全技术和网络系统安全技术两大类，信息交换安全技术主要是为了保证在网络环境中信息交换的安全，防止在信息传输过程中被非法窃取、篡改、重放和假冒等，主要通过数据保密性、数据完整性和抗抵赖性等安全机制来实现，其关键技术是密码技术和安全协议。网络系统安全技术主要是为了保证网络环境中各种应用系统和信息资源的安全，防止未经授权的用户非法登录系统，非法访问网络资源，窃取信息或实施破坏，主要通过系统安全防护、网络安全检测、系统容错容灾等技术来增强系统安全性。

信息系统安全等级保护是我国实行的一项重要的信息安全保护制度，并制定了一系列相关标准。在准确定级的基础上，按照信息安全工程方法，从保护方案规划、设计、实施、测评等各个环节，对信息系统进行规范化保护，使信息系统的整体安全防护能力达到标准要求。因此，不论是信息安全技术开发，还是信息安全工程实施，信息安全技术标准都是十分关键的。目前国家已制定了八十多个信息安全技术标准，对指导和规范信息安全技术及产品的研究、开发、测评以及工程应用发挥了重要的作用。

信息安全法律法规建设十分重要，目前国家已制定和发布了24部信息安全法律法规，包括保密法律法规、计算机信息系统安全法律法规、计算机网络安全法律法规、电子商务安全法律法规等。信息安全法律法规为增强人们的信息安全法律意识、规范行为道德、打击违法活动、惩罚犯罪分子提供了法律依据。

思 考 题

1. 在开放性的网络环境下存在哪些安全威胁？
2. 在TCP/IP协议中，主要存在哪些安全隐患？
3. 为什么会发生TCP SYN flood、ICMP Echo flood攻击？
4. 计算机病毒有哪些危害？防范措施是什么？如何提高防范效果？
5. 特洛伊木马有哪些危害？防范措施是什么？与计算机病毒有什么区别？
6. 请列举计算机病毒和特洛伊木马植入系统的主要方法。
7. 计算机病毒和特洛伊木马植入系统后是怎样激活运行的？
8. 计算机病毒和特洛伊木马主要采用哪些技术对抗查杀？
9. DDoS攻击有哪些危害？实施DDoS攻击的外部条件是什么？能够根除DDoS攻击吗？应当怎样防范DDoS攻击？
10. 有人利用DDoS攻击来测试网络性能，你认为能够测试哪些网络性能？
11. 什么是僵尸主机和僵尸网络？用来实施哪些攻击？
12. 缓冲区溢出攻击的产生原因是什么？如何避免？
13. 缓冲区溢出攻击将带来哪些安全危害和后果？
14. 产生缓冲区溢出攻击的主要原因是什么？应当怎样防范缓冲区溢出攻击？
15. 有人试图在程序中设置一种基于缓冲区溢出攻击的后门，并利用该后门实施攻击，你认为这种攻击方法可行吗？
16. 采用什么方法来检测一个程序是否存在缓冲区溢出？
17. IP欺骗攻击将带来哪些安全危害和后果？
18. 实施IP欺骗攻击的外部条件是什么？能够根除IP欺骗攻击吗？应当怎样防范IP欺骗攻击？
19. 请说明安全服务、安全机制和安全产品之间的关系。
20. 安全管理的基本任务是什么？引入安全策略的目的是什么？
21. 举例说明在开放网络、专用网络和私用网络中分别存在哪些安全风险。
22. 信息交换过程中主要存在哪些安全威胁？采取哪些安全措施来防范？
23. 安全协议所提供的安全机制和服务与网络协议层次有什么关系？
24. 在网络系统中存在哪些安全威胁？分别采取什么安全措施来防范？

第2章 密码技术

2.1 引言

密码技术是信息安全的基础，通过数据加密、数字签名、消息摘要及密钥交换等技术实现了数据保密性、抗抵赖性、数据完整性等安全机制，从而保证了网络环境中信息传输和交换的安全性。密码算法主要有对称密码算法、非对称密码算法和单向散列函数等。

数据加密主要用于实现数据保密性安全机制，使用数据加密算法对所传输的数据进行加密，以防止数据在传输过程中被监听和窃取。数据加密算法主要分为对称密码算法和非对称密码算法，对称密码算法使用单一密钥来加密和解密数据，典型的对称密码算法是DES、IDEA和RC等算法。对称密码算法的优点是计算量小、加密效率高，但在网络环境下应用时需要解决密钥交换和管理问题；非对称密码算法使用两个密钥（即公钥和私钥）实现数据加密和解密，密钥交换和管理比较容易解决，典型的非对称密码算法是RSA算法。非对称密码算法的缺点是计算量大、速度慢，不适合加密长数据。

数字签名主要用于实现抗抵赖性安全机制，使用数字签名算法对所传输的数据进行签名，通过验证签名来防止通信双方对所发生的数据发送或接收行为的抵赖。典型的数字签名算法是DSA算法，RSA算法也可用于数字签名。

消息摘要（Message Digest，MD）主要用于实现数据完整性安全机制，使用单向散列函数对所传输的数据进行散列计算，通过验证散列值来确认数据在传输过程中是否被篡改。典型的单向散列函数有MD5、MD2和SHA等算法。由于单向散列函数计算量大，通常适合于对短消息做散列计算，如数据包检查和等。

密码技术比较复杂，涉及的内容很多。本章主要从实用的角度介绍一些常用的密码算法。

2.2 对称密码算法

2.2.1 对称密码算法基本原理

对称密码算法是指加密和解密数据使用同一个密钥，即加密和解密的密钥是对称的，这种密码系统也称为单密钥密码系统。图2.1表示出了对称密码算法的基本原理。

原始数据（即明文）经过对称加密算法处理后，变成了不可读的密文（即乱码）。如果

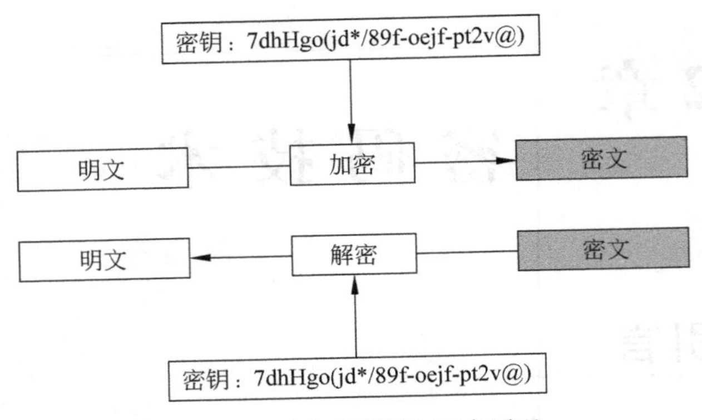

图 2.1 对称密码算法基本原理

想解读原文，则需要使用同样的密码算法和密钥来解密，即信息的加密和解密使用同样的算法和密钥。对称密码算法的特点是计算量小、加密速度快。缺点是加密和解密使用同一个密钥，容易产生发送者或接收者单方面密钥泄露问题，并且在网络环境下应用时必须使用另外的安全信道来传输密钥，否则容易被第三方截获，造成信息失密。

在数据加密系统中，使用最多的对称密码算法是 DES 及 3DES。在个别系统中也使用了 IDEA、RC 以及其他算法。下面主要介绍 DES、IDEA 和 RC 算法。

2.2.2 DES 密码算法

DES(Data Encryption Standard)是一种分组密码算法，使用 56 位密钥将 64 位的明文转换为 64 位的密文，密钥长度为 64 位，其中有 8 位是奇偶校验位。在 DES 算法中，只使用了标准的算术和逻辑运算，其加密和解密速度很快，并且易于实现硬件化和芯片化。

1. DES 算法描述

DES 算法对 64 位的明文分组进行加密操作，首先通过一个初始置换(IP)，将 64 位明文分组分成左半部分和右半部分，各为 32 位。然后进行 16 轮完全相同的运算，这些运算称为函数 f，在运算过程中，数据和密钥结合。经过 16 轮运算后，通过一个初始置换的逆置换(IP^{-1})，将左半部分和右半部分合在一起，得到一个 64 位的密文，参见图 2.2。

每一轮的运算步骤如下所示。

(1) 进行密钥置换，通过移动密钥位，从 56 位密钥中选出 48 位密钥。

(2) 进行 f 函数运算：

① 通过一个扩展置换(也称 E 置换)将数据的右半部分扩展成 48 位。

② 通过一个异或操作与 48 位密钥结合，得到一个 48 位数据。

③ 通过 8 个 S-盒代换将 48 位数据变换成 32 位数据。

④ 对 32 位数据进行一次直接置换(也称 P-盒置换)。

(3) 通过一个异或操作将函数 f 的输出与左半部分结合，其结果为新的右半部分；而原来的右半部分成为新的左半部分。

每一轮运算的数学表达式为

$$R_i = L_{i-1} \oplus f(L_{i-1}, K_i)$$

$$L_i = R_{i-1}$$

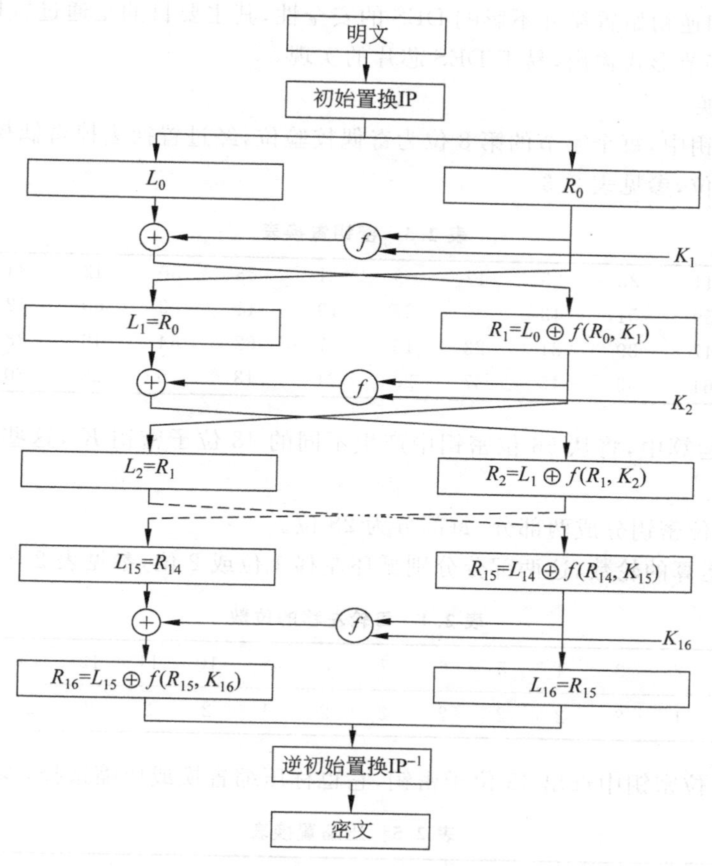

图 2.2　DES 算法原理图

其中，L_i 和 R_i 分别为第 i 轮迭代的左半部分和右半部分，K_i 为第 i 轮 48 位密钥。

1）初始置换和逆初始置换

DES 算法在加密前，首先执行一个初始置换操作，将 64 位明文的位置进行变换，得到一个乱序的 64 位明文，参见表 2.1，表中元素将按行输出。

经过 16 轮运算后，通过一个逆初始置换操作，将左半部分和右半部分合在一起，得到一个 64 位密文，参见表 2.2，表中元素将按行输出。

表 2.1　初始置换表

58	50	42	34	26	18	10	2
60	52	44	36	28	20	12	4
62	54	46	38	30	22	14	6
64	56	48	40	32	24	16	8
57	49	41	33	25	17	19	1
59	51	43	35	27	19	11	3
61	53	45	37	29	21	13	5
63	55	47	39	31	23	16	7

表 2.2　逆初始置换表

40	8	48	16	56	24	64	32
39	7	47	15	55	23	63	31
38	6	46	14	54	22	62	30
37	5	45	13	53	21	61	29
36	4	44	12	52	20	60	28
35	3	43	11	51	19	59	27
34	2	42	10	50	18	58	26
33	1	41	9	49	17	57	25

初始置换和逆初始置换并不影响 DES 的安全性，其主要目的是通过置换将明文和密文数据变换成字节形式输出，易于 DES 芯片的实现。

2）密钥置换

在 64 位密钥中，每个字节的第 8 位为奇偶校验位，经过置换去掉奇偶校验位，实际的密钥长度为 56 位，参见表 2.3。

表 2.3　密钥置换表

57	49	41	33	25	17	9	1	58	50	42	34	26	18
10	2	59	51	43	35	27	19	11	3	60	52	44	36
63	55	47	39	31	23	15	7	62	54	46	38	30	22
14	6	61	53	45	37	29	21	13	5	28	20	12	4

在每一轮运算中，将从 56 位密钥中产生不同的 48 位子密钥 K_i，这些子密钥按下列方式确定：

（1）将 56 位密钥分成两部分，每部分为 28 位。

（2）根据运算的轮数，这两部分分别循环左移 1 位或 2 位，参见表 2.4。

表 2.4　每轮左移的位数

轮数	1	2	3	4	5	6	7	8	9	10	11	12	13	14	15	16
左移位数	1	1	2	2	2	2	2	2	1	2	2	2	2	2	2	1

（3）从 56 位密钥中选出 48 位子密钥，它也称压缩置换或压缩选择，参见表 2.5。

表 2.5　压缩置换表

14	17	11	24	1	5	3	28	15	6	21	10
23	19	12	4	26	8	16	7	27	20	13	2
41	52	31	37	47	55	30	40	51	45	33	48
44	49	39	56	34	53	46	42	50	36	29	32

3）扩展置换

扩展置换将数据的右半部分 R_i 从 32 位扩展成 48 位，以便与 48 位密钥进行异或运算。扩展置换的输入位和输出位的对应关系如表 2.6 所示。

表 2.6　扩展置换表

32	1	2	3	4	5	4	5	6	7	8	9
8	9	10	11	12	13	12	13	14	15	16	17
16	17	18	19	20	21	20	21	22	23	24	25
24	25	26	27	28	29	28	29	30	31	32	1

4）S-盒代换

通过 8 个 S-盒代换将异或运算得到的 48 位结果变换成 32 位数据。每个 S-盒为一个非线性代换网络，有 6 位输入，4 位输出，并且每个 S-盒代换都是不相同的。48 位输入被分成 8 个 6 位组，每个组对应一个 S-盒代换操作，表 2.7 列出了 8 个 S-盒。

S-盒代换是 DES 算法的关键步骤，因为所有其他运算都是线性的，易于分析，而 *S*-盒代换是非线性的，其安全性高于其他步骤。

表 2.7　8 个 *S*-盒

S-盒 1	14	4	13	1	2	15	11	8	3	10	6	12	5	9	0	7
	0	15	7	4	14	2	13	1	10	6	12	11	9	5	3	8
	4	1	14	8	13	6	2	11	15	12	9	7	3	10	5	0
	15	12	8	2	4	9	1	7	5	11	3	14	10	0	6	13
S-盒 2	15	1	8	14	6	11	3	4	9	7	2	13	12	0	5	10
	3	13	4	7	15	2	8	14	12	0	1	10	6	9	11	5
	0	14	7	11	10	4	13	1	5	8	12	6	9	3	2	15
	13	8	10	1	3	15	4	2	11	6	7	12	0	5	14	9
S-盒 3	10	0	9	14	6	3	15	5	1	13	12	7	11	4	2	8
	13	7	0	9	3	4	6	10	2	8	5	14	12	11	15	1
	13	6	4	9	8	15	3	0	11	1	2	12	5	10	14	7
	1	10	13	0	6	9	8	7	4	15	14	3	11	5	2	12
S-盒 4	7	13	14	3	0	6	9	10	1	2	8	5	11	12	4	15
	13	8	11	5	6	15	0	3	4	7	2	12	1	10	14	9
	10	6	9	0	12	11	7	13	15	1	3	14	5	2	8	4
	3	15	0	6	10	1	13	8	9	4	5	11	12	7	2	14
S-盒 5	2	12	4	1	7	10	11	6	8	5	3	15	13	0	14	9
	14	11	2	12	4	7	13	1	5	0	15	10	3	9	8	6
	4	2	1	11	10	13	7	8	15	9	12	5	6	3	0	14
	11	8	12	7	1	14	2	13	6	15	0	9	10	4	5	3
S-盒 6	12	1	10	15	9	2	6	8	0	13	3	4	14	7	5	11
	10	15	4	2	7	12	9	5	6	1	13	14	0	1	3	8
	9	14	15	5	2	8	12	3	7	0	4	10	1	13	11	6
	4	3	2	12	9	5	15	10	11	14	1	7	6	0	8	13
S-盒 7	4	1	2	14	15	0	8	13	3	12	9	7	5	10	6	1
	13	0	11	7	4	9	1	10	14	3	5	12	2	15	8	6
	1	4	11	13	12	3	7	14	10	15	6	8	0	5	9	2
	6	11	13	8	1	4	10	7	9	5	0	15	14	2	3	12
S-盒 8	13	2	8	4	6	15	11	1	10	9	3	14	5	0	12	7
	1	15	13	8	10	3	7	4	12	5	6	11	0	14	9	2
	7	11	4	1	9	12	14	2	0	6	10	13	15	3	5	8
	2	1	14	7	4	10	8	13	15	12	9	0	3	5	6	11

5) *P*-盒置换

S-盒输出的 32 位结果还要进行一次 *P*-盒置换，其中任何一位不能被映射两次，也不能省略。*P*-盒置换的输入位和输出位的对应关系如表 2.8 所示。

最后，*P*-盒置换的结果与 64 位数据的左半部分进行一个异或操作，然后左半部分和右半部分进行交换，开始下一轮运算。

表 2.8 P-盒置换表

16	7	20	21	29	12	28	17	1	15	23	26	5	18	31	10
2	8	24	14	32	27	3	9	19	13	30	6	22	11	4	25

6) DES 解密

DES 算法一个重要的特性是加密和解密可使用相同的算法。也就是说，DES 可使用相同的函数加密或解密每个分组，但两者的密钥次序是相反的。例如，如果每轮的加密密钥次序为 $K_1, K_2, K_3 \cdots, K_{16}$，则对应的解密密钥次序为 $K_{16}, K_{15}, K_{14} \cdots, K_1$。在解密时，每轮的密钥产生算法将密钥循环右移 1 位或 2 位，每轮右移位数分别为 0,1,2,2,2,2,2,2,1,2,2,2,2,2,2,1。

2. DES 工作模式

DES 的工作模式有 4 种：电子密本(ECB)、密码分组链接(CBC)、输出反馈(OFB)和密文反馈(CFB)。ANSI 的银行标准中规定加密使用 ECB 和 CBC 模式，认证使用 CBC 和 CFB 模式。在实际应用中，经常使用 ECB 模式。在一些安全性要求较高的场合下，使用 CBC 模式，它比 ECB 模式复杂一些，但可以提供更好的安全性。

3. DES 实现方法

DES 算法有硬件和软件两种实现方法。硬件实现方法采用专用的 DES 芯片，使 DES 加密和解密速度有了极大的提高，例如，DEC 公司开发的一种 DES 芯片的加密和解密速度可达 1Gb/s，能在 1s 内加密 16 800 000 个数据分组，并且支持 ECB 和 CBC 两种模式。现在已有很多公司生产商用的 DES 芯片。商用的 DES 芯片在芯片内部结构和时钟速率等方面各有不同，例如有些芯片采用并行处理结构，在一个芯片中有多个可以并行工作的 DES 模块，并采用高速时钟，大大提高了 DES 加密和解密速度。

软件实现方法的处理速度要慢一些，主要取决于计算机的处理能力和速度。例如，在 HP 9000/887 工作站上，每秒可处理 196 000 个 DES 分组。

在实际应用中，数据加密产品将引起系统性能的下降，尤其在网络环境下应用时，将引入很大的网络延时。为了在安全性和性能之间求得最佳的平衡，最好采用基于 DES 芯片的数据加密产品。

4. 三重 DES 算法

为了提高 DES 算法的安全性，人们还提出了一些 DES 变形算法，其中三重 DES 算法(简称 3DES)是经常使用的一种 DES 变形算法。

在 3DES 中，使用两个或三个密钥对一个分组进行三次加密。在使用两个密钥的情况下，第一次使用密钥 K_1，第二次使用密钥 K_2，第三次再使用密钥 K_1；在使用三个密钥的情况下，第一次使用密钥 K_1，第二次使用密钥 K_2，第三次再使用密钥 K_3，参见图 2.3。经过 3DES 加密的密文需要 2^{112} 次穷举搜索才能破译，而不是 2^{56} 次。可见，3DES 算法进一步加强了 DES 的安全性，在一些高安全性的应用系统，大都将 3DES 算法作为一种可选的数据加密算法。

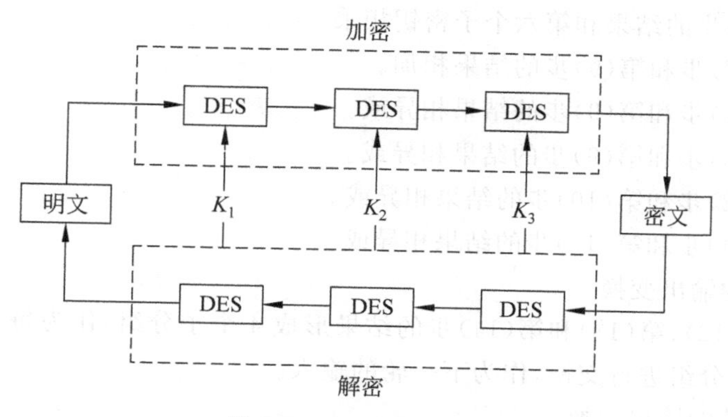

图 2.3　3DES 原理框图

2.2.3　IDEA 密码算法

IDEA 算法是 X. Lai 和 J. Massey 两人于 1990 年发表的，当时的名称是 PES(Proposed Encryption Standard)，作为 DES 的更新换代产品的候选方案。1991 年以色列数学家 E. Biham 和 A. Shamir 发表差分密码分析方法后，为了抵抗这种强有力的攻击方法，IDEA 算法设计者更新了该算法，增强了算法的安全强度，并将新算法更名为 IPES(Improved Proposed Encryption Standard)，1992 年该算法再次更名为 IDEA(International Data Encryption Algorithm)。

IDEA 算法是一种分组密码算法，每个分组长度为 64 位，密钥长度为 128 位，同一个算法既可用于加密，又可用于解密。IDEA 算法的设计原则是基于三个代数群的混合运算，这三个代数群是异或运算、模 2^{16} 加和模 $2^{16}+1$ 乘，并且所有运算都在 16 位子分组上进行。因此，该算法无论用硬件还是用软件都易于实现，尤其有利于 16 位处理器的处理。

1. IDEA 算法描述

在 IDEA 中，64 位数据分组被分成 4 个 16 位子分组：X_1、X_2、X_3 和 X_4，它们作为第一轮输入，共有 8 轮。在每一轮中，这 4 个子分组之间相互进行异或、相加和相乘运算。每轮之间，第二和第三子分组相交换。最后在输出变换中，4 个子分组与 4 个子密钥之间进行运算。下面是该算法的加密过程。

1) 每一轮的运算过程

(1) X_1 与第一个子密钥相乘。

(2) X_2 与第二个子密钥相加。

(3) X_3 与第三个子密钥相加。

(4) X_4 与第四个子密钥相乘。

(5) 将第(1)步和第(3)步的结果相异或。

(6) 将第(2)步和第(4)步的结果相异或。

(7) 将第(5)步的结果和第五个子密钥相乘。

(8) 将第(6)步和第(7)步的结果相加。

(9) 将第(8)步的结果和第六个子密钥相乘。

(10) 将第(7)步和第(9)步的结果相加。

(11) 将第(1)步和第(9)步的结果相异或。

(12) 将第(3)步和第(9)步的结果相异或。

(13) 将第(2)步和第(10)步的结果相异或。

(14) 将第(4)步和第(10)步的结果相异或。

2) 每一轮的输出变换

第(11)、第(12)、第(13)和第(14)步的结果形成4个子分组,作为每一轮的输出。然后将中间两个子分组进行交换,作为下一轮的输入。

3) 最后一轮的输出变换

经过8轮运算后,对最后输出的结果进行以下变换:

(1) X_1 与第一个子密钥相乘。

(2) X_2 与第二个子密钥相加。

(3) X_3 与第三个子密钥相加。

(4) X_4 与第四个子密钥相乘。

最后,将这4个子分组重新连接在一起形成密文。

4) 子密钥的产生和分配

该算法共使用了52个子密钥(每一轮需要6个,8轮需要48个,最后输出变换需要4个)。子密钥的产生方法是:

将128位密钥分成8个16位子密钥,分配给第一轮6个和第二轮前2个。

密钥向左环移25位,再分成8个16位子密钥,分配给第二轮4个和第三轮4个。

密钥再向左环移25位生成8个子密钥,并顺序分配。如此进行直到算法结束。

IDEA的解密过程与上述过程基本相同,只是解密子密钥是通过对加密子密钥的求逆运算(加法逆或乘法逆)得到的,并且需要花费一定的计算时间,但对每个解密子密钥只需做一次运算。

2. IDEA实现方法

IDEA算法可采用硬件和软件两种方法实现。其软件实现方法比DEC快两倍。硬件实现方法采用超大规模集成电路(VLSI)用芯片,如ETHZurich公司开发的VLSI专用芯片,其IDEA加密数据速率达177Mb/s。

2.2.4 RC密码算法

RC密码算法有一个系列,它们都是由美国MIT的密码学专家Ron Rivest教授设计的。其中,RC1未公开发表,RC2是可变密钥长度的分组密码算法,RC3因在开发过程中被攻破而放弃,RC4是可变密钥长度的序列密码算法,RC5是可变参数的分组密码算法。下面简单地介绍RC2、RC4和RC5算法。

1. RC2密码算法

RC2算法是Rivest为RSA数据安全公司(RSADSI)设计的,RC2没有申请专利,而是作为商业秘密加以保护的。RC2 算法是一种可变密钥长度的 64 位分组密码算法，其目标是取代 DES。该算法将接收可变长度的密钥，其长度从 0 到计算机系统所能接收的最大长度的字符串，并且加密速度与密钥长度无关。该密钥被预处理成 128 字节的相关密钥表，有效的不同密钥数目为 2^{1024}。由于 RC2 没有公开，其算法细节不得而知。

RSADSI 声称，用软件实现的 RC2 算法比 DES 快三倍，并且比 DES 的安全性更高。因为 RC2 不是一个迭代型分组密码，所以能够更有效地抵抗差分和线性密码分析的攻击。

美国政府对密码产品的出口采取严格的限制，不允许出口它所不能破译（至少理论上）的任何密码算法及其产品。对 RC2 和 RC4 产品的出口限制为密钥长度不超过 40 位。40 位密钥总共有 2^{40} 个不同的密钥。假如使用有效的穷举搜索算法和高速的计算机，并且能够每秒测试 100 万个密钥，那么从 2^{40} 个密钥中找出正确的密钥需要 12.7 天。如果 1000 台设备同时工作，则找出正确的密钥只需 20 分钟。显然，40 位密钥大大降低了 RC2 的安全性。

2. RC4 密码算法

RC4 算法是一种可变密钥长度的序列密码算法，有人在互联网上公布了 RC4 算法的源代码。

RC4 算法以输出反馈（OFB）模式工作，密钥序列与明文相互独立。它采用了一个 8×8 的 S-盒：$S_0, S_1, S_2, \cdots, S_{255}$，并按下列步骤对 S-盒进行初始化。

（1）线性填充：$S_0=0, S_1=1, S_2=2, \cdots, S_{255}=255$。

（2）密钥填充：用密钥填充一个 256 字节的数组 $K_0, K_1, K_2, \cdots, K_{255}$，不断重复密钥直到填满为止。

（3）设置一个指针 j，且 $j=0$。然后进行下列计算：

对于 $i=0\sim255$

$$j=(j+S_i+K_i) \bmod 256$$

$$S_i <=> S_j \quad (\text{交换 } S_i \text{ 和 } S_j)$$

所有项都是在 0 和 255 数字之间进行置换的，并且这个置换是一个可变长度密钥的函数。它使用两个计算器 i 和 j，初值均为 0。产生一个随机字节的步骤是：

$$i=(i+1) \bmod 256$$

$$j=(j+S_i) \bmod 256$$

$$S_i <=> S_j \quad (\text{交换 } S_i \text{ 和 } S_j)$$

$$t=(S_i+S_j) \bmod 256$$

$$K=S_t$$

字节 K 与明文进行异或运算，便产生密文；字节 K 与密文进行异或运算，便恢复明文。

RSADSI 宣称 RC4 算法对差分和线性密码分析是免疫的，它几乎没有任何小的循环，并且具有很高的非线性。因此，RC4 的安全性是有保证的。另外，RC4 的加密和解密速度非常快，大约比 DES 快 10 倍。

3. RC5 密码算法

RC5 算法是一种可变参数的分组密码算法，可变的参数为：分组大小、密钥长短和加密轮数。该算法使用了三种运算：异或、加法和循环，并且循环是一个非线性函数。

RC5 中的分组长度是可变的(这里以 64 位分组为例)，在加密时使用了 $2r+2$ 个密钥相关的 32 位字：$S_0, S_1, S_2, \cdots, S_{2r+1}$，其中 r 为加密的轮数。

RC5 的加密步骤如下。

(1) 将明文分组划分为两个 32 位字：A 和 B。

(2) 进行下列计算：

$$A = A + S_0$$
$$B = B + S_1$$

对于 $i = 0 \sim r$

$$A = ((A \oplus B) \lll B) + S_{2r}$$
$$B = ((B \oplus A) \lll A) + S_{2r+1}$$

(3) 输出结果在 A 和 B 中。

其中，$\oplus$为异或运算，$\lll$ 为循环左移，加法是模 2^{32}。

RC5 的解密步骤如下。

(1) 将密文分组划分为两个 32 位字：A 和 B。

(2) 进行下列计算。

对于$i = r$ 递减至 1：

$$B = ((B - S_{2r+1}) \ggg A) \oplus A$$
$$A = ((A - S_{2r}) \ggg B) \oplus B$$
$$B = B - S_1$$
$$A = A - S_0$$

(3) 输出结果在 A 和 B 中。

其中，$\oplus$为异或运算，$\ggg$ 为循环右移，减法也是模 2^{32}。

RC5 的密钥创建步骤如下。

(1) 将密钥字节复制到 32 位字的数组 L 中。

(2) 利用线性同余发生器模 2^{32} 初始化数组 S。

$$S_0 = p$$

对于 $i = 1 \sim 2(r+1) - 1$：

$$S_i = (S_{i-1} + Q) \bmod 2^{32}$$
$$p = 0\text{xb7e15163}, Q = 0\text{x9e3779b9},$$

这些常数是十六进制表示。

(3) 对 L 和 S 进行混合运算：

$$i = j = 0$$
$$A = B = 0$$

做 $3n$ 次运算：

$$A = S_i = (S_i + A + B) \lll 3$$
$$B = L_i = (L_i + A + B) \lll (A + B)$$
$$i = (i + 1) \bmod 2\ (r + 1)$$
$$j = (j + 1) \bmod c$$

其中，n 是 $2(r+1)$ 和 c 中的最大值。

RC5 的加密轮数是可变的。在 6 轮后，经过线性分析表明是安全的。作者推荐的加密轮数是至少 12 轮，最好是 16 轮。

2.3 非对称密码算法

2.3.1 非对称密码算法基本原理

非对称密码算法是指加密和解密数据使用两个不同的密钥，即加密和解密的密钥是不对称的，这种密码系统也称为公钥密码系统（Public Key Cryptosystem，PKC）。公钥密码学的概念首先是由 Diffie 和 Hellman 两人在 1976 年发表的一篇著名论文《密码学的新方向》中提出的，并引起了很大的轰动。该论文曾获得 IEEE 信息论学会的最佳论文奖。

与对称密码算法不同的是，非对称密码算法将随机产生两个密钥：一个用于加密明文，其密钥是公开的，称为公钥；另一个用来解密密文，其密钥是秘密的，称为私钥。图 2.4 表示了非对称密码算法的基本原理。

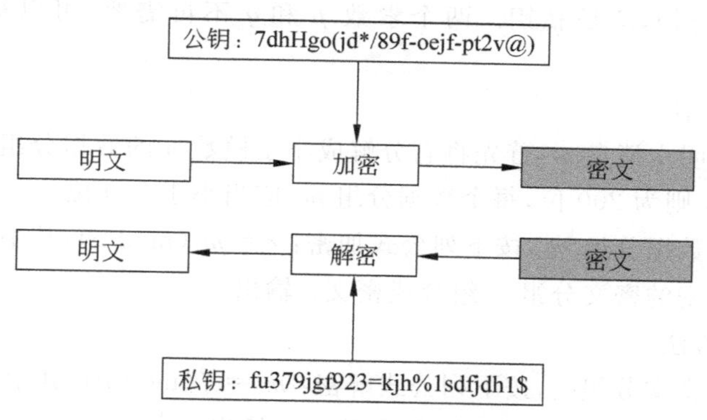

图 2.4 非对称密码算法基本原理

如果两个人使用非对称密码算法加密信息，则发送者首先要获得接收者的公钥，并使用接收者的公钥加密原文，然后将密文传输给接收者。接收者使用自己的私钥才能解密密文。由于加密密钥是公开的，不需要建立额外的安全信道来分发密钥，而解密密钥是由用户自己保管的，与对方无关，从而避免了在对称密码系统中容易产生的任何一方单方面密钥泄露问题以及分发密钥时的不安全因素和额外的开销。

非对称密码算法的特点是安全性高、密钥易于管理，缺点是计算量大、加密和解密速度慢。因此，非对称密码算法比较适合于加密短信息。在实际应用中，通常采用由非对称密码算法和对称密码算法构成混合密码系统，发挥各自的优势。使用对称密码算法加密数据，加密速度快；使用非对称密码算法加密对称密码算法的密钥，形成高安全性的密钥分发信道，同时还可以用来实现数字签名和身份验证机制。

在非对称密码算法中，最常用的是 RSA 算法。在密钥交换协议中，经常使用 Diffie-

Hellman 算法。下面主要介绍这两种算法。

2.3.2 RSA 算法

RSA 算法是用三个发明人 Rivest,Shamir 和 Adleman 的名字命名的。它是第一个比较完善的公钥密码算法,既可用于加密数据,又可用于数字签名,并且比较容易理解和实现。RSA 算法经受住了多年的密码分析的攻击,具有较高的安全性和可信度。

1. RSA 算法描述

RSA 的安全性基于大数分解的难度。其公钥和私钥是一对大素数的函数,从一个公钥和密文中恢复出明文的难度等价于分解两个大素数之和。

1) 两个密钥产生方法

(1) 选取两个大素数:p 和 q,并且两数的长度相同,以获得最大程度的安全性。

(2) 计算两数的乘积:$n=p\times q$。

(3) 随机选取加密密钥 e,使 e 和 $(p-1)(q-1)$ 互素。

(4) 计算解密密钥 d,为满足 $ed\equiv 1 \bmod (p-1)(q-1)$,则 $d=e^{-1}\bmod((p-1)(q-1))$,$d$ 和 n 也互素。

(5) e 和 n 是公钥,d 是私钥。两个素数 p 和 q 不再需要,可以被舍弃,但绝不能泄露。

2) 数据加密方法

(1) 对于一个明文消息 m,首先将它分解成小于模数 n 的数据分组。例如,p 和 q 都是 100 位的素数,n 则为 200 位,每个数据分组 m_i 应当小于 200 位。

(2) 对于每个数据分组 m_i,按下列公式加密:$c_i=m_i^e(\bmod n)$,其中 e 是加密密钥。

(3) 将每个加密的密文分组 c_i 组合成密文 c 输出。

3) 数据解密方法

(1) 对于每个密文分组 c_i,按下列公式解密:$m_i=c_i^d(\bmod n)$,其中 d 是解密密钥。

(2) 将每个解密的明文分组 m_i 组合成明文 m 输出。

下面举一个简单的例子来说明 RSA 方法。

(1) 假设 $p=47$,$q=71$,则 $n=p\times q=3337$。

(2) 选取加密密钥 e,如 $e=79$,且 e 和 $(p-1)(q-1)=46\times 70=3220$ 互素(没有公因子)。

(3) 计算解密密钥 $d=79^{-1}\bmod 3220=1019$,d 和 n 也互素。

(4) e 和 n 是公钥,可公开;d 是私钥,需保密;丢弃 p 和 q,但不能泄露。

(5) 假设一个明文消息 $m=6\ 882\ 326\ 879\ 666\ 683$,首先将它分解成小于模数 n 的数据分组,这里模数 n 为 4 位,每个数据分组 m_i 可分成三位。m 被分成 6 个数据分组:$m_1=688$;$m_2=232$;$m_3=687$;$m_4=966$;$m_5=668$;$m_6=003$(若位数不足,左边填充 0 补齐)。

(6) 现在对每个数据分组 m_i 进行加密:$c_1=688^{79}\bmod 3337=1570$,$c_2=232^{79}\bmod 3337=2756$……

(7) 将密文分组 c_i 组合成密文输出：c=15 702 756 209 122 762 423 158。

(8) 现在对每个密文分组 c_i 进行解密：$m_1 = 1570^{1019} \bmod 3337 = 688$，$m_2 = 2756^{1019} \bmod 3337 = 232$……

(9) 将每个解密的明文分组 m_i 组合成明文输出：m=6 882 326 879 666 683。

2. RSA 实现方法

RSA 有硬件和软件两种实现方法。不论何种实现方法，RSA 的速度总是比 DES 慢得多。因为 RSA 的计算量要大于 DES，在加密和解密时需要做大量的模数乘法运算。例如，RSA 在加密或解密一个 200 位十进制数时大约需要做 1000 次模数乘法运算，提高模数乘法运算的速度是解决 RSA 效率的关键所在。

硬件实现方法采用专用的 RSA 芯片，以提高 RSA 加密和解密的速度。生产 RSA 芯片的公司有很多，如 AT&T、Alpha、英国电信、CNET、Cylink 等，最快的 512 位模数 RSA 芯片速度为 1Mb/s。同样使用硬件实现，DES 比 RSA 快大约 1000 倍。在一些智能卡应用中也采用了 RSA 算法，其速度都比较慢。

软件实现方法的速度要更慢一些，与计算机的处理能力和速度有关。同样使用软件实现，DES 比 RSA 快大约 100 倍。表 2.9 为 RSA 软件实现的处理速度实例。

表 2.9 RSA 软件实现的处理速度实例(在 SPARC Ⅱ 工作站上)

操作功能	512 位	768 位	1024 位
加密	0.03s	0.05s	0.08s
解密	0.16s	0.48s	0.93s
签名	0.16s	0.52s	0.97s
认证	0.02s	0.07s	0.08

在实际应用中，RSA 算法很少用于加密大块的数据，通常在混合密码系统中用于加密会话密钥，或者用于数字签名和身份鉴别，它们都是短消息加密应用。

2.3.3 Diffie-Hellman 算法

Diffie-Hellman 算法是世界上第一个公钥密码算法，其数学基础是基于有限域的离散对数，有限域上的离散对数计算要比指数计算复杂得多。Diffie-Hellman 算法主要用于密钥分配和交换，不能用于加密和解密信息。

Diffie-Hellman 算法的基本原理是：首先 A 和 B 两个人协商一个大素数 n 和 g，g 是模 n 的本原元。这两个整数不必是秘密的，两人可以通过一些不安全的途径来协商，其协议如下：

(1) A 选取一个大的随机整数 x，并且计算 $X = g^x \bmod n$，然后发送给 B。

(2) B 选取一个大的随机整数 y，并且计算 $Y = g^y \bmod n$，然后发送给 A。

(3) A 计算 $k = Y^x \bmod n$。

(4) B 计算 $k' = X^y \bmod n$。

由于 k 和 k' 都等于 $g^{xy} \bmod n$，其他人是不可能计算出这个值的，因为他们只知道 n，

g、X 和 Y。除非他们通过离散对数计算来恢复 x 和 y。因此，k 是 A 和 B 独立计算的秘密密钥。

n 和 g 的选取对系统的安全性产生很大的影响，尤其 n 应当是很大的素数，因为系统的安全性取决于大数(与 n 同样长度的数)分解的难度。

基于 Diffie-Hellman 算法的密钥交换协议可以扩展到三人或更多的人。

2.4 数字签名算法

2.4.1 数字签名算法基本原理

在日常的社会生活和经济往来中，签名盖章是非常重要的。在签订经济合同、契约、协议以及银行业务等很多场合都离不开签名或盖章，它是个人或组织对其行为的认可，并具有法律效力。在计算机网络应用中，尤其是电子商务中，电子交易的抗抵赖性是必要的，它一方面要防止发送方否认曾发送过消息；另一方面还要防止接收方否认曾接收过消息，以避免产生经济纠纷。提供这种抗抵赖性的安全技术就是数字签名。

数字签名包括消息签名和签名认证两个部分。对于一个数字签名系统必须满足下列条件：

(1) 一个用户能够对一个消息进行签名。

(2) 其他用户能够对被签名的消息认证，以证实该消息签名的真伪。

(3) 任何人都不能伪造一个用户的签名。

(4) 如果一个用户否认对消息的签名，可通过第三方仲裁来解决争议和纠纷。

公钥密码系统为数字签名提供了一种简单而有效的实现方法，其基本原理如图 2.5 所示。假如 A 向 B 发送一个消息 M，现使用基于公钥密码系统的数字签名方法对消息 M 进行签名和签名认证，其过程如下：

(1) A 使用自己的私钥加密消息 M，生成签名 S；

(2) A 将消息 M 和签名 S 发送给 B；

(3) B 使用 A 的公钥解密 S，恢复信息 M，并比较两者的一致性来验证签名。

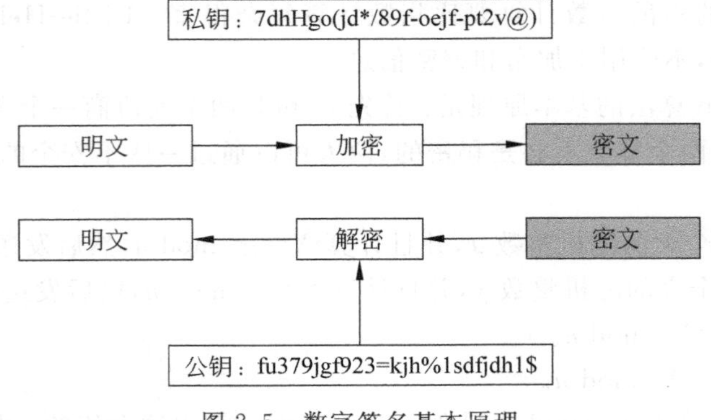

图 2.5 数字签名基本原理

可见，基于公钥的数字签名系统与数据加密系统既有联系，又有所差别。在数据加密系统中，发送者使用接收者的公钥加密所发送的数据，接收者使用自己的私钥解密数据，目的是保证数据的保密性，但不验证数据。同时，它还要解决密钥分配和分发问题。在数字签名系统中，签名者使用自己的私钥加密关键性信息（如信息摘要）作为签名信息，并发送给接收者，接收者则使用签名者的公钥解密签名信息，并验证签名信息的真实性。有些数字签名算法，如 DSA（Digital Signature Algorithm）不具有数据加密和密钥分配能力，主要通过变换计算来产生和验证签名信息。而有些数据加密算法，如 RSA 则可用于数字签名。

下面主要介绍 DSA 算法和基于 RSA 的数字签名算法。

2.4.2 DSA 算法

DSA 是美国国家标准技术协会（NIST）在其制定的数字签名标准（DSS）中提出的一个数字签名算法。DSA 基于公钥体系，用于接收者验证数据的完整性和数据发送者的身份，也可用于第三方验证签名和所签名数据的真实性。

在 DSS 标准中规定，数字签名算法应当无专利权保护问题，以便推动该技术的广泛应用，给用户带来经济利益。由于 DSA 无专利权保护，而 RSA 受专利保护。因此，DSS 选择了 DSA 而没有采纳 RSA。结果在美国引起很大的争论。一些购买 RSA 专利许可权的大公司从自身利益出发强烈反对 DSA，给 DSA 的推广应用带来了一定的影响。

DSA 是一种基于公钥体系的数字签名算法，主要用于数字签名，而不能用于数据加密或密钥分配。在 DSA 中，使用了以下的参数：

（1）p 是从 512 位到 1024 位长的素数，且是 64 的倍数。

（2）q 是 160 位长且与 $p-1$ 互素的因子。

（3）$g=h^{(p-1)/q} \bmod p$，其中 h 是小于 $p-1$ 并且满足 $h^{(p-1)/q} \bmod p$ 大于 1 的任意数。

（4）x 是小于 q 的数。

（5）$y=g^x \bmod p$。

在上述参数中，p、q 和 g 是公开的，可以在网络中被所有用户公用，x 是私钥，y 是公钥。

另外，在标准中还使用了一个单向散列函数 $H(m)$，指定为安全散列算法（SHA）。

下面是 A 对消息 m 签名和 B 对签名的验证过程：

（1）A 产生一个小于 q 的随机数 k。

（2）A 对消息 m 进行签名：

$$r = (g^k \bmod p) \bmod q$$

$$s = (k^{-1}(H(m) + xy)) \bmod q$$

式中，r 和 s 是 A 的签名，并发送给 B。

（3）B 通过下列计算来验证签名：

$$w = s^{-1} \bmod q$$

$$i = (H(m) \times w) \bmod q$$

$$j = (rw) \bmod q$$

$$v = ((g^i \times y^j) \bmod p) \bmod q$$

如果 $v=r$，则签名有效。

在 DSS 标准中，还推荐了一种产生素数 p 和 q 的方法，它使人们相信尽管 p 和 q 是公开的，但其产生方法具有可信的随机性，因此 DSA 是很安全的。

2.4.3 基于 RSA 的数字签名算法

虽然美国的数字签名标准中没有采纳 RSA 算法，但 RSA 的国际影响还是很大的。国际标准化组织(ISO)在其 ISO 9796 标准中建议将 RSA 作为数字签名标准算法，业界也广泛认可 RSA。因此，RSA 已经成为事实上的国际标准。由于 RSA 的加密算法和解密算法互为逆变换，所以可以用于数字签名系统。

假定用户 A 的公钥为 n 和 e，私钥为 d，M 为待签名的消息，A 的秘密(加密)变换为 D，公开(解密)变换为 E。那么 A 使用 RSA 算法对 M 的签名为

$$S \equiv D(M) \equiv M^d (\bmod n)$$

用户 B 收到 A 的消息 M 和签名 S 后，可利用 A 的公开变换 E 来恢复 M，并验证签名：

$$E(S) \equiv (M^d \bmod n)^e \equiv M$$

因为只有 A 知道 D，根据 RSA 算法，其他人是不可能伪造签名的，并且 A 与 B 之间的任何争议都可以通过第三方仲裁解决。

如果要求对一个消息签名并加密，每个用户则需要两对公钥：一对公钥(n_1, e_1)用于签名；另一对公钥(n_2, e_2)用于加密，并且 $n_1 < h < n_2$，h 是为避免重新分块问题而设置的阈值(例如 $h=10^{199}$)。在这种情况下，其签名并加密过程如下：

(1) 用户 A 首先使用自己的私钥对消息 M 签名，然后使用用户 B 的加密公钥对签名加密：

$$C = E_{B2}(D_{A1}(M))$$

(2) 用户 B 收到 C 后，首先使用自己的私钥来解密，然后使用用户 A 的签名公钥来恢复 M，并验证签名：

$$E_{A1}(D_{B2}(C)) = E_{A1}(D_{B2}(E_{B2}(D_{A1}(M)))) = E_{A1}(D_{A1}(M)) = M$$

基于公钥体系的 RSA 算法不仅可以用于数据加密，还可以用于数字签名，并且具有良好的安全性。因此，在实际中得到广泛的应用，很多基于公钥体系的安全系统和产品大都支持 RSA 算法。

2.5 单向散列函数

2.5.1 单向散列函数基本原理

为了防止数据在传输过程中被篡改，通常使用单向散列(Hash)函数对所传输的数据

进行散列计算，通过验证散列值确认数据在传输过程中是否被篡改。Hash 函数非常精确，能够检查出数据在传输过程中所发生的任何变化。为了保护数据的完整性，发送者首先计算所发送数据的检查和，并使用 Hash 函数计算该检查和的散列值，然后将原文和散列值同时发送给接收者。接收者使用相同的算法独立地计算所接收数据的检查和及其散列值，然后与所接收的散列值进行比较。如果两者不相同，则说明数据被改动，从而验证了数据的真实性与完整性。

Hash 函数在信息安全中占有重要的地位，它的重要之处在于单向不可逆性。它赋予一个消息唯一的"指纹"，通过验证该消息的"指纹"就可以判别出该消息的完整性。

当 Hash 函数 $H(M)$ 作用于一个任意长度的消息 M 时，将返回一个固定长度 m 的散列值 h，即 $h=H(M)$，并且 Hash 函数具有以下性质：

(1) 给定一个消息 M，很容易计算出散列值 h。

(2) 给定散列值 h，很难根据 $H(M)=h$ 计算出消息 M。

(3) 给定一个消息 M，很难找到另一个消息 M' 且满足 $H(M)=H(M')$。

设计一个接收任意长度输入的 Hash 函数并不是一件容易的事情。在实际中，Hash 函数建立在压缩函数的基础上。对于一个长度为 m 的输入，Hash 函数将输出长度为 n 的散列值。压缩函数的输入是消息分组的前一轮输出。分组 M_i 的散列值 h_i 为 $h_i=f(M_i, h_{i-1})$。该散列值和下一轮消息分组一起作为压缩函数的下一轮输入，最后一个分组的散列值就是整个消息的散列值。很多研究表明，如果压缩函数是安全的，那么它所散列的任意长度消息也是安全的。

在实际应用中，常用的 Hash 函数有 MD5、SHA 和 MAC 等，下面主要介绍这三种 Hash 函数算法。

2.5.2 MD5 算法

MD(Message Digest)系列算法都是美国 MIT 教授 Ron Rivest 设计的单向散列函数，包括 MD2、MD3、MD4 和 MD5，其中 MD5 是 MD4 的改进版，两者采用类似的设计思想和原则，对于输入的消息，都产生 128 位散列值输出。但 MD5 比 MD4 复杂，安全性更高。

MD4 和 MD5 算法都基于以下的设计目标：

(1) 安全性。找到两个具有相同散列值的消息在计算上是不可行的，不存在比穷举搜索法更有效的攻击方法。同时，算法的安全性不基于任何假设，如因子分解的难度。

(2) 简单性。算法尽可能简单，没有大的数据结构和复杂的程序。

(3) 高速度。算法基于 32 位操作数的简单位操作，适合于高速软件的实现。

(4) 适应性。算法非常适合微处理器结构，特别是 Intel 微处理器，其他大型的计算机需要做必要的转换。

MD5 算法以 512 位分组处理输入的消息，每个分组又划分为 16 个 32 位子分组。算法的输出是 4 个 32 位分组，将它们级联起来形成一个 128 位的散列值。MD5 算法的处理过程如下：

(1) 消息填充。消息长度必须是一个 512 位的整数倍，如果不满足，则必须进行填充。其填充方法是在消息后面先附加一个1,然后是若干个0,最后是一个64位的实际消息长度值。整个消息长度必须是一个512位的整数倍,参见图2.6。同时,要保证不同的消息在填充后不相同。

消息	100000…0	消息长度
	填充	64位
512位整数倍		

图2.6　消息填充格式

(2) 变量初始化。初始化4个32位变量(称为链接变量),其十六进制表示为

$A=0x01234567$;　$B=0x89abcdef$;　$C=0xfedcba98$;　$D=0x76543210$

(3) 算法主循环。循环次数是消息中512位分组的数目。首先将4个链接变量复制到另外的变量中:

$$A\rightarrow a;B\rightarrow b;C\rightarrow c;D\rightarrow d$$

然后进入主循环,主循环有4轮,每一轮基本相似,共有16次操作。每次操作对a,b,c和d中的三个变量进行一次非线性函数运算,然后将所得结果与第四个变量、一个子分组和一个常数相加。再将所得结果向左循环移位一个不定的数,并与a,b,c或d中的一个相加。最后用该结果取代a,b,c或d中之一。

在每轮循环中,使用一个非线性函数,4轮共使用了4个非线性函数,它们分别是:

$$F(X,Y,Z)=(X\wedge Y)\vee((\neg X)\wedge Z)$$
$$G(X,Y,Z)=(X\wedge Z)\vee(Y\wedge(\neg Z))$$
$$H(X,Y,Z)=X\oplus Y\oplus Z$$
$$I(X,Y,Z)=Y\oplus(X\vee(\neg Z))$$

其中,$\oplus$为异或运算,$\wedge$为与运算,$\vee$为或运算,$\neg$为取反运算。

设M_j为消息的第j个子分组(0～15),$\lll s$表示循环左移s位,则上述4种操作分别为

$\mathrm{FF}(a,b,c,d,M_j,s,t_i)$ 表示 $a=b+((a+F(b,c,d)+M_j+t_i)\lll s)$

$\mathrm{GG}(a,b,c,d,M_j,s,t_i)$ 表示 $a=b+((a+G(b,c,d)+M_j+t_i)\lll s)$

$\mathrm{HH}(a,b,c,d,M_j,s,t_i)$ 表示 $a=b+((a+H(b,c,d)+M_j+t_i)\lll s)$

$\mathrm{II}(a,b,c,d,M_j,s,t_i)$ 表示 $a=b+((a+I(b,c,d)+M_j+t_i)\lll s)$

第一轮运算为

$\mathrm{FF}(a,b,c,d,M_0,7,0xd76aa478)$

$\mathrm{FF}(d,a,b,c,M_1,12,0xe8c7b756)$

$\mathrm{FF}(c,d,a,b,M_2,17,0x242070db)$

$\mathrm{FF}(b,c,d,a,M_3,22,0xc1bdceee)$

$\mathrm{FF}(a,b,c,d,M_4,7,0xf57c0faf)$

$\mathrm{FF}(d,a,b,c,M_5,12,0x4787c62a)$

$\mathrm{FF}(c,d,a,b,M_6,17,0xa8304613)$

$FF(b,c,d,a,M_7,22,0xfd469501)$

$FF(a,b,c,d,M_8,7,0x698098d8)$

$FF(d,a,b,c,M_9,12,0x8b44f7af)$

$FF(c,d,a,b,M_{10},17,0xffff5bb1)$

$FF(b,c,d,a,M_{11},22,0x895cd7be)$

$FF(a,b,c,d,M_{12},7,0x6b901122)$

$FF(d,a,b,c,M_{13},12,0xfd987193)$

$FF(c,d,a,b,M_{14},17,0xa679438e)$

$FF(b,c,d,a,M_{15},22,0x49b40821)$

第二轮运算为

$GG(a,b,c,d,M_1,5,0xf61e2562)$

$GG(d,a,b,c,M_6,9,0xc040b340)$

$GG(c,d,a,b,M_{11},14,0x265e5a51)$

$GG(b,c,d,a,M_0,20,0xe9b6c7aa)$

$GG(a,b,c,d,M_5,5,0xd62f105d)$

$GG(d,a,b,c,M_{10},9,0x02441453)$

$GG(c,d,a,b,M_{15},14,0xd8a1e681)$

$GG(b,c,d,a,M_4,20,0xe7d3fbc8)$

$GG(a,b,c,d,M_9,5,0x21e1cde6)$

$GG(d,a,b,c,M_{14},9,0xc33707d6)$

$GG(c,d,a,b,M_3,14,0xf4d50d87)$

$GG(b,c,d,a,M_8,20,0x455a14ed)$

$GG(a,b,c,d,M_{13},5,0xa9e3e905)$

$GG(d,a,b,c,M_2,9,0xfcefa3f8)$

$GG(c,d,a,b,M_7,14,0x676f02d9)$

$GG(b,c,d,a,M_{12},20,0x8d2a4c8a)$

第三轮运算为

$HH(a,b,c,d,M_5,4,0xfffa3942)$

$HH(d,a,b,c,M_8,11,0x8771f681)$

$HH(c,d,a,b,M_{11},16,0x6d9d6122)$

$HH(b,c,d,a,M_{14},23,0xfde5380c)$

$HH(a,b,c,d,M_1,4,0xa4beea44)$

$HH(d,a,b,c,M_4,11,0x4bdecfa9)$

$HH(c,d,a,b,M_7,16,0xf6bb4b60)$

$HH(b,c,d,a,M_{10},23,0xbebfbc70)$

$HH(a,b,c,d,M_{13},4,0x289b7ec6)$

$HH(d,a,b,c,M_0,11,0xeaa127fa)$

$HH(c,d,a,b,M_3,16,0xd4ef3085)$
$HH(b,c,d,a,M_6,23,0x04881d05)$
$HH(a,b,c,d,M_9,4,0xd9d4d039)$
$HH(d,a,b,c,M_{12},11,0xe6db99e5)$
$HH(c,d,a,b,M_{15},16,0x1fa27cf8)$
$HH(b,c,d,a,M_2,23,0xc4ac5665)$

第四轮运算为

$II(a,b,c,d,M_0,6,0Xf4292244)$
$II(d,a,b,c,M_7,10,0x432aff97)$
$II(c,d,a,b,M_{14},15,0xab9423a7)$
$II(b,c,d,a,M_5,21,0xfc93a039)$
$II(a,b,c,d,M_{12},6,0x655b59c3)$
$II(d,a,b,c,M_3,10,0x8f0ccc92)$
$II(c,d,a,b,M_{10},15,0xffeff47d)$
$II(b,c,d,a,M_1,21,0x85845dd1)$
$II(a,b,c,d,M_8,6,0x6fa87e4f)$
$II(d,a,b,c,M_{15},10,0xfe2ce6e0)$
$II(c,d,a,b,M_6,15,0xa3014314)$
$II(b,c,d,a,M_{13},21,0x4e0811a1)$
$II(a,b,c,d,M_4,6,0xf7537e82)$
$II(d,a,b,c,M_{11},10,0xbd3af235)$
$II(c,d,a,b,M_2,15,0x2ad7d2bb)$
$II(b,c,d,a,M_9,21,0xeb86d391)$

常数 t_i 的选择方法：在第 i 步中，t_i 是 $2^{32}\times abs(sin(i))$的整数部分，i 的单位是弧度。

在所有运算完成后，将 A,B,C,D 分别加上 a,b,c,d。然后使用下一个分组数据继续进行上述的运算。

输出结果。将最后输出的 A,B,C,D 级联起来，形成 128 位散列值输出。

2.5.3 MD2 算法

MD2 算法也是由 Ron Rivest 设计的一种单向散列函数。MD2 和 MD5 算法都是安全电子邮件协议 PEM 中指定的单向散列函数。MD2 的安全性依赖于字节间的随机置换，置换过程是固定的，并依赖于数字 π。下面是 MD2 对消息 M 的 MD2 运算过程。

(1) 消息填充：用 i 个字节对消息进行填充，使填充后的消息长度为 16 字节的整数倍。

(2) 计算校验和：计算消息的校验和，校验和长度为 16 字节，并附加在消息的后面。

(3) 初始化：初始化一个 48 字节的分组 $X_0,X_1,X_2,\cdots,X_{47}$。将 X 的第一个 16 字节置成 0，第二个 16 字节置成消息的前 16 字节，第三个 16 字节与 X 的第一个 16 字节和第二个 16 字节相异或。

(4) 压缩函数算法:

$t=0$

对于 $j=0\sim17$

对于 $k=0\sim47$

$t=X_k$ XOR S_t ;S_0,S_1,S_2,…,S_{47}是置换操作

$X_k=t$

$t=(t+j)$ mod 256

(5) 将 X 的第二个16字节置成消息的第二个16字节,X 的第三个16字节是 X 的第一个16字节和第二个16字节的异或。重复执行第(4)步。消息的每16字节重复执行第(5)步和第(4)步。

(6) 输出结果:输出的结果是 X 的第一个16字节。

尽管没有发现MD2的安全弱点,但MD2的执行速度比其他的散列函数要慢得多。

2.5.4 SHA算法

SHA(Secure Hash Algorithm)算法是NIST在安全散列标准(SHS)中提出的一种单向散列函数。该算法可以与数字签名标准一起使用,也可以应用于其他需要SHA的各种场合。

在SHS中,定义了用于保证DSA安全的单向散列函数SHA。当一个长度小于2^{64}位的消息输入时,SHA产生一个160位的散列输出,称为消息摘要(Message Digest)。然后再将摘要输入DSA中,对该摘要进行签名。由于消息摘要比消息小得多,因此可以提高签名的处理效率。同时还增强了数字签名的安全性。

SHA采用了与MD4类似的设计原则和算法思想,但SHA产生一个160位的散列值,比MD5的散列值(128位)长。

SHA与MD5算法相似,也是以512位分组来处理输入的消息的,每个分组又划分为80个32位子分组(从16个32位子分组扩展成80个32位子分组)。它的输出是5个32位分组,将它们级联起来形成一个160位的散列值。SHA算法的处理过程如下。

(1) 消息填充:消息长度必须是一个512位的整数倍,如果不满足,则必须进行填充。其填充方法与MD5完全相同,参见图2.6。

(2) 变量初始化:初始化5个32位变量(MD5为4个变量),十六进制表示为

A = 0x67452301; B = 0xefcdab89; C = 0x98badcfe;

D = 0x10325476; E = 0xc3d2e1f0

(3) 算法主循环:一次处理512位消息,循环次数是消息中512位分组的数目。首先将5个链接变量复制到另外的变量中,即

$$A\rightarrow a;B\rightarrow b;C\rightarrow c;D\rightarrow d;E\rightarrow e$$

然后进入主循环,主循环有4轮,每一轮基本相似,共有20次操作(MD5为16次操作)。每次操作对 a,b,c,d 和 e 中的三个变量进行一次非线性函数运算,然后进行与MD5中相似的移位和相加运算。

在每轮循环中,使用一个非线性函数,4轮共使用4个非线性函数,它们分别是:

$$F_t(X,Y,Z) = (X \wedge Y) \vee ((\neg X) \wedge Z), t = 0 \sim 19$$
$$F_t(X,Y,Z) = X \oplus Y \oplus Z, t = 20 \sim 39$$
$$F_t(X,Y,Z) = (X \wedge Y) \vee (X \wedge Z) \vee (Y \wedge Z), t = 40 \sim 59$$
$$F_t(X,Y,Z) = X \oplus Y \oplus Z, t = 60 \sim 79$$

其中,$\oplus$为异或运算,$\wedge$为与运算,$\vee$为或运算,$\neg$为取反运算。

该算法使用了 4 个常数,分别是:

$$K_t = 0x5a827999, \quad t = 0 \sim 19$$
$$K_t = 0x6ed9eba1, \quad t = 20 \sim 39$$
$$K_t = 0x8f1bbcdc, \quad t = 40 \sim 59$$
$$K_t = 0xca62c1d6, \quad t = 60 \sim 79$$

使用下面的算法将消息分组从 16 个 32 位子分组($M_0 \sim M_{16}$)变换成 80 个 32 位子分组($W_0 \sim W_{79}$):

$$W_t = M_t, \quad t = 0 \sim 15$$
$$W_t = (M_{t-3} \oplus M_{t-8} \oplus M_{t-14} \oplus M_{t-16}) \lll 1, \quad t = 16 \sim 79$$

设 t 是操作序号(0~79),M_t 表示扩展后消息的第 t 个子分组,$\lll s$ 表示循环左移 s 位,其主循环如下:

对于 t=0~79,则有

$$\text{TEMP} = (a \lll 5) + F_t(b,c,d) + e + W_t + K_t$$
$$e = d$$
$$d = c$$
$$c = b \lll 30$$
$$b = a$$
$$a = \text{TEMP}$$

SHA 算法采用了移位方式,而 MD5 算法则在不同阶段采用了不同变量,两者的目的是相同的。

在所有运算完成后,将 a,b,c,d 和 e 分别加上 A,B,C,D 和 E。然后用下一个分组数据继续进行上述的运算。

(4) 输出结果:将最后输出的 A,B,C,D 和 E 级联起来,形成 160 位散列值输出。

2.5.5 MAC 算法

MAC(Message Authentication Code)是一种与密钥相关的单向散列函数,称为消息鉴别码。MAC 除了具有与上述的单向散列函数同样的性质外,还包括一个密钥。只有拥有相同密钥的人才能鉴别这个散列,实现消息的可鉴别性。

MAC 既可用于验证多个用户之间数据通信的完整性,也用于单个用户鉴别磁盘文件的完整性。对于后者,用户首先计算磁盘文件的 MAC,并将 MAC 存放在一个表中。如果用户的磁盘文件被黑客或病毒修改,则可以通过计算和比较 MAC 来鉴别出来。同时,由于 MAC 受到密钥的保护,黑客并不知道该密钥,从而防止了对原来 MAC 的修改。如果使用单纯的 Hash 函数,则黑客在修改文件的同时,也可能重新计算其散列值,并替换原来的散列值，这样磁盘文件的完整性得不到有效的保护。

将单向散列函数转换成MAC可以通过对称加密算法加密散列值来实现。相反，将MAC转换成单向散列函数只需将密钥公开即可。

MAC算法有很多种，常用的MAC是基于分组加密算法和单向散列函数组合的实现方案。有两种组合方案：一是先散列消息，然后再加密散列值；二是先加密消息，然后再散列密文。两者相比，前者的安全性要高得多。例如，在CBC-MAC方法中，首先使用分组加密算法的CBC或CFB模式加密消息，然后计算最后一个密文分组的散列值，再用CBC或CFB模式加密该散列值。

2.6 本章总结

密码学是信息安全的基础，并且自成理论体系，很多内容涉及复杂的数学问题。本章并不打算详细地介绍密码学知识，而是从实用的角度介绍一些常用的密码算法等基础知识，对密码学有兴趣的读者，可以阅读有关密码学的教材或专著。

密码算法主要用于实现数据保密性、数据完整性以及抗抵赖性等安全机制。在实际应用中，一个安全协议或安全系统中可能需要提供多种安全机制和服务，这些安全服务使用单一的密码算法是难以实现的，需要将多种密码算法有机地组合成一个混合密码系统来实现。例如，采用DES算法提供数据保密性，密钥交换则采用Diffie-Hellman算法或RSA算法；采用MD5或SHA算法提供数据完整性；采用RSA算法实现数字签名等。

在数据加密、数字签名等安全机制中，可以采用多种密码算法来实现，每种密码算法的安全性和处理开销都是不同的。一般情况下，算法的安全性和处理开销是成正比的。用户在选择密码算法时要考虑到安全性和处理开销的平衡问题，根据实际应用的需要来选择适当的密码算法。

密码算法有硬件和软件两种实现方法，两者相比，硬件实现方法不仅速度快，并且安全性要高。

思 考 题

1. 对称密码算法的数学基础是什么？
2. 为什么说对称密码算法中的算法可以公开而密钥必须保密？
3. 在网络中使用对称密码算法时，怎样安全地传递密钥？
4. 在验证密码算法的安全性时，主要采取哪些攻击方法？
5. 在DES算法中，S-盒代换的作用是为什么？
6. 怎样增强DES算法的安全性？
7. 请比较DES，IDEA，RC等对称密码算法的算法特征和安全性。
8. 非对称密码算法的数学基础是什么？
9. 非对称密码算法有两种应用模式：一是发送者使用接收者的公钥加密，而接收者使用自己的私钥解密；二是发送者使用自己的私钥加密，接收者使用发送者的公钥解密。它们分别用于支持什么安全机制？

10. 在实际的加密系统中，为什么将非对称密码算法和对称密码算法结合起来使用？它们的分工各是什么？

11. 在网络系统中，主要采取哪些算法来实现密钥交换的安全？

12. 请分析数字签名算法和数据加密算法的异同。

13. 请比较 DSA 和 RSA 等数字签名算法的特征和安全性。

14. 请举例说明单向散列函数在网络信息安全中的作用。

15. 请说明 MAC 算法与单向散列函数之间的关系，它们分别用于实现哪些安全机制，并分别应用于哪些场合？

16. 在网络协议中，一般都使用校验码（如 CRC 码）来检查传输差错。这种校验码能够用于验证数据完整性吗？为什么？

第3章 网络层安全协议

3.1 引言

根据ISO OSI参考模型的定义，网络层(Network Layer)提供了一种端到端的数据传输服务。在网络层，定义了两种节点：端节点和中间节点。端节点是数据传输的源节点和目的节点；中间节点是数据转发节点，它并不关心数据的内容，而是提供一种转发设备，将数据从上游节点转发到下游节点，使源节点发出的数据最终到达目的节点。在数据转发过程中，中间节点必须提供存储转发、路由选择、拥塞控制以及网络互连等功能。

网络层安全性主要是解决两个端点之间的数据安全交换问题，涉及数据传输的保密性和完整性，防止在数据交换过程中数据被非法窃听和篡改。

网络层安全协议通常是对网络层协议的安全性增强，即在网络层协议的基础上增加了数据加密和认证等安全机制。由于目前的网络层协议主要是IP协议，因此本章主要介绍基于IP协议的安全协议：IPSec(IP Security)协议。

IPSec是在IP协议(IPv4和IPv6)的基础上提供了数据保密性、数据完整性以及抗重播保护等安全机制和服务，保证了IP协议及上层协议能够安全地交换数据。

3.2 IPSec安全体系结构

IPSec安全体系结构由三个主要部分组成：安全协议、安全联盟和密钥管理。

1. 安全协议

IPSec提供了两种安全协议：认证头(Authentication Header，AH)和封装安全有效载荷(Encapsulating Security Payload，ESP)，用于对IP数据报或上层协议数据报进行安全保护。其中，AH只提供了数据完整性认证机制，可以证明数据源端点，保证数据完整性，防止数据篡改和重播。ESP同时提供了数据完整性认证和数据加密传输机制，它除了具有AH所有的安全能力之外，还提供了数据传输保密性。

AH和ESP可以分别单独使用，也可以联合使用。每个协议都支持以下两种应用模式。

(1) 传输模式：为上层协议数据提供安全保护；

(2) 隧道模式：以隧道方式传输IP数据报文。

AH 或 ESP 提供的安全性完全依赖于它们所采用的密码算法。为保证一致性和不同实现方案之间的互通性，必须定义一些需要强制实现的密码算法。因此，在使用认证和加密机制进行安全通信时，必须解决三个问题：

(1) 通信双方必须协商所要使用的安全协议、密码算法和密钥；

(2) 必须方便和安全地交换密钥(包括定期改变密钥)；

(3) 能够对所有协商的细节和过程进行记录和管理。

2. 安全联盟

IPSec 使用一种称为安全联盟(Security Associations，SA)的概念性实体集中存放所有需要记录的协商细节。因此，在 SA 中包含了安全通信所需的所有信息，可以将 SA 看作一个由通信双方共同签署的有关安全通信的“合同”。

SA 使用一个安全参数索引(Security Parameter Index，SPI)来唯一地标识，SPI 是一个 32 位随机数，通信双方要使用 SPI 来指定一个协商好的 SA。

使用 SA 的好处是可以建立不同等级的安全通道。例如，一个用户可以分别与 A 网和 B 网建立安全通道，分别设置两个 SA：SA(a)和 SA(b)，在 SA(a)中，可以协商使用更加健壮的密码算法和更长的密钥。

3. 安全策略

IPSec 通过安全策略(Security Policy，SP)为用户提供一种描述安全需求的方法，允许用户使用安全策略来定义所保护的对象、安全措施以及密码算法等。安全策略由安全策略数据库(Security Policy Database，SPD)来维护和管理。

在受保护的网络中，各种通信的安全需求和保护措施可能有所不同。用户可以通过安全策略来描述不同通信的安全需求和保护措施。例如，在一个内部网的安全网关上可以设置不同的安全策略，对于本地子网和远程子网之间的所有数据通信，使用 DES 算法加密数据，使用 MD5 算法进行数据验证；对于远程子网发送给一个邮件服务器的所有数据，则使用 3DES 算法加密，使用 SHA 算法进行数据验证。在这两个安全策略中，前者是一种基本的安全策略，后者是一种安全级较高的安全策略。

4. 密钥管理

IPSec 支持两种密钥管理协议：手工密钥管理和自动密钥管理 IKE(Internet Key Exchange)。其中，IKE 是基于 Internet 的密钥交换协议，它提供了以下功能。

(1) 协商服务：通信双方协商所使用的协议、密码算法和密钥。

(2) 身份鉴别服务：对参与协商的双方身份进行认证，确保双方身份的合法性。

(3) 密钥管理：对协商的结果进行管理。

(4) 安全交换：产生和交换所有密钥的密码源物质。

IKE 是一个混合型协议，集成了 ISAKMP(Internet Security Associations and Key Management Protocol)和部分 Oakley 密钥交换方案。

3.3 安全联盟

安全联盟(SA)是 IPSec 的重要组成部分,AH 和 ESP 协议都必须使用 SA。IKE 协议的主要功能之一就是建立和维护 SA。IPSec 规定,所有 AH 和 ESP 的实现都必须支持 SA。

3.3.1 安全联盟的基本特性

一个 SA 是一个单一的“连接”,它为其承载的通信提供安全服务。SA 的安全服务是通过使用 AH 或 ESP(不能同时使用)来建立的。如果一个通信流需要同时使用 AH 和 ESP 进行保护,则要创建两个或更多的 SA 来提供所需的保护。SA 是单向的,为了保证两个主机或两个安全网关之间双向通信的安全,需要建立两个 SA,各自负责一个方向。

一个 SA 由一个三元组唯一地标识,三元组的元素是:安全参数索引(SPI)、IP 目的地址、安全协议(AH 或 ESP)标识符。

理论上讲,目的地址可以是一个单播地址、组播地址或广播地址。目前,IPSec 的 SA 管理机制只支持单播 SA。因此,下面的 SA 描述是基于点到点通信环境的。

根据 IPSec 的应用模式,SA 可以分成两种类型:传输模式的 SA 和隧道模式的 SA。

1. 传输模式的 SA

传输模式的 SA 是一个位于两个主机之间的“连接”。在该模式下,经过 IPSec 处理的 IP 数据报格式如图 3.1 所示。

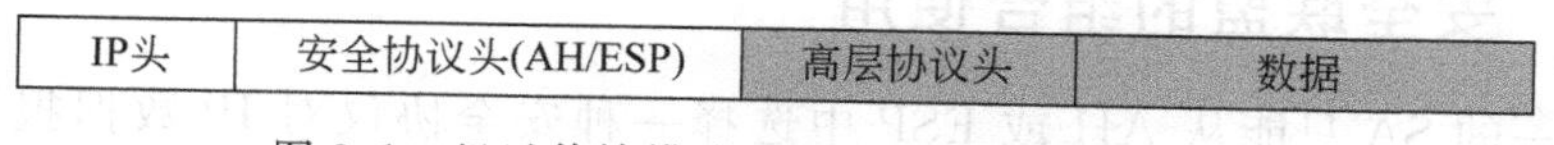

图 3.1　经过传输模式 SA 处理的 IP 数据报格式

为了和原始 IP 数据报相区别,将经过 IPSec 处理的 IP 数据报称为 IPSec 数据报。如果选择了 ESP 作为安全协议,则传输模式的 SA 只为高层协议提供安全服务;如果选择了 AH,则可将安全服务扩展到 IP 头的某些在传输过程中不变的字段。

2. 隧道模式的 SA

隧道模式的 SA 将在安全网关与安全网关之间或者主机与安全网关之间建立一个 IP 隧道。在隧道模式中,IP 数据报有两个 IP 头。一个是外部的 IP 头,用于指明 IPSec 数据报的目的地;另一个是内部的 IP 头,用于指明 IP 数据报的最终目的地。安全协议头位于外部 IP 头与内部 IP 头之间,如图 3.2 所示。

图 3.2　经过隧道模式 SA 处理的 IP 数据报格式

如果选择 ESP 作为安全协议,则受保护部分只有内部 IP 头、高层协议头和数据;如果选择使用 AH,则受保护部分被扩展到外部 IP 头中某些在传输过程中不变的字段。

因此，对于主机节点的SA，必须同时支持传输模式和隧道模式；对于网关节点的SA，只要求支持隧道模式。

3.3.2 安全联盟的服务功能

一个SA所能提供的安全服务集是由以下因素决定的：

(1) 所选择的安全协议(AH/ESP)；

(2) SA的应用模式(传输模式/隧道模式)；

(3) SA的节点类型(主机/安全网关)；

(4) 对安全协议提供可选服务的选择(如抗重播服务)。

AH提供了数据的原始认证和IP数据报的无连接完整性认证。认证服务的精度是由SA的粒度决定的，AH将按照这个粒度为IP提供认证服务。当不需要对数据加密保护时，AH是一个合适的协议。AH还为IP头的某些字段提供认证，这在某些情况下是需要的。例如，在IP数据报传输过程中，如果要保护IP头某些字段的完整性，防止路由器对其进行修改，则AH就可以提供这种服务。

ESP可以为通信提供数据加密服务和数据认证服务。ESP数据认证服务的保护范围要比AH小，例如不能保护ESP头前面的IP头部分。如果只需认证上层协议，则ESP是一种合适的选择，比使用AH节省存储空间。如果选择了数据加密服务，则不仅可以加密数据，还可以加密内部IP头，隐藏了真正的源地址和目的地址，并且还可以利用ESP的有效载荷填充来隐藏IP数据报的实际尺寸，进一步隐藏了IP通信的外部特征。数据加密强度取决于所使用的密码算法。

3.3.3 安全联盟的组合使用

一个单一的SA只能从AH或ESP中选择一种安全协议对IP数据报提供安全保护。在有些情况下，一个安全策略要求对一个通信实施多种安全服务，这是用一个SA无法实现的。在这种情况下，需要利用多个SA来实现所需的安全策略。

在多个SA的情况下，必须将一个SA序列组合成SA束，经过SA束处理后的通信能够满足一个安全策略。SA束中的SA顺序是由安全策略定义的，各个SA可以终止于不同的端点。将多个SA组合成SA束的方法有以下两种。

1. 传输邻接

这种方法是将AH和ESP的传输模式组合使用来保护一个IP数据报，它不涉及隧道，如图3.3所示。通常，这种方法只允许一层组合。因为每个协议只要使用足够健壮的密码算法，其安全性是有保证的，并不需要多层嵌套使用，以减小协议的处理开销。

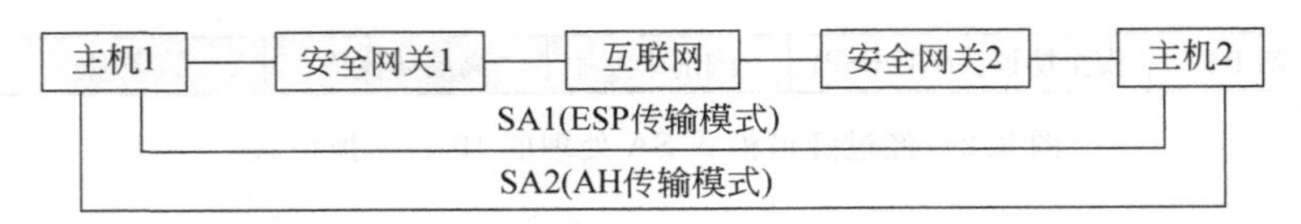

图3.3 传输邻接式的SA组合

2. 多重隧道

这种方法是由多个 SA 组合成一个多重隧道来保护 IP 数据报，每个隧道都可以在不同的 IPSec 节点（可以进行 IPSec 处理的设备）上开始或终止。多重隧道可以分成以下三种形式：

（1）多重隧道是由两个多 SA 端点组合而成的，每个隧道都可以用 AH 或 ESP 建立。在图 3.4 中，主机 1 和主机 2 都是多 SA 端点。

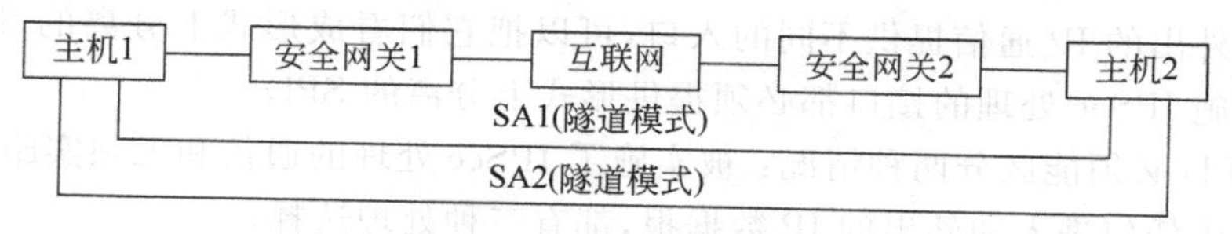

图 3.4 多重隧道形式之一

（2）多重隧道是由一个多 SA 端点和一个单 SA 端点组合而成的，每个隧道都可以用 AH 或 ESP 建立。在图 3.5 中，主机 1 是多 SA 端点，安全网关 2 和主机 2 都是单 SA 端点。

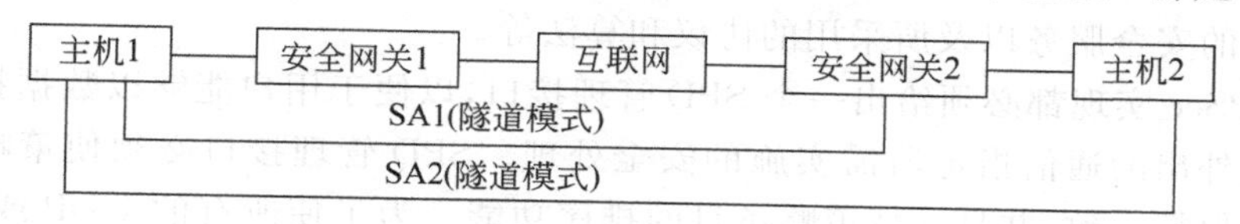

图 3.5 多重隧道形式之二

（3）多重隧道是由多个单 SA 端点组合而成的，这里没有多 SA 端点，每个隧道都可以用 AH 或 ESP 建立。在图 3.6 中，主机 1、安全网关 1、安全网关 2 和主机 2 都是单 SA 端点。

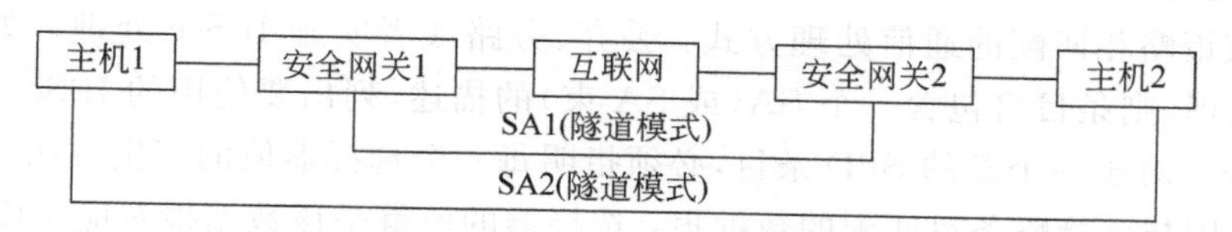

图 3.6 多重隧道形式之三

另外，传输模式和隧道模式还可以组合使用，例如，用一个隧道模式的 SA 和一个传输模式的 SA 按顺序组合一个 SA 束。对于安全协议的使用顺序，在传输模式下，如果 AH 和 ESP 组合使用，则 AH 应当位于 ESP 之前，AH 作用于 ESP 生成的密文；在隧道模式下，可以按照不同的顺序使用 AH 和 ESP。

3.3.4 安全联盟数据库

IPSec 协议采用一种概念模型定义了 IP 通信安全处理过程的互操作性和功能性目标。对于具体的 IPSec 实现，其内部处理细节可以是千差万别的，但是外部行为必须与该模型相一致。该模型由三个主要部分组成：安全策略数据库、安全联盟数据库和选择器。

1. 安全策略数据库

安全策略数据库(SPD)定义了安全策略相关参数的存储和管理结构。实际上,SA 就是一种在 IPSec 环境中实施安全策略的管理结构。由于 SPD 指明了以什么方式为 IP 数据报提供安全服务,因此,SPD 是 SA 处理的重要元素之一。本节不讨论数据库的形式和接口,而是重点介绍 SPD 应支持的最小管理功能。

对于所有的 IP 通信,不论它是进入的还是外出的,都必须通过 SPD。因此,SPD 必须为进入和外出的 IP 通信提供不同的入口,可以把它们看成形式上分离的 SPD。这样,每个需要实施 IPSec 处理的接口都必须提供形式上分离的 SPD。

一个 SPD 必须能区分两种情况:被实施了 IPSec 处理的通信和无须实施 IPSec 处理的通信。对于任何进入和外出的 IP 数据报,都有三种处理选择。

(1) 丢弃处理:不允许一个数据报离开主机、通过安全网关或提交给一个应用。

(2) 旁路 IPSec 处理:允许一个数据报在不经过任何 IPSec 保护的情况下通过。

(3) 实施 IPSec 处理:对一个数据报实施了 IPSec 处理。在这种情况下,SPD 必须指明所需提供的安全服务以及所采用的协议和算法等。

每个 IPSec 实现都必须给出一个 SPD 管理接口,以便于用户能够以数据报为单位为任何进入或外出的通信指定所需实施的安全处理。SPD 管理接口必须使策略条目的创建与选择器保持一致,并且支持策略条目的排序功能。为了使所有的 UDP 或 TCP 数据报都只与一个 SPD 条目相匹配,可以通过在不同的选择器上使用通配符来实现。选择器类似于在防火墙或过滤路由器上所使用的安全规则。

SPD 是一个包含策略条目的有序列表,每个策略条目都包含一个或多个选择器作为判断依据,这些选择器定义了符合该策略条目的 IP 通信集。每个条目都有一个标识,用于指明与该策略相匹配的通信处理方式:丢弃、旁路或者实施 IPSec 处理。如果需要实施 IPSec 处理,则条目将包含一个 SA(或 SA 束)的描述,列出要使用的 IPSec 安全协议、模式和算法。对于一个新的 SPD 条目,必须指明每一个选择器值的产生方法。

(1) 利用与该策略条目匹配的数据报:选择器的值就是该数据报对应字段的值;

(2) 利用原先的策略条目:选择器的值就是原先策略条目中对应选择器的值。

例如,一个 SPD 条目采用源地址作为选择器,选择器值是一个主机域,其 IP 地址范围从 192.168.2.1 到 192.168.2.10。如果一个将要被发送的数据报的源地址是 192.168.2.3,则 SAD 条目中所使用的选择器值可按表 3.1 来确定。

表 3.1 选择器值产生实例

取值依据	新的 SAD 条目中选择器的值
与策略条目匹配的数据报	192.168.2.3(单个主机)
原先的 SPD 策略条目	192.168.2.1 到 192.168.2.10(主机域)

如果 SPD 策略条目允许的源地址是通配符形式,则 SAD 条目中选择器的值也是通配符形式(任何主机)。由于选择器的值可以是通配符,因此两个策略条目的匹配范围可能会重叠。例如,如果一个条目匹配某个地址范围(如 192.168.2.1 到 192.168.2.10),

而另一个条目匹配所有的地址，那么，为了保证一致的、可预测的处理，SPD条目必须经过排序且总是以相同的顺序对条目进行查找，从而使第一个匹配的条目总是被首先选中。

SPD可以是安全策略的参考数据库，也可以是一种映射，用于将通信映射到特定的SA或SA束。根据通信方向不同（进入或外出）和节点性质不同（主机或安全网关），SPD的操作方法是不同的。这将在后面进行详细的论述。

SPD对通过IPSec系统的所有通信流实施控制，其中包括密钥管理通信。因此，在SPD中必须明确地说明密钥管理通信，否则加密数据报会被丢弃。

2. 安全联盟数据库

安全联盟数据库（SAD）是一种形式上的数据库，每个SA都对应于SAD中的一个条目，定义了一个与SA相关的参数。

对于外出数据报的处理，SA是由SPD中的条目指示的，即由SPD来确定所使用的SA。当一个SPD条目当前没有指向一个特定的SA时，IPSec系统则创建一个相关的SA或者SA束，并且与一个SPD条目和SAD条目相关联。

对于进入数据报处理，每个SAD中的条目通过一个三元组<目的IP地址；安全协议标识符；SPI>来索引和查找，以确定对进入数据报进行处理的SA或者SA束。

在SAD中查找SA时，使用了以下参数（三元组）：

(1) 外部IP头中的目的IP地址。

(2) 安全协议标识符：AH或ESP。

(3) SPI：用于区分目的IP地址相同且安全协议标识符相同的SA。

在IPSec处理时，使用了以下参数。

(1) 序列号计数器：用于生成AH和ESP头中的序列号字段。

(2) 序列号计数器溢出标志：用于指示序列号计数器的溢出是否产生一个可查的事件，还可用来防止在计数器溢出后的SA上传输多余的数据报。

(3) 抗重播窗口：一个32位计数器和一个位图，用来判断一个进入的AH或ESP包是否是重播的。

(4) AH使用的认证算法和密钥。

(5) ESP使用的加密算法、密钥、初始化向量（IV）以及IV应用模式（显式/隐式）。

(6) ESP使用认证算法和密钥。

(7) 生命期：它是一个时间间隔。一个SA的生命期到期后，必须终止使用，或者用一个新的SA来替换。用一个标识来指明是终止还是替换。生命期可以用时间值或字节计数的形式来表示，或者同时使用两种表示形式，总是第一个到期的生命期值起作用。

(8) IPSec协议模式：指定AH和ESP的应用模式（隧道或传输）。

3. 选择器

选择器用来定位安全策略数据库中的一个策略。一个SA或SA束可以是细粒度的，也可以是粗粒度的，取决于为SA定义通信集时所使用的选择器。例如，两个主机之间所有的通信可以由一个单独的SA处理，并且提供了一个统一的安全服务集合。同样，两个主机之间所有的通信也可以由多个SA处理，并且不同的SA提供不同的安全服务。

选择器是从IP头和上层协议头中某些字段提取出来的。为了便于SA管理器控制SA的粒度,IPSec系统必须支持以下的选择器参数(字段)。

(1)目的IP地址:它可以是一个单一IP地址、一个IP地址范围、一个网络前缀(IP地址+掩码)和一个通配符等地址形式,后三种形式可以用来支持共享一个SA的多个目的系统,例如隐藏在一个安全网关的后面多个主机。在概念上,这个目的IP地址是不同于用来确定一个SA的三元组中的"目的IP地址"字段的。对于隧道模式,当一个数据报到达隧道端点(目的网关或主机)时,则要使用一个三元组<目的IP地址;安全协议标识符;SPI>在SAD中查找用于处理该数据报的SA,这里使用的是外部IP头中的目的IP地址。在使用查找到的SA对数据报进行处理后,则要使用选择器在进入SPD中查找处理该数据报的安全策略,选择器中目的IP地址是被封装在内部IP头中的目的IP地址。对于传输模式,数据报只有一个IP头,不会出现这种易混淆的情况。

(2)源IP地址:其形式与目的IP地址相同。

(3)名字:用于标识与一个有效用户名或系统名相关联的策略,只有在密钥交换期间(而非数据报处理期间),名字才能作为一个选择器使用。

(4)传输层协议:取自于IP头的协议字段,可以是一个单独的协议号。在接收到一个ESP数据报的情况下,由于IP头的协议号字段被填入了ESP的值,而真正的传输层协议号被复制到ESP头的下一个头字段,并且ESP对下一个头字段进行了加密,其值是不可获取的。在这种场合,该选择器需要使用通配符。

(5)源和目的端口:可以是单独的TCP/UDP端口值或者通配符。同样,在接收到一个ESP数据报的情况下,上层协议头中的源和目的端口也会因被加密而不可获取,那么就需要使用通配符。

由于用作选择器的字段具有方向性,因此在主机或安全网关上需要对每个实施IPSec处理的网络接口(即网卡)设置形式上分离的进入和外出数据库(SAD对和SPD对),并且只需要一个这样的网络接口。通常,主机只需要配置一个网络接口,必须实施IPSec处理;而安全网关则需要配置至少两个网络接口:一个是与内部网相连的内部接口,它不需要实施IPSec处理;另一个是与外部网相连的外部接口,只有它需要实施IPSec处理。因此,它们都只需要对一个网络接口设置SAD对和SPD对。另一方面,如果一个主机有多个网络接口或者一个安全网关有多个外部接口,则对这些接口都要设置SAD对和SPD对。

3.4 安全协议

IPSec提供了两种安全协议ESP和AH,用于对IP数据报或上层协议数据报实施数据保密性和完整性保护。ESP和AH提供的安全能力不同,处理开销也不同。AH只提供了数据完整性认证机制,处理开销小;ESP同时提供了数据完整性认证和数据加密传输机制,处理开销大。AH和ESP协议可以分别单独使用,也可以联合使用。

3.4.1 ESP 协议

ESP 是插入 IP 数据报内的一个协议头，为 IP 数据报提供数据保密性、数据完整性、抗重播以及数据源验证等安全服务。ESP 可以应用于传输模式和隧道模式两种不同模式。ESP 可以单独使用，也可以利用隧道模式嵌套使用，或者和 AH 组合起来使用。

ESP 使用一个加密器提供数据保密性，使用一个验证器提供数据完整性认证。加密器和验证器所采用的专用算法是由 ESP 安全联盟的相应组件决定的。因此，ESP 是一种通用的、易于扩展的安全机制，它将基本的 ESP 功能定义和实际提供安全服务的专用密码算法分离开，有利于密码算法的更换和更新。

ESP 的抗重播服务是可选的。通常，发送端在受 ESP 保护的数据报中插入一个唯一的、单向递增的序列号，接收端通过检验数据报的序列号来验证数据报的唯一性，防止数据报的重播。但并不要求接收端必须实现对数据报序列号的检查。因此，抗重播服务是可由接收端选择的。

1. ESP 头格式

在任何模式下，ESP 头总是跟随在一个 IP 头之后，ESP 头格式如图 3.7 所示。在 IPv4 中，IP 头的协议号字段值为 50，表示在 IP 头之后是一个 ESP 头。跟随在 ESP 头后的内容取决于 ESP 的应用模式。如果是传输模式，则是一个上层协议头（TCP/UDP）；如果是隧道模式，则是另一个 IP 头。

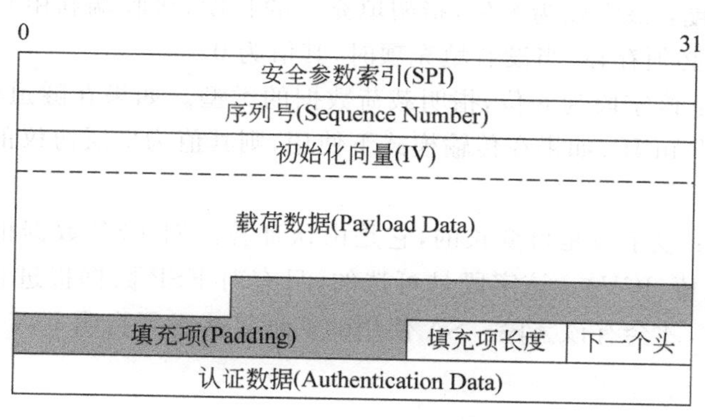

图 3.7 ESP 头格式

(1) 安全参数索引(SPI)：它是一个 32 位的随机数。SPI、目的 IP 地址和安全协议标识符组成一个三元组，用来唯一地确定一个特定的 SA，以便对该数据报进行安全处理。通常，在密钥交换(KE)过程中由目标主机来选定 SPI。SPI 是经过验证的，但并没有加密，因为 SPI 是一种状态标识，由它来指定所采用的加密算法及密钥，以及对数据报进行解密。如果 SPI 本身被加密，则会产生严重的"先有鸡，还是先有蛋"的问题，这一点很重要。

(2) 序列号：它是一个单向递增的 32 位无符号整数。通过序列号，使 ESP 具有抗重播攻击的能力。尽管抗重播服务是可选的，但是发送端必须产生和发送序列号字段，只是接收端不一定要处理。建立 SA 时，发送端和接收端的计数器必须初始化为 0（发送端通过特定 SA 发送的第一个数据报的序列号为 1)。如果选择了抗重播服务(默认情况下),序列号是不能出现重复(循环)的。因此,发送端和接收端的计数器在传送第 2^{32} 个数据报时必须重新设置,可以通过建立一个新的 SA 和新的密钥来实现。序列号是经过验证的,但没有加密,因为接收端是根据序列号来判断一个数据报是否重复的,如果先要解密序列号,然后再做出是否要丢弃该数据报的决定,就会造成处理资源的浪费。

(3) 载荷数据:被 ESP 保护的数据报包含在载荷数据字段中,其字段长度由数据长度来决定。如果密码算法需要密码同步数据(如初始化向量(IV)),则该数据要显式地包含在载荷数据中。任何需要这种显式密码同步数据的密码算法都必须指定该数据的长度、结构及其在载荷中的位置。对于强制实施的密码算法(DES-CBC)来说,IV 是该字段中的第一个 8 位组。如果需要隐式的密码同步数据,则生成该数据的算法由 RFC 指定。

(4) 填充项:0～255 个字节,填充内容可以由密码算法来指定。如果密码算法没有指定,则由 ESP 指定,填充项的第一个字节值是 1,后面的所有字节值都是单向递增的。填充的作用是:

① 某些密码算法要求明文的长度是密码分组长度的整数倍,因此需要通过填充项使明文(包括载荷数据、填充项、填充项长度和下一个头)长度达到密码算法的要求。

② 通过填充项把 ESP 头的“填充项长度”和“下一个头”两个字段靠后排列。

③ 用来隐藏载荷的实际长度,从而支持部分数据流保密性。

(5) 填充项长度:该字段为 8 位,指明填充项的长度,接收端利用它恢复载荷数据的实际长度。该字段必须存在,当没有填充项时,其值为 0。

(6) 下一个头:该字段为 8 位,指明载荷数据的类型。如果在隧道模式下使用 ESP,则其值为 4,表示 IP-in-IP;如果在传输模式下使用,则其值为上层协议的类型,如 TCP 对应的值为 6。

(7) 认证数据:该字段是可变长的,它是由认证算法对 ESP 数据报进行散列计算所得到的完整性检查值(ICV)。该字段是可选的,只有对 ESP 数据报进行处理的 SA 提供了完整性认证服务,才会有该字段。SA 使用的认证算法必须指明 ICV 的长度、比较规则以及认证的步骤。

2. ESP 应用模式

ESP 可采用传输模式或隧道模式对 IP 数据报进行保护。在传输模式,ESP 头插在 IP 头和上层协议头之间,参见图 3.8。在隧道模式,整个 IP 数据报都封装在一个 ESP 头中进行保护,并增加一个新的 IP 头,参见图 3.9。

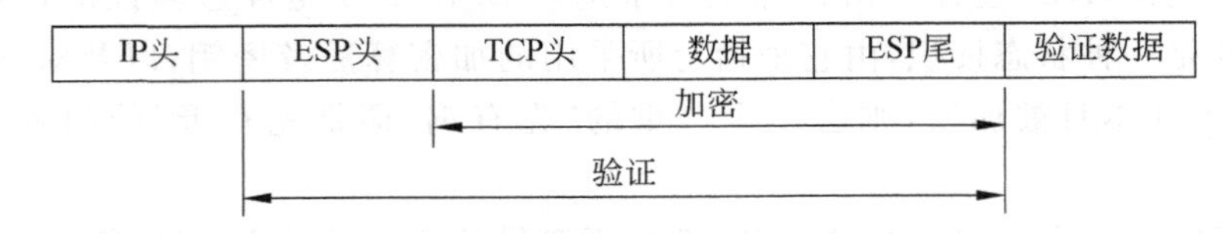

图 3.8 传输模式的 ESP 头格式

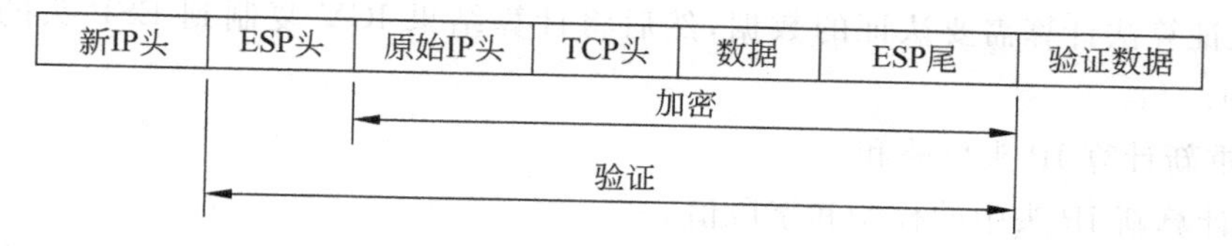

图 3.9　隧道模式的 ESP 头格式

3. ESP 处理

为了达到互操作的目的，IPSec 协议定义了 ESP 必须强制实施的密码算法，强制实施的加密算法是 DES-CBC，强制实施的认证算法是 MD5 和 SHA。

ESP 采用对称密码算法(如 DES-CBC)对 IP 数据报进行加密保护。由于 IP 数据报是无顺序到达接收方的，因此每个 ESP 数据报必须携带能够使接收方建立解密同步的数据，并且要明确地包含在载荷数据中，如初始化向量(IV)。

1) 外出数据报的处理

(1) ESP 头插入。

在传输模式下，ESP 头插在 IP 头之后。各个字段的值为：

① SPI 字段值来自于处理这个外出数据报 SA 中的 SPI；

② 序列号字段值是当前序列计数器的值；

③ 填充项字段值是根据密码算法的要求进行填充的；

④ 填充项长度字段值是填充项的长度值；

⑤ 下一个头字段值是 IP 头的协议号字段值，该值为 50，表示是 ESP。

对于隧道模式，ESP 头插在整个 IP 数据报前面，ESP 头的“下一个头”字段值是 4，表示是 IP-in-IP。其他字段值的计算方法与传输模式相同。在 ESP 头前必须新增加一个 IP 头，并填写相应的字段。

① 源 IP 地址字段值取自源 ESP 设备的 IP 地址；

② 目的 IP 地址字段值从处理该数据报的 SA 中获取；

③ 协议号字段值为 50，代表是 ESP；

④ 其他字段值按常规方式填写。

(2) 数据加密处理步骤。

① 从 SA 中得到加密算法和密钥。

② 如果加密算法要求明文的长度是 32 位的整数倍，则进行必要的填充。

③ 如果需要显式的密码同步数据，则将其输入加密算法，并放入载荷数据内；如果需要隐式的密码同步数据，则在本地创建，并输入加密算法。

④ 对数据报进行加密，加密范围从载荷数据开始，到“下一个头”字段。

(3) 完整性检查值(ICV)计算步骤。

① 从 SA 中得到认证算法。

② 如果选择的认证算法要求认证数据的长度必须是 32 位的整数倍，则需要在“下一个头”字段后执行隐式填充。填充的 8 位组必须是 0，其长度由认证算法确定。所谓隐式填充是指它不随数据报一起传送。

③ 认证算法计算需要认证的数据，然后将计算结果 ICV 复制到 ESP 头的“验证数据”字段中。

(4) 重新计算 IP 头校验和。

重新计算新 IP 头中的校验和字段值。

如果经过 ESP 封装的 IP 数据报长度大于物理网络的最大帧长(MTU)，则由 IP 协议进行统一的分段处理和传输，而 ESP 不做分段检查。

2) 进入数据报的处理

(1) 数据报组装。

由 IP 协议对分段传输的 IP 数据报进行组装，然后提交给 ESP 进行处理。

(2) SA 查找。

利用三元组<SPI,目的 IP 地址，安全协议标识符(ESP)>在 SAD 中查找处理这个数据报的 SA。如果该 SA 存在，则继续处理，否则丢弃该数据报。

(3) 抗重播检查。

检查 ESP 头的序列号字段。如果序列号是有效的，则说明它不是一个重复的数据报，须继续处理；否则丢弃该数据报。

(4) 完整性验证。

首先提取和保存 ESP 中的认证数据字段值，然后使用相同的认证算法对需要验证的数据进行计算，其计算结果与保存下来的认证字段值进行比较。如果匹配，则继续处理，否则丢弃该数据报。

(5) 数据解密步骤。

① 通过 SA 获取解密算法和密钥。

② 如果指定了显式的密码同步数据，则从载荷中获取该数据，并输入解密算法；如果指定了隐式的密码同步数据，则由本地创建密码同步数据，然后输入解密算法。

③ 对 ESP 数据报进行解密，解密范围包括载荷数据、填充项、填充长度和下一个头字段等。

(6) 填充项处理步骤。

① 检查正确性。如果填充项是由加密算法指定的，则检查其是否符合算法所要求的格式；如果填充项是通过默认填充方案生成的，则检查其是否是从 1 开始单向递增的。

② 将填充项从载荷中去除。

(7) 提交 IP 数据报。

对于传输模式，上层协议头和 IP 头是同步的，只需要将 ESP 头的“下一个头”字段的值复制到 IP 头的协议号字段，并计算出一个新的 IP 校验和。然后将该数据报提交给相应的协议(如 TCP 或 UDP)进行处理。

对于隧道模式，首先去除外部 IP 头和 ESP 头，恢复原 IP 数据报。如果该数据报是一个分段，则将该数据报重新插入 IP 数据流中。

3.4.2 AH 协议

AH 协议为 IP 数据报提供了数据完整性、数据源验证以及抗重播等安全服务，但不提供数据保密性服务。也就是说，除了数据保密性之外，AH 提供了 ESP 所能提供的一切服务。

AH 可以采用隧道模式来保护整个 IP 数据报，也可以采用传输模式只保护一个上层协议报文。在任何一种模式下，AH 头都会紧跟在一个 IP 头之后。AH 不仅可以为上层协议提供认证，还可以为 IP 头某些字段提供认证。由于 IP 头中的某些字段在传输中可能会被改变（如服务类型、标志、分段偏移、生存期以及头校验和等字段），发送方无法预测最终到达接收方时这些字段的值，因此，这些字段不能受 AH 保护。图 3.10 显示了 IP 头的可变字段（阴影）和固定字段。

0 15 31

版本	头长度	服务类型	报文总长度
标识		标志	分段偏移
生存期	协议号	头校验和	
源IP地址			
目的IP地址			

图 3.10 IP 头的可变字段（阴影）和固定字段

AH 可以单独使用，也可以和 ESP 结合使用，或者利用隧道模式以嵌套方式使用。AH 提供的数据完整性认证的范围和 ESP 有所不同，AH 可以对外部 IP 头的某些固定字段（包括版本、头长度、报文总长度、标识、协议号、源 IP 地址、目的 IP 地址等字段）进行认证。

1. AH 头格式

在任何模式下，AH 头总是跟随在一个 IP 头之后，AH 头格式如图 3.11 所示。

0 15 31

下一个头	载荷长度	保留
安全参数索引(SPI)		
序列号(Sequence Number)		
认证数据(Authentication Data)		

图 3.11 AH 头格式

在 IPv4 中，IP 头的协议号字段值为 51，表示在 IP 头之后是一个 AH 头。跟随在 AH 头后的内容取决于 AH 的应用模式，如果是传输模式，则是一个上层协议头（TCP/UDP）；如果是隧道模式，则是另一个 IP 头。

（1）下一个头：8 位，与 ESP 头中对应字段的含义相同。

（2）载荷长度：8 位，以 32 位为长度单位指定了 AH 的长度，其值是 AH 头的实际长度减 2。这是因为 AH 是一个 IPv6 扩展头，而 IPv6 扩展头长度的计算方法是实际长度减1。由于IPv6是以64位为长度单位，而AH是以32位为长度单位进行计算的，所以将减1变换为减2（1个64位长度单位＝2个32位长度单位）。如果采用标准的认证算法，认证数据字段长度为96位，加上3个32位固定长度的部分，则载荷长度字段值为4（96/32＋3－2＝4）。如果使用“空”认证算法，将不会出现认证数据字段，则载荷长度字段值为1。

(3) 保留：16位，保留给将来使用，其值必须为0。该字段值包含在认证数据计算中，但被接收者忽略。

(4) 安全参数索引(SPI)：32位，与ESP头中对应字段的含义相同。

(5) 序列号：32位，与ESP头中对应字段的含义相同。

(6) 认证数据：可变长字段，它是认证算法对AH数据报进行完整性计算所得到的完整性检查值(ICV)。该字段的长度必须是32位的整数倍，因此可能会包含填充项。SA使用的认证算法必须指明ICV的长度、比较规则以及认证的步骤。

2. AH应用模式

AH可采用传输模式或隧道模式对IP数据报进行保护。在传输模式，AH头插在IP头和上层协议头之间，参见图3.12；在隧道模式，整个IP数据报都封装在一个AH头中进行保护，并增加一个新的IP头，参见图3.13。无论是哪种模式，AH都要对外部IP头的固定不变字段进行认证。

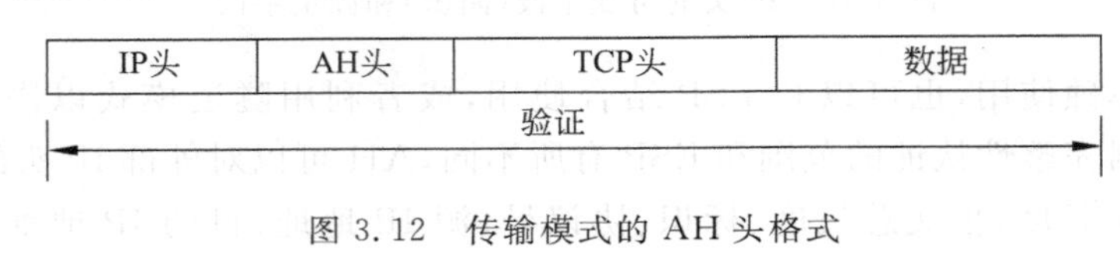

图3.12　传输模式的AH头格式

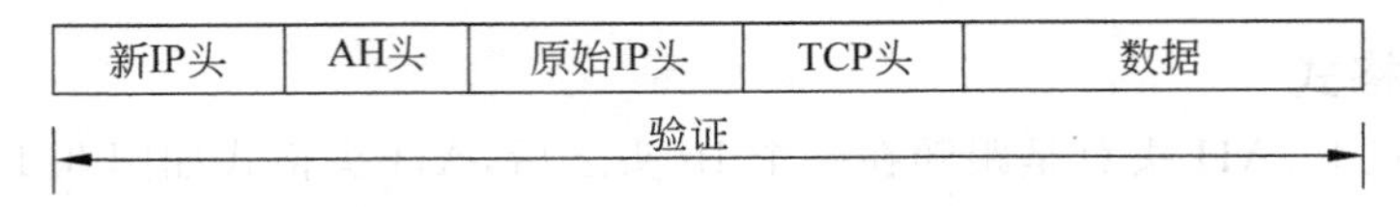

图3.13　隧道模式的AH头格式

3. AH处理

为了达到互操作的目的，IPSec协议定义了AH必须强制实施的认证算法，它们是MD5和SHA算法。

1）外出数据报的处理

(1) AH头插入。

在传输模式下，AH头插在IP头之后，各个字段的值为：

① SPI字段值来自于处理这个外出数据报SA中的SPI；

② 序列号字段值是当前序列计数器的值；

③ 下一个头字段值是IP头的协议号字段的值，该值为51，表示是AH。

对于隧道模式，AH头插在整个IP数据报前面，AH头的“下一个头”字段值是4，表示是IP-in-IP。其他字段值的计算方法与传输模式相同。在AH头前必须新增加一个IP

头，并填写下列相应的字段：

① 源IP地址字段值取自源AH设备的IP地址；

② 目的IP地址字段值从处理该数据报的SA中获取；

③ 协议号字段值为51，代表是AH；

④ 其他字段值按常规方式填写。

(2) 完整性检查值(ICV)计算。

参与ICV计算的部分有：IP头中固定不变的字段、AH头和上层协议数据。ICV的计算步骤如下：

① 在计算ICV之前，将IP头中的可变字段值置为0，并且AH头的认证数据字段也置为0。这些被置0的字段不能省略掉，以保证ICV计算结果的对齐性，并且在传输过程中也不会改变这些字段的长度。

② 认证数据字段的填充。有些认证算法可能需要对认证数据字段进行填充，以确保AH头的长度是32位的整数倍。如果认证算法的ICV长度为96位(如MD5或SHA算法)，则不需要填充项。如果认证算法的ICV长度不是32位的整数倍，则发送方需要在计算ICV前对认证数据字段进行填充。填充的内容可以是任意的。这些填充的字节参与ICV的计算，作为计算载荷长度的一部分，并放置在认证数据字段的后面进行传输，以确保接收方正确地执行ICV计算。

③ 隐式填充。有些认证算法要求认证数据长度必须是一个数据块的整数倍。如果IP数据报长度(包括AH)不符合算法的要求，则必须在数据报的末尾进行隐式填充。填充的8位组必须是0，其长度由认证算法确定。隐式填充项不随数据报一起传送。

④ 认证算法计算需要认证的数据，然后将计算结果ICV复制到AH头的"验证数据"字段中。

(3) 恢复IP头。

恢复IP头中那些被置为0的字段的值。

同ESP一样，AH也不做分段检查。

2) 进入数据报的处理

(1) 数据报组装。

由IP协议对分段传输的IP数据报进行组装，然后提交给AH进行处理。

(2) SA查找。

利用三元组<SPI，目的IP地址，安全协议标识符(AH)>在SAD中查找处理这个数据报的SA。如果该SA存在，则继续处理，否则丢弃该数据报。

(3) 抗重播检查。

检查AH头的序列号字段。如果序列号是有效的，说明它不是一个重复的数据报，则继续处理；否则丢弃该数据报。

(4) 完整性验证步骤。

① 将AH头认证数据字段中的ICV值保存下来，然后将ICV置为0。

② 将IP头中的可变字段置为0。

③ 如果使用的认证算法需要进行隐式填充，则在数据报的末尾执行填充。

④ 使用相同的认证算法对需要验证的数据进行计算，其计算结果与保存下来的ICV值进行比较。如果匹配，继续处理，否则丢弃该数据报。

(5) 提交IP数据报。

对于传输模式，上层协议头和IP头是同步的，只需要将AH头的"下一个头"字段的值复制到IP头的协议号字段，并计算出一个新的IP校验和。然后将该数据报提交给相应的协议(如TCP或UDP)进行处理。

对于隧道模式，首先去除外部IP头和AH头，恢复原IP数据报。如果该数据报是一个分段，则将该数据报重新插入IP数据流中。

3.5 密钥管理

在使用IPSec保护一个IP数据报之前，必须先建立一个SA，SA可以手工创建，也可以自动建立。在自动建立SA时，要使用IKE协议。IKE代表IPSec进行SA的协商，并将协商好的SA填入SAD中。IKE是一种混合型协议，它建立在以下三个协议的基础上。

(1) ISAKMP：它是一种密钥交换框架，独立于具体的密钥交换协议。在这个框架上，可以支持多种不同的密钥交换协议。

(2) Oakley：描述了一系列的密钥交换模式，以及每种模式所提供服务的细节，例如，密钥的完美向前保护、身份保护和认证等。

(3) SKEME：描述了一种通用的密钥交换技术。这种技术提供了基于公钥的身份鉴别和快速密钥更新。

IKE沿用了ISAKMP的基础、Oakley的模式、SKEME的身份鉴别和密钥更新技术，定义了自己独特的生成密钥素材的技术，而且生成的密钥素材是经过验证的。

3.5.1 ISAKMP协议

ISAKMP定义了通信双方彼此沟通的方法和消息格式。ISAKMP提供了身份鉴别方法、密钥信息交换方法以及安全服务协商方法等。

1. 消息和载荷

1) 头格式

对于一个基于ISAKMP的密钥管理协议，其交换消息的构建方法是：将所需的ISAKMP载荷与一个ISAKMP头相连，头格式如图3.14所示。

(1) 发起者Cookie和响应者Cookie：由通信双方创建，它们和消息ID字段一起用来标识正在进行的一次ISAKMP交换。

(2) 下一个载荷：指出随后的ISAKMP载荷。

(3) 版本：指出当前的ISAKMP版本。

(4) 交换类型：指出交换的类型。

(5) 消息ID：消息标识符，在阶段2交换过程中，用来标识协议的状态，其值是阶段2

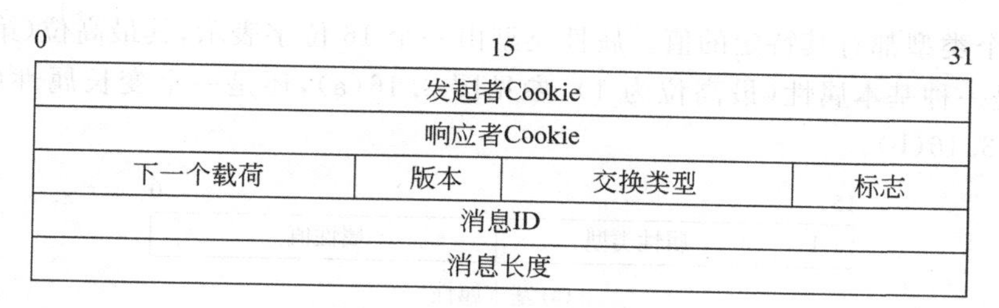

图 3.14　ISAKMP 头格式

协商的发起者产生的。在阶段 1 交换过程中，其值必须设置为 0。

(6) 消息长度：消息总长度，包括头和载荷。

2) ISAKMP 载荷

ISAKMP 定义了多种不同的载荷(见表 3.2)，它们都是以相同的头格式开始的，这个通用的头格式如图 3.15 所示。

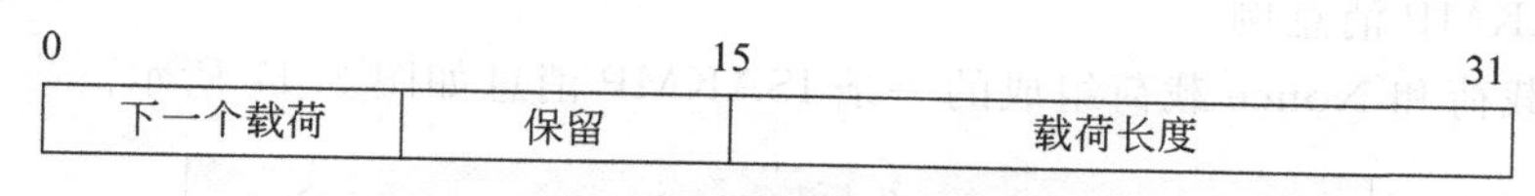

图 3.15　通用的头格式

(1) 下一个载荷：跟随在当前载荷之后的 ISAKMP 载荷的类型；

(2) 保留字段：目前未使用，必须设置为 0；

(3) 载荷长度：当前载荷的长度。

表 3.2　ISAKMP 定义的载荷

值	标识	名 称	说　明
1	SA	安全联盟	带有一个或多个提议，用来定义一个 SA，无论是 ISAKMP SA，还是一个用于其他协议(如 IPSec)的 SA。一个发起者可以提供多个提议，以便于协商，而每个响应者只能回答一个
2	P	提议	由 SA 载荷封装
3	T	转码	由提议载荷封装
4	KE	密钥交换	其中包含执行一次密钥交换所必需的信息，如 Diffie-Hellman 交换的公开值
5	Idx	身份	X 可以是 ii 或 ir，分别代表阶段 1 的发起者和响应者；ui 或 ur，分别代表阶段 2 的发起者和响应者
6	CERT	证书	证书信息
8	HASH	散列	散列的内容是由认证方法决定的
9	SIG	签名	由交换指定需要签名的数据
10	Nx	Nonce	x 可以是 i 或 r，分别代表 ISAKMP 发起者和响应者

3) 属性表示

每个转码载荷都包含了一系列属性，它们是这种转码所特有的。这些属性非常灵活，也比较复杂。在 ISAKMP 中，属性是用“类型/值”对的形式表现的。每种属性都由其类型指定，每个类型都有其特定的值。属性类型由一个 16 位字表示，其最高位（第 15 位）指明该属性是一种基本属性（最高位为 1），参见图 3.16(a)，还是一个变长属性（最高位为 0），参见图 3.16(b)。

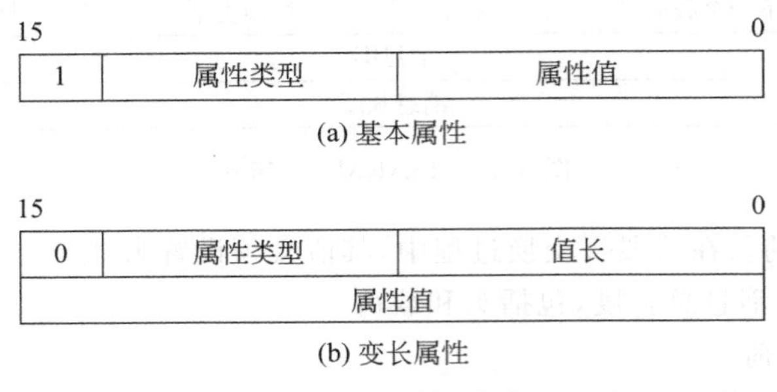

图 3.16　属性类型

4）ISAKMP 消息例

由 KE 载荷和 Nonce 载荷组成的一条 ISAKMP 消息如图 3.17 所示。

发起者Cookie			
响应者Cookie			
KE	版本	类型	旗标
消息ID			
消息总长			
Nonce	0	KE载荷长度	
KE载荷数据			
0	0	Nonce载荷长度	
Nonce载荷数据			

图 3.17　ISAKMP 消息格式

2. 交换和阶段

1）交换

ISAKMP 定义了 5 种交换：NONE(0)、基本交换(1)、身份保护交换(2)、纯验证交换(3)、野蛮交换(4)，其中身份保护交换为主模式。IKE 使用了主模式交换和野蛮交换，交换的具体描述将在下面给出。

2）阶段

ISAKMP 描述了两个独立的协商阶段。在阶段 1，通信各方彼此之间建立一个已通过身份鉴别的安全通道；在阶段 2，使用这个安全通道为另一个不同的协议（如 IPSec）协商 SA。

阶段 1 交换建立了一个 ISAKMP SA。这个 SA 是安全策略的一个抽象和一个密钥素材，它不同于 IPSec 的 SA。要想建立这个 SA，通信各方首先必须协商好它的规则、认证它的方法以及建立它所需的参数。这个 SA 必须对后续的阶段 2 进行认证。

阶段 2 交换可以为其他协议建立 SA。由于 ISAKMP SA 已经通过认证，所以它可以为一次阶段2交换中的所有消息提供数据源认证、完整性认证以及保密性保护。在完成一次阶段2交换后，ISAKMP SA会继续存在下去，以保证后续阶段2交换的安全，直到过期。

3. 策略协商

要建立一个共享的安全联盟，必须首先协商好所采用的安全策略。由于安全策略可能非常复杂，所以必须采用灵活的解决方式。为此，ISAKMP同时使用了安全联盟、提议载荷及转码载荷等来表示策略。在一个安全联盟内，可能包含了一个或多个提议，而且每个提议可能包含一个或多个转码方式。

1）安全联盟载荷

安全联盟载荷的格式如图3.18所示。

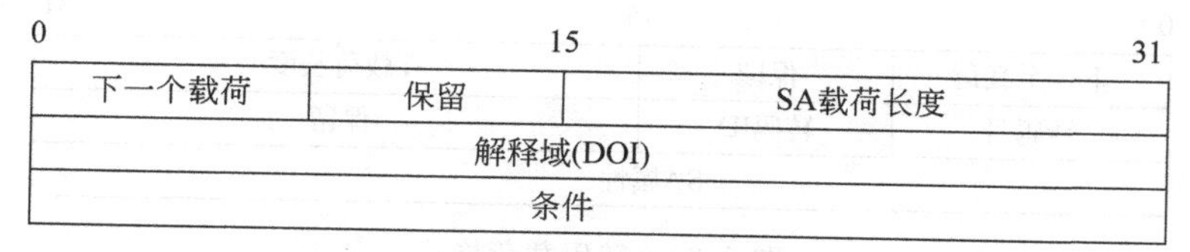

图3.18　安全联盟载荷的格式

（1）下一个载荷：消息中下一个载荷的标识符。这里不能填入提议载荷或转码载荷的值，因为它们是SA载荷的一部分。

（2）载荷长度：整个SA载荷的长度，包括SA载荷以及所有与该SA载荷相关的提议载荷和转码载荷。

（3）解释域(DOI)：针对不同的安全服务，需要使用不同的DOI值。如果DOI值为0，则表示它用于ISAKMP，可以在阶段2为任何协议协商SA；如果DOI值为1，则表示DOI定义了如何用ISAKMP为IPSec服务建立SA。

（4）条件：变长字段，包含一些必要的信息，为接收方在协商期间确定策略提供参考。这些信息是具体的DOI所特有的。

2）提议载荷

提议载荷的格式如图3.19所示。

0　　15　　31

<table>
<tr><td>下一个载荷</td><td>保留</td><td colspan="2">P载荷长度</td></tr>
<tr><td>提议号</td><td>协议ID</td><td>SPI长度</td><td>转码数量</td></tr>
<tr><td colspan="4">SPI</td></tr>
</table>

图3.19　提议载荷格式

（1）下一个载荷：消息中下一个载荷的标识符，其值只能是0或2。如果消息中还有其他提议，则其值为2（P载荷的标识符）；如果该提议是所在SA载荷中的最后一个提议，则其值为0。

（2）载荷长度：整个提议载荷的长度，包括通用头、提议载荷以及所有与该提议载荷相关的转码载荷。如果消息中有多个具有相同提议号的提议载荷，则其值只是当前载荷的长度。

(3) 提议号：当前载荷的提议号。在与一个 SA 载荷相关的多个提议载荷中，具有相同提议号的提议之间用“逻辑与”构建策略；具有不同提议号的提议之间用“逻辑或”构建策略。

(4) 协议 ID：指定当前协商的安全协议。例如，IPSec ESP，IPSec AH 等。

(5) SPI 长度：安全协议所定义的 SPI 的长度。对于 ISAKMP 协议，ISAKMP 头中的“发起者 Cookie 和响应者 Cookie”就是 ISAKMP 的 SPI。

(6) 转码数量：指定与该提议载荷相关的转码载荷的数量。

(7) SPI：安全协议的 SPI。

3) 转码载荷

转码载荷的格式如图 3.20 所示。

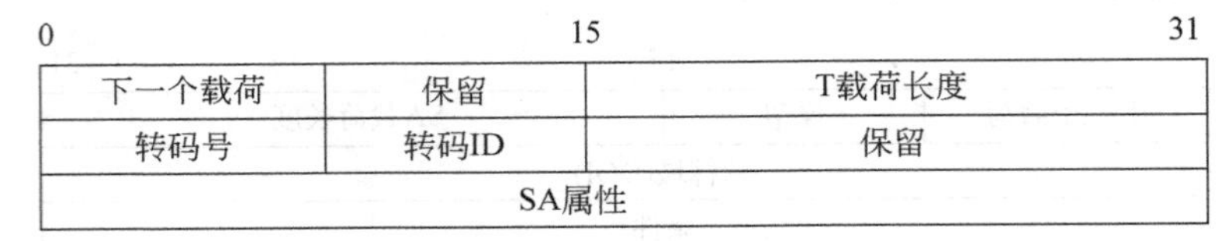

图 3.20　转码载荷格式

(1) 下一个载荷：消息中下一个载荷的标识符，其值只能是 0 或 3。如果消息中还有其他转码，则其值为 3(载荷的标识符)；如果该转码是所在提议载荷的最后一个转码，则其值为 0。

(2) 载荷长度：整个转码载荷的长度，包括通用头和转码载荷。

(3) 转码号：当前载荷的转码号。与同一个提议载荷相关的多个转码载荷具有不同的转码号。

(4) 转码 ID：为当前提议载荷中的协议指定转码标识符。这些转码由 DOI 定义，并依赖于正在协商的协议。

(5) SA 属性：由转码定义的 SA 属性。这些属性是用前面提到的“属性/值”表示的。

4. 策略表示举例

下面通过两个具体的例子来说明如何利用三种载荷来表示安全策略。

1) 例子 1

假如一个安全策略要求使用 ESP 加密，加密算法可以是 3DES 或 DES；同时使用 AH 认证，认证算法是 SHA。

由于使用了两种安全协议，所以需要两个提议载荷，分别对应于 ESP 和 AH。由于 ESP 有两种可以选择的加密算法，所以对应于 ESP 的提议载荷应当有两个转码载荷(转码载荷 1 对应于 3DES，转码载荷 2 对应于 DES)。由于两个协议(ESP 和 AH)之间是“逻辑与”的关系，所以两个提议载荷的提议号应该相同，以实现“逻辑与”关系。

该策略的协商结果可能是：3DES ESP and SHA AH；DES ESP and SHA AH。ISAKMP 消息如图 3.21 所示。

2) 例子 2

假如一个安全策略可以有以下两种选择。

载荷				
SA载荷	下一个头=10	保留	载荷长度	
	解释域			
	条件			
提议载荷1	下一个头=2	保留	载荷长度	
	提议号=1	协议ID=ESP	SPI长度	转码数量=2
	SPI			
转码载荷1	下一个头=3	保留	载荷长度	
	转码号=1	转码ID	保留	
	SA属性(加密算法/3DES)			
转码载荷2	下一个头=0	保留	载荷长度	
	转码号=2	转码ID	保留	
	SA属性(加密算法/DES)			
提议载荷1	下一个头=0	保留	载荷长度	
	提议号=1	协议ID=AH	SPI长度	转码数量=1
	SPI			
转码载荷1	下一个头=0	保留	载荷长度	
	转码号=1	转码ID	保留	
	SA属性(认证算法/SHA)			

图 3.21　例子 1 的 ISAKMP 消息

选择 1：使用 AH 认证，认证算法是 MD5，并且使用 ESP 加密，加密算法是 3DES；

选择 2：使用 ESP 加密，加密算法是 3DES 或 DES。

对于选择 1，使用两个提议号相同(这里都是 1)的提议载荷，每个提议载荷包含一个转码载荷，以对应各自的算法。对于选择 2，使用一个与选择 1 中所使用的提议载荷号不同的提议载荷(这里是 2)，包含两个转码载荷对应的两种加密算法。

该策略的协商结果是：(MD5 AH and 3DES ESP) or (3DES ESP)；(MD5 AH and 3DES ESP) or (DES ESP)，ISAKMP 消息如图 3.22 所示。

3.5.2　IKE 协议

ISAKMP 是一种密钥交换的框架，它本身没有定义具体的密钥交换协议，而留给其他协议来定义和处理。对 IPSec 而言，所定义的密钥交换协议是 IKE。

IKE 是一种基于 ISAKMP 的密钥交换协议，为协商安全服务提供了一种方法。IKE 协商的最终结果是一个 IPSec SA，它提供了密钥素材认证服务。IKE 并非 IPSec 专有，其他协议也可以用 IKE 协商具体的安全服务。

IKE 使用了两个阶段的 ISAKMP。阶段 1 建立 IKE SA，可以采用“主模式”或“野蛮模式”；阶段 2 利用这个特定的 IKE SA 来协商具体的 IPSec SA，采用“快速模式”。

1. 阶段 1 协商

1) 协商的内容

为建立一个 IKE SA，通信双方必须协商各种参数，这是通过交换 ISAKMP 消息完成

SA载荷	下一个头=10	保留	载荷长度	
	解释域			
	条件			
提议载荷1	下一个头=2	保留	载荷长度	
	提议号=1	协议ID=AH	SPI长度	转码数量=1
	SPI			
转码载荷1	下一个头=0	保留	载荷长度	
	转码号=1	转码ID	保留	
	SA属性(认证算法/MD5)			
提议载荷1	下一个头=2	保留	载荷长度	
	提议号=1	协议ID=ESP	SPI长度	转码数量=1
	SPI			
转码载荷1	下一个头=0	保留	载荷长度	
	转码号=1	转码ID	保留	
	SA属性(加密算法/3DES)			
提议载荷2	下一个头=0	保留	载荷长度	
	提议号=2	协议ID=ESP	SPI长度	转码数量=2
	SPI			
转码载荷1	下一个头=3	保留	载荷长度	
	转码号=1	转码ID	保留	
	SA属性(加密算法/3DES)			
转码载荷2	下一个头=0	保留	载荷长度	
	转码号=2	转码ID	保留	
	SA属性(加密算法/DES)			

图 3.22　例子 2 的 ISAKMP 消息

的。在这些交换的消息中,包含了多种 ISAKMP 载荷。

(1) SA 载荷：它包括以下参数。

① 加密算法：用于保护数据。

② 散列函数：Hash。

③ Diffie-Hellman 组：定义了通信双方在一次 Diffie-Hellman 交换中需要使用的参数。

④ 伪随机函数：Prf(key,msg),通常是一个带密钥的 Hash 函数,用来产生一种伪随机数输出。Prf 既用于生成密钥,也用于认证。

⑤ 认证方法：它是对 IKE 交换影响最大的参数。其他属性决定了载荷的内容,而认证方法则决定了载荷的交换方法和时间。可选的认证方法有：预共享密钥、数字签名、基于公钥密码算法的认证等。

(2) KE 载荷：通信双方的 Diffie-Hellman 公开值。

(3) Nonce 载荷。

(4) ID 载荷：用于验证通信双方的身份。

（5）SIG 载荷和 CERT 载荷。

在完成上述载荷交换后，协商的双方可以生成 4 种密码材料，并计算出两个散列值，参见表 3.3。

表 3.3　双方可生成的 4 种密码材料和两个散列值

密码材料	作　用	计算方法	
SKEYID	建立后续三个密钥的基础	预共享密钥	Prf (pre-shared-key, Ni_b | Nr_b)
		数字签名	Prf (Ni_b | Nr_b, g^{xy})
		公钥加密	Prf (hash(Ni_b | Nr_b), CKY-I | CKY-R)
SKEYID_d	为 IPSec 衍生出所需要的密钥素材	Prf (SKEYID, g^{xy} | CKY-I | CKY-R | 0)	
SKEYID_a	保证 IKE 消息数据的完整性及对数据源的身份进行验证	Prf(SKEYID, SKEYID_d | g^{xy} | CKY-I | CKY-R | 1)	
SKEYID_e	加密 IKE 消息	Prf(SKEYID, SKEYID_a | g^{xy} | CKY-I | CKY-R | 2)	
散列值	计算方法		
HASH_I	Prf(SKEYID, g^{xi} | g^{xr} | CKY-I | CKY-R | SAi_b | IDii_b)		
HASH_R	Prf(SKEYID, g^{xr} | g^{xi} | CKY-R | CKY-I | SAi_b | IDir_b)		

表 3.3 中，

① Nx：Nonce 载荷。x 可以是 i 或 r，分别代表 ISAKMP 发起者和响应者。

② ＜P＞_b：表示载荷 P 的 body。

③ CKY-I 和 CKY-R：分别是 ISAKMP 头中发起者的 Cookie 和响应者的 Cookie。

④ g^{xi} 和 g^{xr}：分别是发起者和响应者的 Diffie-Hellman 公开值。

⑤ g^{xy}：Diffie-Hellman 共享密钥。

通过这些密码材料和散列值，可以实现下列安全功能。

（1）消息加密保护：利用 SA 载荷给出的加密算法和密钥 SKEYID_e 对交换的消息进行加密。例如，在主模式交换中，第三个交换回合中的身份消息就被加密保护的。

（2）双方身份鉴别：这是利用两个散列值实现的，通信双方各自持有一个自己的散列值，通过对整个 SA 载荷的散列计算实现通信双方身份的认证。然而，发起者所发送的第一条消息中的 SA 载荷是未经验证的，存在着可能被篡改的安全隐患。

2）主模式交换

在三个回合的交换中，主模式使用了 6 条 ISAKMP 消息来建立 IKE SA。三个回合的交换分别是：①SA 模式交换。②Diffie-Hellman 和 Nonce 交换。③通信双方身份鉴别。

（1）预共享密钥。

预共享密钥的交换过程如图 3.23 所示。

（2）数字签名。

数字签名的交换过程如图 3.24 所示。

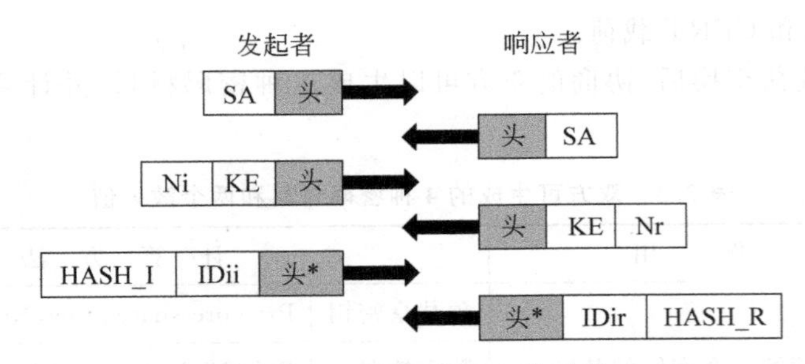

图 3.23 预共享密钥交换过程

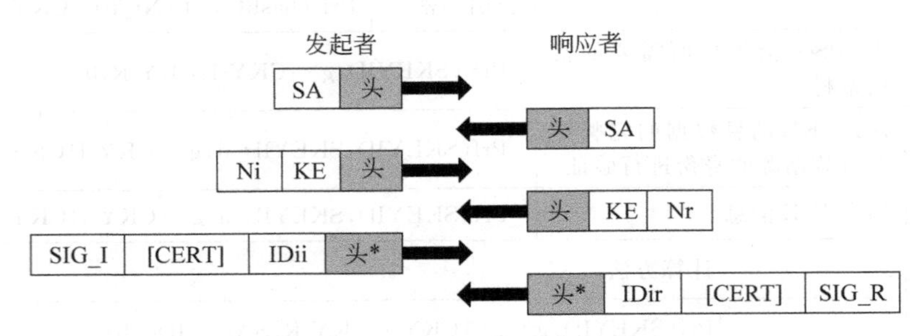

图 3.24 数字签名交换过程

可以看出，数字签名和预共享密钥验证有相似之处，但两者最大的区别是：数字签名认证是由数字签名(SIG_I 和 SIG_R)完成的，而并非仅通过散列值完成。SIG_I 和 SIG_R 是经过协商的数字签名算法应用于 HASH_I 和 HASH_R 的结果。

(3) 公钥加密。

公钥加密的交换过程如图 3.25 所示。在公钥加密认证中，双方交换的辅助信息是加密的 Nonce，以验证对方是否能解密 Nonce。除了 Nonce 载荷，双方的身份载荷(IDii and IDir)也使用对方的公钥进行加密，从而实现身份保护。

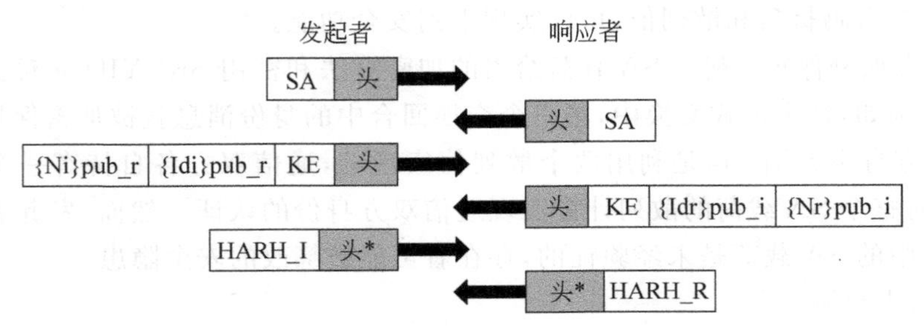

图 3.25 公钥加密交换过程

3) 野蛮模式交换

(1) 预共享密钥。

预共享密钥的交换过程如图 3.26 所示。

(2) 数字签名。

数字签名的交换过程如图 3.27 所示。

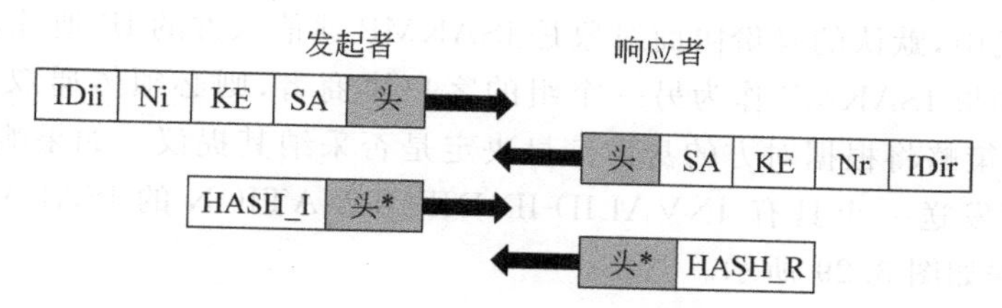

图 3.26　预共享密钥交换过程

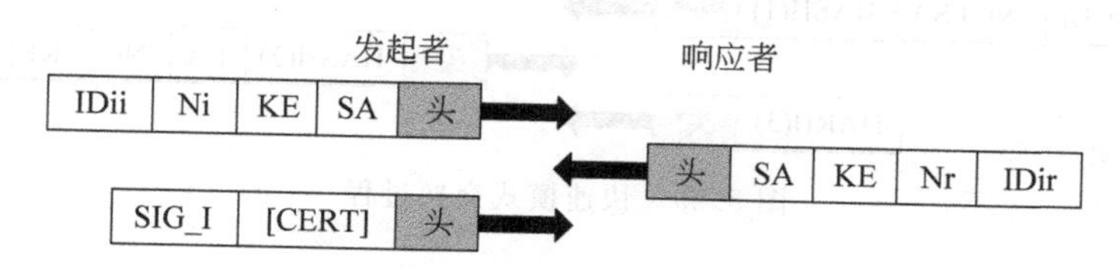

图 3.27　数字签名交换过程

（3）公钥加密。

公钥加密的交换过程如图 3.28 所示。

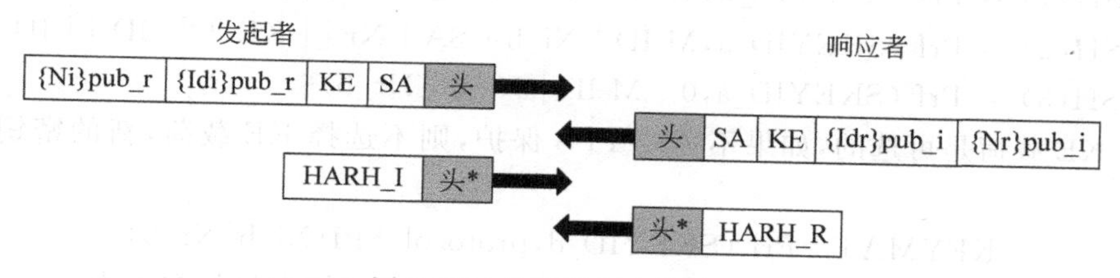

图 3.28　公钥加密交换过程

2. 阶段 2 协商

快速模式将为非 ISAKMP 的 SA 生成密钥素材，并协商共享策略。通过快速模式交换的信息是受到 ISAKMP SA 保护的。例如，除了 ISAKMP 头，所有的载荷都被加密，并且通过 Hash 载荷可以实现对信息的认证。

实际上，快速模式是一个 SA 和一个 Nonces 协商交换。Nonces 用来生成新的密钥素材，并可防止重播攻击。可以通过交换一个可选的密钥交换载荷（KE 载荷）来支持一次额外的 Diffie-Hellman 交换。

在通过公共网传输加密数据时，最大的风险是攻击者利用机密数据解析出密钥。为了降低这种风险，可以采用超长度密钥，但同时也降低了网络性能。一个折中的方案是使用合理长度的密钥，然后定期改变密钥。因此需要一种产生新密钥的方法，并让对方也知道这些密钥。

对于新密钥的产生，既不能利用目前的密钥，也不能利用产生当前密钥的密码源，以防止攻击者通过当前密钥推算出新密钥。在密码学中，将这种不依赖于当前密钥而产生新密钥的方法称为完美向前保护（PFS）。IKE 利用 Diffie-Hellman 来实现 PFS。

在快速模式中，通过更新阶段 1 的密码材料 SKEYID_a 来生成密钥素材，只有使用可选的 KE 载荷，才能为密钥素材提供 PFS 保护。

在快速模式中，默认的身份协商对象是ISAKMP通信双方的IP地址，而不包括协议号和端口号。如果ISAKMP作为另一个组的客户协商者，则必须传递双方的身份(IDci和IDcr)。本地策略将根据对方的身份信息决定是否采纳其提议。如果响应者不接受对方的身份，则将发送一个具有INVALID-ID-INFORMATION的ISAKMP消息。快速模式的交换过程如图3.29所示。

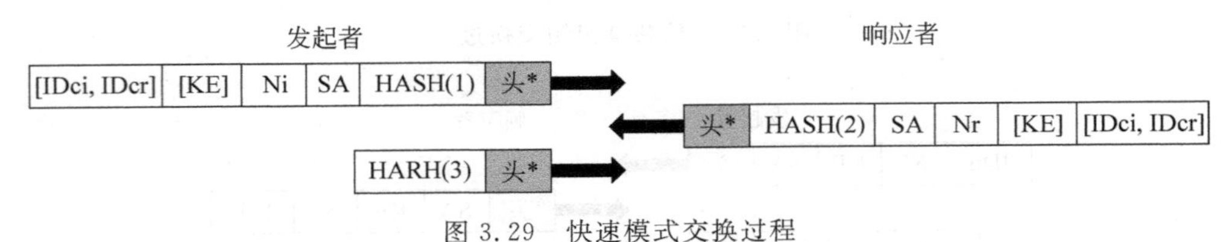

图3.29　快速模式交换过程

在图3.29中，

(1) SA可能是一个SA序列，如SA_0，SA_1，…

(2) HASH(i)是散列函数，分别为

HASH(1) = Prf (SKEYID_a, M-ID | SA | Ni [| KE] [| IDci | IDcr])

HASH(2) = Prf (SKEYID_a, M-ID | Ni_b | SA | Nr [| KE] [| IDci | IDcr])

HASH(3) = Prf (SKEYID_a, 0 | M-ID | Ni_b | Nr_b)

(3) KE载荷是可选的，如果不需要PFS保护，则不选择KE载荷，新的密钥素材就定义为

KEYMAT=Prf (SKEYID_d, protocol|SPI|Ni_b|Nr_b)

如果需要PFS保护，则要选择并交换KE载荷，新的密钥素材就定义为

KEYMAT=Prf (SKEYID_d, $g(qm)^{xy}$ | protocol|SPI|Ni_b|Nr_b)

式中，$g(qm)^{xy}$是Diffie-Hellman共享密钥，protocol和SPI则来自于ISAKMP提议载荷。

(4) 如果得到的密钥素材长度没有达到应用要求，可以用迭代的方法达到要求，即

KEYMAT=$K1|K2|K3|\ldots$

式中：

$K1$ = Prf(SKEYID_d, [$g(qm)^{xy}$ |] protocol | SPI | Ni_b | Nr_b)

$K2$ = Prf(SKEYID_d, K1 | [$g(qm)^{xy}$ |] protocol | SPI | Ni_b | Nr_b)

$K3$ = Prf(SKEYID_d, K2 | [$g(qm)^{xy}$ |] protocol | SPI | Ni_b | Nr_b)

3. 协商举例

假设发送方SPD中的一个安全策略(即一个SPD条目)要求对外出的数据报实施IPSec保护：用ESP进行加密和认证，加密算法是3DES，认证算法是MD5。而这个SPD条目指向SAD的指针为空，即目前没有合适的SA可用。于是，需要启动IKE协商来建立IPSec SA。

假设这是第一次启动IKE协商，即还没有建立IKE SA，则首先要进行IKE SA的协商，即阶段1协商。在本例子中，使用主模式来建立IKE SA。下面是这个IPSec SA的建立过程。

(1) 阶段1协商(采用主模式)。

① 第一交换回合。交换SA载荷。在SA载荷中包含的协商信息有:3DES算法标识、散列函数my_hash标识、第一组Diffie-Hellman交换标识、伪随机函数my_prf(key, msg)标识、基于RSA的身份鉴别方法标识等。在SA载荷前面加上ISAKMP通用头和ISAKMP消息头,构成一个可供交换的ISAKMP消息。

② 第二交换回合。交换其他载荷,其中包括KE载荷,使用my_dh_val作为Diffie-Hellman交换的公开值;Nonce载荷,使用对方的RSA公钥进行加密;ID信息,使用对方的RSA公钥进行加密。将这三个载荷依次组合,构成一个可供交换的ISAKMP消息。

③ 密码材料和散列值计算。用第一交换回合协商好的方法(如加密算法、散列函数等)和第二交换回合得到的参数(如双方的Cookie、Nonce等)来计算密码材料和散列值,例如:SKEYID=my_prf(my_hash(Ni_b|Nr_b),CKY-I|CKY-R),以及SKEYID_d, SKEYID_a,SKEYID_e,HASH_I,HASH_R等。

④ 第三交换回合。交换HASH_I和HASH_R信息。这些信息是用3DES算法加密的,密钥是SKEYID_e。

(2) 阶段2协商(要求PFS)。

① 第一交换回合。交换载荷,其中包括

a. SA载荷:其加密算法是3DES,认证算法是MD5,使用的协议是ESP。

b. Nonce载荷。

c. KE载荷:它包含了此次Diffie-Hellman交换的公开值。

② 发起者发送最后一条消息给响应者,消息的内容是HASH(3)。

③ 计算密钥素材KEYMAT。

至此,交换结束。通信双方通过IKE协商建立了IPSec SA。

3.6 IPSec协议的应用

3.6.1 IPSec实现模式

IPSec可以采用两种模式实现:主机实现和网关实现。每种实现模式的应用目的和实施方案有所不同,主要取决于用户的网络安全需求。

1. 主机实现模式

由于主机是一种端节点,因此主机实现模式主要用于保护一个内部网中两个主机之间的数据通信。主机实现方案可分为两种类型。

(1) 在操作系统上集成实现:由于IPSec是一个网络层协议,因此可以将IPSec协议集成到主机操作系统上的TCP/IP中,作为网络层的一部分来实现。

(2) 嵌入协议栈实现:将IPSec嵌入协议栈中,插在网络层和数据链路层之间来实现。

主机实现方案的优点是:能够实现端到端的安全性;能够实现所有的IPSec安全模

式;能够基于数据流提供安全保护。

2. 网关实现模式

由于网关是一种中间节点,因此网关实现模式主要用于保护两个内部网通过公用网络进行的数据通信,通过 IPSec 网关构建 VPN,从而实现两个内部网之间的安全数据交换。网关实现方案有两种类型。

(1) 在操作系统上集成实现:将 IPSec 协议集成到网关操作系统上的 TCP/IP 中,作为网络层的一部分来实现。

(2) 嵌入网关物理接口上实现:将实现 IPSec 的硬件设备直接接入网关的物理接口上来实现。

网关实现方案的优点是:能够在公用网上构建 VPN 来保护内部网之间进行的数据交换;能够对进入内部网的用户身份进行验证。

3.6.2 虚拟专用网络

IPSec 协议主要用于构造虚拟专用网络(Virtual Private Network,VPN)。VPN 利用开放的公用网络作为用户信息传输媒体,通过隧道封装、信息加密、用户认证和访问控制等技术实现对信息传输过程的安全保护,从而向用户提供类似专用网络的安全性能。VPN 使分布在不同地理位置的专用网络能在不可信任的公用网络上安全地通信,并可降低网络建设和维护费用。

VPN 是利用 VPN 网关在互联网上建立的一种安全隧道,使基于互联网互联的内部网之间可以利用这个安全隧道进行安全的信息交换,将公用网转换成一个专用网,既避免了租用专用线路所带来的巨额费用,又保证了信息交换的安全。

VPN 是建立在密码技术和网络安全协议基础上的,它利用网络安全协议中的数据加密封装、数据完整性认证、用户身份鉴别以及系统访问控制等安全技术实现一种隧道传输机制,防止在信息传输过程中被非法获取、篡改和欺骗。因此,网络安全协议是实现 VPN 的关键。根据 VPN 类型不同,所采用的安全协议也有所不同。

根据不同需要,可以构造不同类型的 VPN。不同环境对 VPN 的要求各不相同,VPN 所起的作用也各不相同。根据用途,VPN 可分为内部网 VPN 和外部网 VPN 两种。

1. 内部网 VPN

内部网 VPN 是将一个企业在各地分支机构的局域网(LAN)通过公共网络互连起来,并利用 VPN 网关构成基于 VPN 的企业内联网,扩展了企业网络的覆盖范围。

VPN 网关是一种基于 IPSec 协议的网络安全设备,一般部署各个局域网出入口处,利用 IPSec 协议在 VPN 网关之间建立安全的传输隧道,为企业内联网之间的数据通信提供数据保密性、数据完整性以及身份合法性等安全服务,同时还能保护企业内部网不受外部的入侵。

2. 外部网 VPN

外部网 VPN 是为各个企业网之间的数据传输提供安全服务,保护网络资源不受外部威胁。外部网 VPN 可以为各种 TCP/UDP 应用(例如 E-mail,HTTP,FTP 等应用程序）提供安全服务，保证这些应用能够安全地交换信息。同时，可以采用多种网络参数，如源地址、目的地址、应用程序类型、加密和认证类型、用户身份、工作组名、子网号等对网络资源实施访问控制。

由于各个企业网环境可能不同，故要求外部网 VPN 能够适用各种操作平台、网络协议以及各种不同的密码算法和认证方案。

外部网 VPN 可以采用多种网络安全协议来构建，形式上可以采用一个 VPN 服务器来实现，VPN 服务器是一种将加密、认证和访问控制等安全功能集成一体的集成系统。通常，VPN 服务器放在一个防火墙隔之后，通过防火墙唯一的入口连接 VPN 服务器，经过防火墙和 VPN 服务器两级控制和保护，不仅保证了数据传输的安全，也保证了网络系统的安全。

3.6.3 VPN 关键技术

VPN 关键技术主要有隧道传输、安全性、系统性能和可管理性等。

1. 隧道传输

VPN 的基础是隧道传输技术，而隧道传输的关键是通过隧道协议将原始数据报封装成一种指定的数据格式，并嵌入另一种协议数据报（如 IP 数据报）中进行传输。只有源端和目的端能够解释和处理经过封装处理的数据报，而对其他节点而言都是无意义的信息。这样，在源端和目的端就形成一个基于这种传输隧道的 VPN。

目前，支持隧道传输模式的网络协议有基于数据链路层的 PPTP/L2TP 协议、基于网络层协议的 IPSec 协议以及 MPLS(Multi-Protocol Label Switch)协议等。

2. 安全性

VPN 的安全性应当表现为两个方面：一是通过数据加密和数据认证等功能来保护通过公网传输数据的安全，以防止数据在传输过程中被窃听、泄露和篡改；二是身份鉴别和访问控制等功能来保护企业内部网的安全，VPN 网关之间必须通过双方身份鉴别后才能建立 VPN，以防止身份假冒和欺骗攻击；同时基于网络资源访问控制策略对 VPN 用户实施细粒度的访问控制，以实现对网络资源最大限度的保护。

3. 系统性能

VPN 系统性能主要通过数据转发速率、网络延迟和丢包率等指标来衡量，其中数据转发速率是主要的性能指标。由于 VPN 涉及数据加密、数据认证以及隧道封装等一系列附加操作，所以数据转发速度将会受到一定的影响，并引入一定的网络延迟和性能损失。因此，VPN 网关最好采用专用的硬件系统来实现，有关密码算法采用专用芯片，以最大限度地减少 VPN 引入的性能损失。

4. 可管理性

可管理性包括 VPN 设备的管理和密钥管理。对于 VPN 设备的管理，应当支持远程管理，并提供多种管理功能，如配置管理、策略管理、日志管理等。由于 VPN 产品涉及数据加密，所以密钥管理是非常重要的，也是衡量可管理性的一个重要指标。密钥管理的好坏可以从以下几个方面考虑：密钥的安全性(密钥是否受限存取)、密钥是否能够自动交换、密钥是否能够自动定期修改、密钥取消是否方便安全、对加密算法的识别能力、加密算法是否可选等。

3.6.4 VPN 实现技术

目前，基于 IPSec 的 VPN 实现方案主要有两种：主机实现方案和网关实现方案。

主机实现方案是将 IPSec 协议集成到主机操作系统中，使主机成为一种 VPN 主机，可用于在两个 VPN 主机之间或者 VPN 主机与 VPN 网关之间构建 VPN。对于前者，主要用于客户机/服务器应用系统中，以保护客户与服务器之间数据通信的安全；对于后者，主要用于移动通信的场合，以保护移动 IP 用户与基地代理之间数据通信的安全。

网关实现方案是将 IPSec 协议的实现系统做成一种独立的网络设备，这种网络设备称为 VPN 网关，也是 VPN 的起点和终点，主要用于在两个网络之间构建 VPN，如内部网 VPN。VPN 网关是 IPSec 协议的主要应用模式，市场上有很多这类 VPN 网关产品。

VPN 网关一般部署在一个内部网的出入口处(即互联网接入点)。两个或多个基于互联网互连的内部网之间可以通过 VPN 网关在互联网上建立一个端到端的安全隧道，内部网用户可以利用这个隧道安全地交换信息，参见图 3.30。

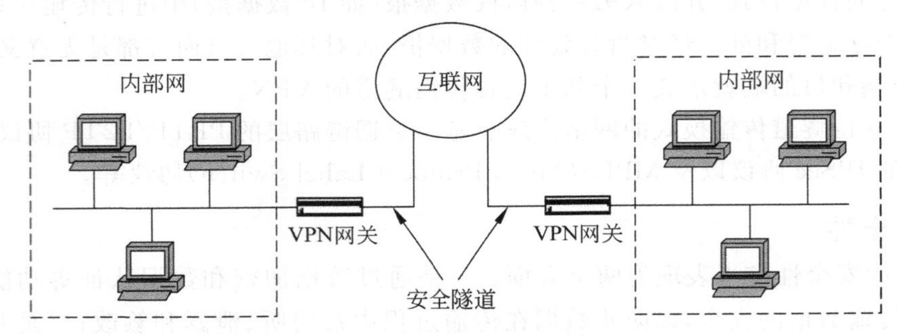

图 3.30　利用 VPN 网关构建的 VPN

3.7 本章总结

本章详细介绍了 IPSec 协议，它是一种基于 IP 协议的网络层安全协议。IPSec 协议主要由三个部分组成：安全协议、安全联盟和密钥管理。

安全协议有 ESP 和 AH 两种协议，分别提供了不同的安全能力和级别，它们都通过在 IP 头中插入一个协议头来定义对 IP 数据报所采取的保护方法。ESP 协议可以为 IP 数据报或上层协议数据提供数据保密性和完整性保护。ESP 是一种通用的、易于扩展的安全机制，它将基本的 ESP 功能定义和实际提供安全服务的专用算法分离开，有利于算法的更换和更新。AH 协议只提供数据完整性验证服务，而不提供数据保密性服务。AH 不仅可以为上层协议提供数据完整性认证，还可以为 IP 头中的某些字段提供认证，但这些字段值必须是在传输过程中不变的。ESP 和 AH 协议分别提供不同的安全能力，但处理开销也不同。ESP的处理开销要大于AH。ESP和AH协议可以分别单独使用，也可以组合使用。每个协议都支持传输模式和隧道模式两种应用模式，而VPN是IPSec协议隧道模式的一种应用范例。

ESP和AH协议提供的安全性完全依赖于它们所采用的密码算法。为保证一致性和不同实现方案之间的互通性，必须定义一些需要强制实现的密码算法。因此，在使用加密和认证机制进行安全通信时，必须解决以下三个问题：一是通信双方必须协商所要使用的安全协议、密码算法和密钥；二是必须方便和安全地交换密钥（包括定期改变密钥）；三是能够对所有协商的细节和过程进行记录和管理。因此，IPSec协议使用一种称为安全联盟（SA）的概念实体集中存放和管理所有需要记录的协商细节，可以将SA看作一个由通信双方共同签署的有关安全通信的“合同”，它包含了安全通信所需的所有信息。SA使用安全参数索引（SPI）来唯一地标识，通信双方要使用SPI来指定一个协商好的SA。

IPSec协议还通过安全策略（SP）为用户提供一种描述安全需求的方法，允许用户使用安全策略来定义所保护的对象、安全措施以及密码算法等。安全策略由安全策略数据库（SPD）来维护和管理。在受保护的网络中，各种通信的安全需求和保护措施可能有所不同。用户可以通过安全策略来描述不同通信的安全需求和保护措施，并且允许在一个VPN网关上设置不同的安全策略。

密钥管理是安全协议中的关键环节，IPSec协议是通过IKE协议来解决协议协商和密钥交换问题的。IKE协议的主要功能有：支持通信双方就协议、算法和密钥等参数进行协商，并对协商的结果进行管理；对参与协商的双方身份进行认证，确保双方身份的合法性；产生所有密钥的密码源物质，用于安全的信息交换。IKE协议是一个混合型协议，集成了ISAKMP协议和部分Oakley密钥交换方案。

由于IPSec协议是一种基于IP协议的网络层安全协议，因而主要用于解决多个基于互连网连接的内部网之间的安全交换信息问题，VPN是一种典型的应用模式。VPN是通过VPN网关在公用网上建立起来的专用网，它既避免了租用专用线路所带来的高额费用，又保证了信息交换的安全。VPN是今后重点发展的信息安全关键技术之一。

思　考　题

1. 网络层协议的主要功能是什么？它与数据链路层协议的主要区别是什么？

2. 网络层安全协议主要提供哪些安全机制和功能？

3. IP网络中主要存在哪些安全威胁？通常采用哪些安全机制进行保护？

4. IPSec协议提供了哪些安全机制？分别采用哪些密码算法来实现？

5. 在IPSec协议中，用户是如何定义安全策略（SP）的？SP和安全联盟（SA）之间有什么关系？

6. 在IPSec协议中，通信双方是如何定义和协商SA的？又是如何查找和定位SA的？

7. ESP和AH协议都支持隧道传输模式，它们是如何实现隧道传输的？

8. 什么是重播攻击？其危害性有哪些？IPSec协议是如何实现抗重播攻击的？

9. 为什么AH协议只对IP头中一些固定不变的字段进行认证？

10. IKE协议是如何实现密钥交换的？其安全性是如何保证的？

11. IKE SA的用途是什么？它与IPSec SA的区别是什么？

12. IKE协议使用了两个阶段的SA协商，每个阶段协商的内容是什么？最终达到什么目的？

13. IKE协议中密钥素材的用途是什么？它又是怎样得到的？

14. IKE协议中的数字签名机制主要为了解决什么问题？它与公钥机制的区别是什么？

15. VPN与VLAN之间有哪些差异？

16. 两个主机之间利用IPSec协议建立的安全隧道也是VPN吗？为什么？

17. 一个内部网通过VPN网关接入Internet，有些应用需要与另一个内部网的VPN网关建立VPN进行加密通信；有些应用需要直接访问Internet资源，而无须加密，但也要通过VPN网关。试问如何满足用户的这种应用需求。

18. 使用VPN网关后将会引起网络性能的损失，试问如何改进这个问题？

第4章 传输层安全协议

4.1 引言

根据ISO OSI参考模型的定义,传输层(Transport Layer)为两个主机上的用户进程提供端到端的面向连接的或无连接的服务。面向连接服务是一种可靠的、有序的数据传输服务,一次数据通信要经历建立连接、数据传输和拆除连接三个阶段,其可靠性是以一定的通信开销为代价的。无连接服务是一种不可靠的数据传输服务,为用户进程提供一种简单而快捷的通信机制。传输层是在网络层所提供服务的基础上为两个主机上的用户进程提供一种通信机制,而网络层服务则是面向通信子网的。

传输层安全性主要是解决两个主机进程之间的数据交换安全问题,包括建立连接时的用户身份合法性、数据交换过程中的数据保密性和数据完整性。

传输层安全协议是对传输层协议的安全性增强,它在传输层协议的基础上增加了安全算法协商和数据加密等安全机制和功能。由于目前广泛应用的传输层协议是TCP协议,因此本章介绍基于TCP协议的安全协议:安全套接层(Secure Socket Layer,SSL)协议。

4.2 SSL协议结构

SSL主要为基于TCP协议的网络应用程序提供身份鉴别、数据加密和数据认证等安全服务。SSL已得到业界的广泛认可,在实际中得到广泛的应用,成为事实上的国际标准。

SSL协议的基本目标是在两个通信实体之间建立安全的通信连接,为基于客户/服务器模式的网络应用提供安全保护。SSL协议提供了三种安全特性。

(1) 数据保密性:采用对称加密算法(如DES,RC4等)来加密数据,密钥是在双方握手时指定的。

(2) 数据完整性:采用消息鉴别码(MAC)来验证数据的完整性,MAC是采用Hash函数实现的。

(3) 身份合法性:采用非对称密码算法和数字证书来验证对等层实体之间的身份合法性。

SSL协议是一个分层协议,由两层组成:SSL握手协议和SSL记录协议,其基本结构如图 4.1 所示。

SSL 握手协议用于数据交换前的双方(客户和服务器)身份鉴别以及密码算法和密钥的协商,它独立于应用层协议。SSL 记录协议用于数据交换过程中的数据加密和数据认证,它建立在可靠的传输协议(如 TCP 协议)之上。因此,SSL 协议是一个嵌入在 TCP 协议和应用层协议之间的安全协议,能够为基于 TCP/IP 的应用提供身份鉴别、数据加密和数据认证等安全服务。

应用协议
SSL握手协议
SSL记录协议
TCP协议

图 4.1 SSL 协议基本结构

4.3 SSL 握手协议

4.3.1 SSL 的握手过程

在 SSL 协议中,客户和服务器之间的通信分成两个阶段。第一阶段是握手协商阶段,双方利用握手协议协商和交换有关协议版本、压缩方法、加密算法和密钥等信息,同时还可以相互验证对方的身份;第二阶段是数据交换阶段,双方利用记录协议对数据实施加密和认证,确保数据交换的安全。因此,在数据交换之前,客户和服务器之间首先要使用握手协议进行有关参数的协商和确认。

SSL 握手协议也包含两个阶段,第一阶段用于交换密钥等信息;第二阶段用于用户身份鉴别。在第一阶段,通信双方通过相互发送 Hello 消息进行初始化。通过 Hello 消息,双方就能够确定是否需要为本次会话产生一个新密钥。如果本次会话是一个新会话,则需要产生新的密钥,双方需要进入密钥交换过程;如果本次会话是建立在一个已有的连接上的,则不需要产生新的密钥,双方立即进入握手协议的第二阶段。第二阶段的主要任务是对用户身份进行认证,通常服务器方要求客户方提供经过签名的客户证书进行认证,并将认证结果返回给客户。至此,握手协议结束。

在握手协议中,定义了一组控制消息,客户和服务器之间使用这些消息进行握手协商。当客户和服务器首次建立会话时,必须经历一个完整的握手协商过程(参见图 4.2)。

(1) 客户方向服务器方发送一个 ClientHello 消息,请求握手协商。

(2) 服务器方向客户方回送 ServerHello 消息进行响应和确认。客户和服务器之间通过 Hello 消息建立了一个会话的有关属性参数:协议版本,会话 ID,密码组及压缩方法,并相互交换了两个随机数:ClientHello.random 和 ServerHello.random。

(3) 服务器方可以根据需要选择性地向客户方发送有关消息:

① Certificate 消息,发放服务器证书。

② CertificateRequest 消息,请求客户方证书等。

③ ServerKeyExchange 消息,与客户方交换密钥。

在完成处理后,服务器方向客户方发送 ServerHelloDone 消息,表示服务器完成协商,等待客户方的回应。

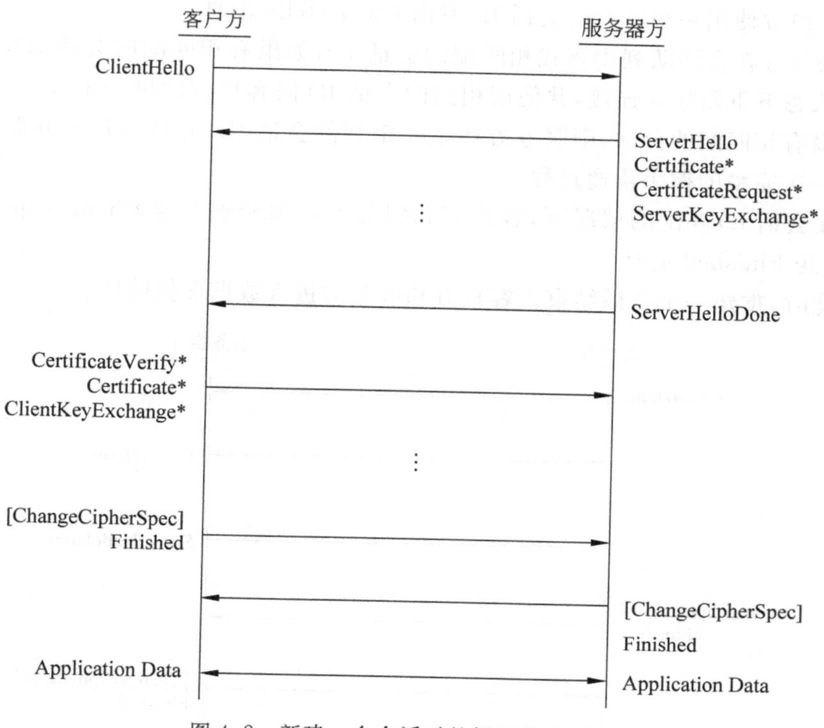

图 4.2　新建一个会话时的握手协商过程

(4) 客户方根据接收到的服务器方消息进行响应：

① 如果客户证书是一个数字签名的证书，则必须发送 CertificateVerify 消息，提供用于检验数字签名证书的有关信息。

② 如果接收到 CertificateRequest 消息，则客户方必须发送 Certificate 消息，发送客户证书。

③ 如果接收到 ServerKeyExchange 消息，则客户方必须发送 ClientKeyExchange 消息，与服务器方交换密钥。密钥是通过 ClientHello 消息和 ServerHello 消息协商的公钥密码算法决定的。

(5) 如果客户方要改变密码规范，则发送 ChangeCipherSpec 消息给服务器方，说明新的密码算法和密钥，然后使用新的密码规范发送 Finished 消息；如果客户方不改变密码规范，则直接发送 Finished 消息。

(6) 如果服务器方接收到客户方的 ChangeCipherSpec 消息，也要发送 ChangeCipherSpec 消息进行响应，然后使用新的密码规范发送 Finished 消息；如果服务器方接收到客户方的 Finished 消息，则直接发送 Finished 消息进行响应。

(7) 此时，握手协商阶段结束，客户方和服务方进入数据交换阶段。

其中，ChangeCipherSpec 消息是一个独立的 SSL 协议类型，并不是 SSL 握手协议信息。

如果双方是在已有连接上重建一个会话，则不需要协商密钥以及有关会话参数，可以简化握手协商过程(参见图 4.3)。

(1) 客户方使用一个已有的会话 ID 发出 ClientHello 消息。

(2) 服务方在会话队列中查找相匹配的会话 ID,如果有相匹配的会话 ID,服务方则在该会话状态下重新建立连接,并使用相同的会话 ID 向客户方发出一个 ServerHello 消息。如果没有相匹配的会话,则服务方产生一个新的会话 ID,并且客户方和服务方之间必须进行一次完整的握手协商过程。

(3) 在会话 ID 匹配的情况下,客户方和服务方必须分别发送 ChangeCipherSpec 消息,然后发送 Finished 消息。

(4) 此时,重建一个会话结束。客户方和服务方进入数据交换阶段。

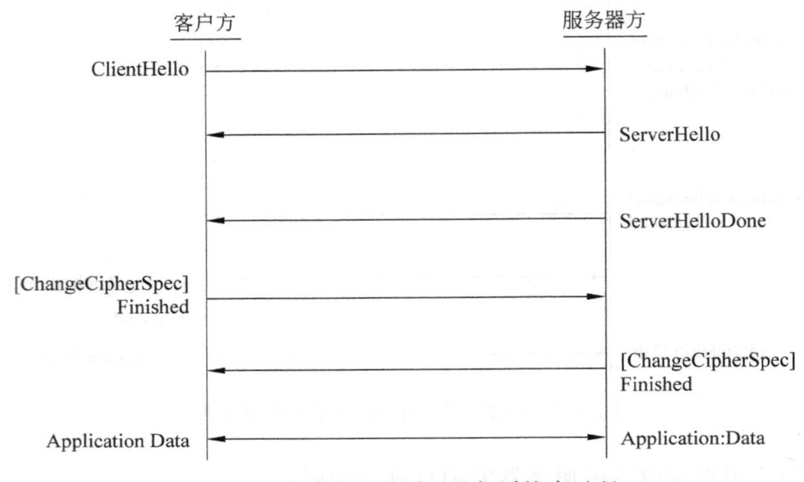

图 4.3　重建一个会话时的握手协商过程

4.3.2　SSL 的握手消息

SSL 握手协议定义了若干握手消息,用于在通信双方之间建立会话和协商安全属性。握手消息将提交给 SSL 记录层,由记录层封装成一个或多个 SSL_Plaintext 结构,参见图 4.4。其中,消息类型与消息的对应关系如表 4.1 所示。

消息类型	长度	消息

图 4.4　握手消息的 SSL_Plaintext 结构

表 4.1　消息类型与消息的对应关系

消息类型	消　　息	方　　向	消息类型	消　　息	方　　向
0	HelloRequest	S→C	13	CertificateRequest	S→C
1	ClientHello	C→S	14	ServerHelloDone	S→C
2	ServerHello	S→C	15	CertificateVerify	C→S
11	Certificate	C→S;S→C	16	ClientKeyExchange	C→S
12	ServerKeyExchange	S→C	20	Finished	C→S;S→C

在握手协议中，消息是按握手过程的顺序发送的，不恰当的握手消息发送顺序将会导致致命的错误。

1. Hello 消息

Hello 消息用来建立一个会话，以增强客户方和服务器方之间信息交换的安全性。当建立一个新会话时，加密算法、Hash 算法和压缩算法等都要初始化为空。

1) HelloRequest 消息

服务器可以在任何时候发送 HelloRequest 消息，要求客户方重新开始协商过程。客户方在收到该消息后使用 ClientHello 消息进行响应，同意重新开始协商过程。

在握手协商过程中，服务方不会重复发送 HelloRequest 消息，并且正在进行握手协商的客户方可以忽略收到的 HelloRequest 消息，不予响应。

2) ClientHello 消息

客户方在下列情况下需要发送 ClientHello 消息：

(1) 主动请求建立一个新的会话连接；

(2) 对服务方 HelloRequest 消息进行响应；

(3) 在现有的会话连接上主动请求重新协商安全参数。

ClientHello 消息结构如图 4.5 所示。

版本号	随机数	会话ID	加密选项列表	压缩算法列表

图 4.5 ClientHello 消息结构

(1) 版本号：为 SSL 协议的版本，客户方应尽量支持最新的版本。

(2) 随机数：由客户方产生的 28 个字节随机数结构。

(3) 会话 ID：在本次会话中客户方想要使用的会话 ID，当会话 ID 不可用或客户方想要更新安全参数时，会话 ID 为空。

(4) 加密选项列表：客户方可以支持的加密算法列表，由客户方排序。如果会话 ID 不为空，则要包含本次会话的加密选项列表。

(5) 压缩算法列表：客户方可以支持的压缩算法列表，由客户方排序。如果会话 ID 不为空，则要包含本次会话的压缩算法列表。

ClientHello 消息中的会话 ID 用于标识和确定客户方和服务器方之间的一个会话。如果会话是一个新建的连接，则会话 ID 是由本次连接产生的；如果在已有的连接上重建一个会话，则会话 ID 可以是已有的会话 ID。对于前者，必须经历完整的握手协商过程，参见图 4.2；对于后者，可以简化握手协商过程，参见图 4.3。

加密选项列表包含了客户方所支持的所有加密算法，每个加密选项都定义了一个密钥交换算法和一个加密规范(CipherSpec)。服务器方可以从中选择一个密码组。如果服务器方不能与加密选项列表中的任何一个加密算法相匹配，则返回一个握手失败警告，并终止连接。

压缩算法列表包含了客户方所支持的所有压缩算法。同样，如果服务器方不能与压缩算法列表中的任何一个压缩算法相匹配，则返回一个握手失败警告，并终止连接。

客户方在发出ClientHello消息后，等待服务器方的ServerHello消息。此时，如果客户方从服务器方接收的消息不是ServerHello消息，则认为出现了致命的错误。

3）ServerHello消息

服务器方对ClientHello消息进行处理，然后回应一个响应消息。如果同意握手，则返回ServerHello消息；否则返回握手失败警告消息。ServerHello消息结构如图4.6所示。

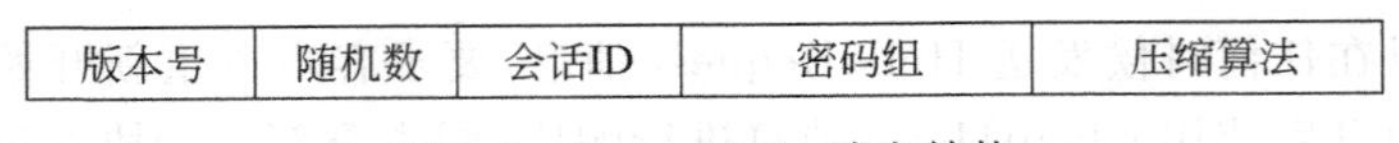

版本号	随机数	会话ID	密码组	压缩算法

图4.6　ServerHello消息结构

（1）版本号：服务器方同意使用的SSL协议版本。

（2）随机数：由服务器方产生的28个字节随机数结构，其值必须不同于客户方的随机数值。

（3）会话ID：服务器方同意使用的会话ID。如果客户方的会话ID为非空，则服务器方首先在已存在的会话中寻找一个匹配。如果找到了匹配的会话，则服务器方使用指定的会话状态建立一个新的连接，并向客户方返回该会话ID，表示重新激活该会话；否则，向客户方返回一个不同于客户方会话ID的新会话ID，表示启动一个新会话；服务器也可以返回一个空的会话ID，表示不能激活一个会话。

（4）密码组：必须是一个与客户方加密选项列表中相匹配的密码组。对重建的会话来说，其值来自于重新激活的会话状态。

（5）压缩算法：必须是一个与客户方压缩算法列表中相匹配的压缩算法。对重建的会话来说，其值来自于重新激活的会话状态。

2. 服务器方Certificate消息

如果服务器方确认了一个会话，则在发送ServerHello消息之后，立即发送服务器方证书(Certificate)消息。证书类型必须与密码组的密钥交换算法相一致，通常是一个标准的X.509证书。对于FORTEZZA算法，则是一个修改的X.509证书。客户方要使用相同的消息类型(Certificate消息)进行响应。

在Certificate消息中，包含一个X.509证书序列，发送者的证书排在前，认证中心的证书排在后。

3. ServerKeyExchange消息

在出现下列情况之一时，服务器方需要发送ServerKeyExchange消息进行密钥交换：

（1）服务器无证书；

（2）只有一个用来签名的证书；

（3）使用RSA或FORTEZZA-KEA进行密钥交换。

如果服务器方证书中包含了Diffie-Hellman参数，则不需要发送这个消息。

由于受到美国密码出口的限制，大于512位的RSA密钥不能用于密钥交换。因此，较长密钥的RSA算法可以用来签署证书，较短密钥的RSA算法用来交换密钥。

4. CertificateRequest 消息

为了满足所选密码组的要求，非匿名的服务器可以向客户发送 CertificateRequest 消息来请求客户方确认证书。CertificateRequest 消息结构如图 4.7 所示。

客户证书类型列表	证书认证(CA)列表

图 4.7 CertificateRequest 消息结构

(1) 客户证书类型列表。客户证书类型可以是以下几种：RSA_SIGN，DSS_SIGN，RSA_FIXED_DH，DSS_FIXED_DH，RSA_EPHEMERAL_DH，DSS_EPHEMERAL_DH 以及 FORTEZZA_KEA 等，由服务方排序。

(2) 证书认证列表：可以接受的证书认证列表。

如果匿名服务器发出 CertificateRequest 消息请求客户方确认，则会导致一个握手失败警告。

5. ServerHelloDone 消息

一旦服务器发出 ServerHelloDone 消息，表示服务器方完成了握手协商，并等待客户方的回应。

客户方在收到 ServerHelloDone 消息后，需要检查服务器是否提供了有效的证书，以及 ServerHello 消息中的参数是否是可接受的，然后根据检查结果做出适当的回应。

6. 客户方 Certificate 消息

客户方证书(Certificate)消息是客户方收到 ServerHelloDone 消息后首先发送的消息，并且只有在服务器方通过 CertificateRequest 消息请求客户方证书时才发送。如果没有合适的证书，客户方将发出一个 No_Certificate 警告。此外，客户方的 Diffie-Hellman 证书必须与服务器方指定的 Diffie-Hellman 参数相匹配。

7. ClientKeyExchange 消息

密钥交换算法取决于所选择的公钥算法，如 RSA、Diffie-Hellman 和 FORTEZZA-KEA 等。

1) 基于 RSA 的密钥交换

如果选择 RSA 作为密钥交换算法，则客户方将产生一个 48 字节的预控制密码，并使用服务器方证书中的公钥或者 ServerKeyExchange 消息中的临时 RSA 密钥对预控制密码进行加密处理，然后将结果放在 ClientKeyExchange 消息中发送出去。

2) 基于 FORTEZZA 的密钥交换

FORTEZZA 是一种提供加密和数字签名的 PCMCIA 卡。在 FORTEZZA 算法中，必须使用 FORTEZZA 密钥交换算法(KEA)和令牌加密密钥(TEK)。

客户方首先随机生成一个 48 字节的预控制密码作为会话密钥，用 TEK 加密该会话密钥，然后发送到服务器方。

在 KEA 算法中，必须同时使用服务器方证书中的公钥和客户方令牌中的私钥。客户方使用自己的私钥来发送公钥。在 FORTEZZA 的密钥结构中，包含以下内容。

(1) y_c：客户方用来计算 KEA 的 Yc 值(公钥)。

(2) r_c：客户方用来计算 KEA 的 Rc 值(私钥)。

(3) y_signature ：客户方使用基于数字签名标准(DSS)的私钥对 KEA 公钥所做的签名。

(4) wrapped_client_write_key ：客户方写密钥，用 TEK 加密。

(5) wrapped_server_write_key ：服务器方写密钥，用 TEK 加密。

(6) client_write_iv ：客户方写密钥的初始向量。

(7) server_write_iv ：服务器方写密钥的初始向量。

(8) master_secret_iv ：用 TEK 加密预控制密码的初始向量。

(9) pre_master_secret ：由客户方产生一个随机数，用来产生预控制密码，用 TEK 加密预控制密码。

3) 基于 Diffie-Hellman 的密钥交换

如果在客户方证书中没有包含 Diffie-Hellman 公共值(Yc)，则需要向服务器方发送客户方的 Diffie-Hellman 公共值。

8. CertificateVerify 消息

CertificateVerify 消息用来对客户方证书的签名验证，必须跟随在具有签名能力的客户方证书后发送。这种客户方证书可以使用 MD5 或 SHA 算法来签名。除了 Diffie-Hellman 证书之外的所有客户方证书都要通过签名来验证。

9. Finished 消息

通常，Finished 消息要在 ChangeCipherSpec 消息之后发送，用来检测密钥交换过程是否完成。在收到 Finished 消息后，首先检查其内容的正确性，然后通信双方可以立即开始发送加密后的数据，而不需要对该消息进行确认。如果 Finished 消息没有跟在 ChangeCipherSpec 消息之后发送，则会导致一个致命的错误。

在 Finished 消息中，包含了从 ClientHello 消息开始到 Finished 消息为止(不包含 Finished 消息)的所有握手消息，提供给对方检查其内容的正确性。由于 ChangeCipherSpec 消息不是握手消息，不包含在 Hash 函数计算中。

4.3.3 会话和连接状态

SSL 握手协议要调整客户机和服务器的状态，使双方的协议状态能够协调一致。在逻辑上，公钥状态有两种表现方式：当前运行状态和挂起状态。当客户机或服务器收到了一个 ChangeCipherSpec 消息时，就会把挂起读状态复制到当前读状态。当客户机或服务器发出一个 ChangeCipherSpec 消息时，就会把挂起写状态复制到当前写状态。当握手协商完成时，客户机和服务器之间需要交换 ChangeCipherSpec 消息，然后双方采用新的密码算法和规范进行通信。

1. 会话状态

一个 SSL 会话过程可以包括多个安全连接，而且双方可以有多个同步的会话过程。会话状态包括以下几个部分。

(1) 会话标识：服务器任意选择一个字节序列来鉴别一个有效或可恢复的会话状态。

(2) 同级认证：同级的认证，可以为空。

(3) 压缩算法：在加密之前使用压缩算法对数据进行压缩。

(4) 密码说明：指定数据加密算法和消息鉴别码(MAC)算法，并定义加密的属性，如散列值长度。

(5) 控制密码：客户机和服务器之间的 48 字节密码。

2. 连接状态

连接状态包含以下几部分。

(1) 随机数：每次连接时服务器和客户机都要随机选取一个字节序列。

(2) 服务器写 MAC 密码：服务器在写数据时 MAC 操作使用的密码。

(3) 客户机写 MAC 密码：客户机在写数据时 MAC 操作使用的密码。

(4) 服务器写密钥：服务器加密数据和客户机解密数据时使用的密钥。

(5) 客户机写密钥：客户机加密数据和服务器解密数据时使用的密钥。

(6) 初始化向量：在 DES-CBC 中使用分组加密时，每一个密钥都有一个初始向量，它由 SSL 握手协议初始化，最后的密码分组保存在随后的记录中。

(7) 序列数：在每一次连接中，通信双方都保存了自己的发送序列数和接收的序列数。当某一方发送或接收一个 ChangeCipherSpec 消息时，序列数设为 0。最大序列数不超过 2^{64-1}。

4.4 SSL 记录协议

客户方和服务器方通过 SSL 握手协议协商好压缩算法、加密算法以及密钥后，双方就可以通过 SSL 记录协议实现安全的数据通信了。在 SSL 记录层，首先将上层数据分段封装成一个 SSL 明文记录，然后按协商好的压缩算法和加密算法，对 SSL 记录进行压缩和加密处理。

4.4.1 记录格式

在 SSL 协议中，所有的传输数据都被封装在记录中，记录由记录头和长度不为 0 的记录数据组成。所有的 SSL 通信，包括握手消息、安全记录和应用数据都要通过 SSL 记录层传送。在 SSL 记录层，上层数据被分段封装在一个 SSL 明文记录中，数据段最大长度为 2^{14} 字节。SSL 记录层不区分客户信息的界限，例如，多个同种类型的客户信息可能被连接成一个单一的 SSL 明文记录。记录格式如图 4.8 所示。

信息类型	版本号	长度	数据段

图 4.8 SSL 记录格式

(1) 信息类型：指示封装在数据段中的信息类型，由上层协议解释和处理。

(2) 版本号：使用的 SSL 协议版本号。

(3) 长度：以字节表示的数据段长度，最大为 2^{14} 字节。

(4) 数据段：上层协议独立处理的数据单位。

4.4.2 记录压缩

每个 SSL 记录都要按协商好的压缩算法进行压缩处理，其压缩算法是在当前会话状态中定义的。压缩必须是无损压缩。经过压缩处理后，在 SSL 记录中会增加一些压缩状态信息，但增加部分的长度不能超过 1024 字节。

在解压处理时，如果解压缩(去掉有关压缩状态信息)后的数据长度超过了 2^{14} 个字节，则会产生一个解压缩失败的警告。此外，解压函数保证不会发生内部缓冲区溢出。

4.4.3 记录加密

经过压缩的 SSL 记录还要按协商好的加密算法和 MAC 算法进行加密和完整性认证保护，其加密算法和 MAC 算法是在当前 CipherSpec 中定义的。SSL 支持流加密算法(如 RC4 算法)和分组加密算法(如 RC2，IDEA 和 DES 算法等)，认证算法支持 MD5 和 SHA 算法。

CipherSpec 初始时为空，不提供任何安全性。一旦完成了握手过程，通信双方都建立了密码算法和密钥，并记录在当前的 CipherSpec 中。在发送数据时，发送方从 CipherSpec 中获取密码算法对数据加密，并计算 MAC，将 SSL 明文记录转换成密文记录。在接收数据后，接收方从 CipherSpec 中获取密码算法对数据解密，并验证 MAC，将 SSL 密文记录转换成明文记录。

4.4.4 ChangeCipherSpec 协议

ChangeCipherSpec 协议由单一的 ChangeCipherSpec 消息构成，用于改变当前的密码规范(CipherSpec)。客户方或服务器方在发送 Finished 消息之前使用 ChangeCipherSpec 消息通知对方，将采用新的密码规范和密钥来加密和解密数据记录。

4.4.5 警告协议

SSL 记录层通过警告协议传送警告消息，警告消息中包含警告级别和警告描述，警告类型如表 4.2 所示。

警告消息大致可以分成终止警告和错误警告两种，只有 close_notify 是终止警告，其余均为错误警告。在错误警告中，又可分成一般错误和致命错误警告，致命错误警告将会导致会话失效。同样，警告消息也要在 SSL 记录中进行压缩和加密处理。

SSL 握手协议的错误处理比较简单。任何一方检测出错误后，便向对方发送一个相应的警告消息。如果是致命错误消息，则双方立刻终止连接，双方均要放弃所有与失败连接有关的任何会话标识符、密码和密钥等。

表 4.2 警告消息类型

警告类型	描　述	说　明
close_notify	关闭通知	通知对方关闭连接
Unexpected_message	不期望的消息	当接收方收到一个不恰当的消息时会返回这个警告，这个错误是致命的
bad_record_mac	错误的记录 MAC	当接收方收到一个不正确的 MAC 时会返回这个警告，这个错误是致命的
decompression_failure	解压缩失败	在解压缩时输入的数据出现了错误，如长度错误，这个错误是致命的
handshake_failure	握手失败	发送方与接收方无法协商一个可以接受的安全参数集。这个错误是致命的
no_certificate	没有证书	通知发送者不需要验证证书
bad_certificate	错误的证书	证书验证不正确
unsupported_certificate	不支持的证书	证书类型未被支持
certificate_revoked	证书废除	证书被签订者废除
certificate_expired	证书期满	证书当前无效或超期
certificate_unknown	证书未知	处理证书时出现了未知证书
illegal_parameter	违法的参数	在握手中出现了超出限度或不一致的参数，这个错误是致命的

通信双方都可以使用 close_notify 警告消息来终止会话。在发出 close_notify 警告消息后，不再接收新的消息或数据。为了防止切断攻击，双方都应知道连接的结束。如果一个连接没有收到 close_notify 警告消息就终止了，会话则是不可恢复的。因此，任何一方在关闭连接前都应发送一个 close_notify 警告消息，而另一方也要发送 close_notify 警告消息进行响应，并立即关闭连接。

4.5 SSL 支持的密码算法

SSL 协议使用了两种密码算法：不对称密码算法和对称密码算法。在 SSL 握手协议中，使用非对称密码算法来验证用户身份和交换共享密钥；在 SSL 记录协议中，使用对称密码算法来加密信息。

4.5.1 非对称密码算法

在 SSL 协议中，支持三种非对称密码算法：RSA、Diffie-Hellman 和 FORTEZZA。它们可以用来确认双方身份，传送共享密钥和密码。

1. RSA 算法

在使用 RSA 算法时，客户方首先生成一个 48 字节的控制密码，并使用服务器方公钥对控制密码进行加密，然后传送给服务器方。服务器方使用自己的私钥对控制密码进行解密。这样，双方就拥有了一个只有它们自己知道的控制密码。控制密码用来产生加密和认证数据所需的密钥和密码。RSA 数字签名使用 PKCS(Public Key Cryptography Standards)1 块类型 1，RSA 公钥加密使用 PKCS1 块类型 2。

美国密码出口条例将用于数据加密的 RSA 密钥长度限制在 512 位之内，但没有限制用于数字签名的 RSA 密钥长度。在一些要求高安全的应用系统中，512 位的 RSA 密钥是不能满足需要的。因此，在这种情况下，证书只能用于签名，而不能用于密钥交换。

当证书中的公钥不能用于加密时，服务器方则需要签发一个临时 RSA 密钥进行交换，临时 RSA 密钥允许达到所规定的最大长度，并且必须经常改变。例如，在典型的电子商务应用中，应当每天改变密钥，或者每 500 个交易改变一次。如果允许在多个事务中使用同样的密钥，则每次都应该签名。

2. Diffie-Hellman 算法

在使用 Diffie-Hellman 算法时，双方通过 Diffie-Hellman 算法来协商控制密码。通常 Diffie-Hellman 参数由服务器方指定，可以是临时的，也可以包含在服务器方证书中。

3. FORTEZZA 算法

在使用 FORTEZZA 算法时，客户方首先生成一个 48 字节的控制密码，然后使用 TEK 和初始向量加密后发送给服务器方。服务器方对其解密后获得控制密码，这里的控制密码只用来做 MAC 计算。而加密的密钥和初始向量是由客户方令牌产生的，并使用密钥交换消息来交换。

SSL 协议是一个完全的双方协议，两方的状态必须保持一个为读状态，另一个为写状态。在客户方产生 TEK 之后，也会产生两个密钥：一个是读密钥；一个是写密钥。每产生一个密钥，客户方必须产生一个相应的初始向量，然后保存当前的状态。客户方也可使用 TEK 产生控制初始向量来加密预控制密码。客户方通过 ClientKeyExchange 消息将三个初始向量连同封装的 TEK 和加密的预控制密码一起传送到服务器。

服务器使用控制初始向量和 TEK 来解密预控制密码，同时将封装好的 TEK 加载到 PCMCIA 卡中。服务器还要使用两个密钥的初始向量来检验密钥是否匹配。然后，服务器必须为服务器写密钥产生一个新的初始向量，而原来的初始向量被丢弃。

当服务器加密第一个数据记录时，在数据段开始处要加上 8 个字节的随机数据。客户方在解密初始向量后丢弃这 8 个字节的随机数。这样做的目的是在不同的初始向量下保持客户方和服务器方的同步状态。

4.5.2 对称密码算法

对称密码算法是用来对 SSL 记录数据进行加密和完整性认证的，其具体算法是由当前密码规范(CipherSpec)指定的。典型地，采用 DES 算法加密数据，采用 MD5 算法验证数据完整性。当前密码规范是通过 SSL 握手协议协商建立起来的。

1. 控制密码

由于采用了对称密码算法，因而客户方和服务器方之间必须拥有一个只有它们自己知道的共享密码信息。这个共享密码信息称为控制密码，共有 48 个字节。控制密码用来产生加密和认证数据所需的密钥和密码。对于 FORTEZZA，使用自己的密钥产生程序和方法，控制密钥只用来做 MAC 计算。

2. 控制密码的转换

当前 CipherSpec 是由一系列密码和密钥组成的，其中包括客户方写 MAC 密码、服务器方写 MAC 密码、客户方写密钥、服务器方写密钥、客户方写初始向量、服务器方写初始向量，它们是由控制密码按上面的顺序产生的，不用的值则为空。在产生密钥和 MAC 密码时，控制密码作为信息源，其随机值为输出的密码提供解密的数据和初始向量。

4.6 SSL 协议安全性分析

SSL 支持一定的密钥长度和安全级别(包括不提供安全性和最小的安全性)。一个实现系统不应支持多个密码组。例如，40 位的 RSA 密钥很容易破解，在需要高安全性的场合，使用 40 位的 RSA 密钥是很不安全的。同样，最好不要使用匿名的 Diffie-Hellman，因为它不能防止中间人攻击。在实际应用时，应当规定最小和最大密钥长度。下面分析一下 SSL 协议的安全能力。

4.6.1 握手协议的安全性

握手协议的主要任务是实现客户方与服务器方之间的密钥交换和身份验证。SSL 支持三种认证方式：双方认证、服务器方认证(不认证客户方)和双方匿名(均不需要认证)。对于双方认证，具有很强的抗冒充攻击能力，因为任何一方都要向对方提供一个证书，并且都要检验对方证书的有效性。对于服务器方认证，客户方要求服务器方提供经过签名的服务器证书，并且其证书消息必须提供一个有效的证书链，能够连接到一个可以接受的认证中心。如果双方都是匿名的，则容易受到冒充和欺骗的攻击，因为匿名服务器不能获取客户特征信息(如经过客户签名的证书)来确认客户方。

密钥交换的目的是产生一个只有双方知道的预控制密码，由预控制密码产生控制密码，再通过控制密码产生密钥、MAC 密码以及 Finished 消息。如果一方接收到了 Finished 消息，说明对方已经知道了正确的预控制密码。

1. 匿名密钥交换

在 SSL 握手协议中，允许客户方和服务器方之间以匿名方式交换密钥。在匿名密钥交换中，客户方和服务器方之间均不验证对方的身份，只是使用 RSA，Diffie-Hellman 或 FORTEZZA 算法来交换密钥。

使用匿名 RSA 算法时，客户方用服务器的公钥(它包含在 ServerKeyExchange 消息中)对预控制密码进行加密，并使用 ClientKeyExchange 消息传送加密结果。由于窃听者不知道服务器方的私钥，也就不可能解密并获得预控制密码。

对于 Diffie-Hellman 和 FORTEZZA 算法，服务器的公共参数是通过

ServerKeyExchange消息传送的，而客户方的公共参数是使用ClientKeyExchange消息传送的。如果窃听者不知道私钥，则很难找到Diffie-Hellman的结果或者FORTEZZA令牌密钥(TEK)。

完全的匿名密钥交换只能防止信息被偷听和窃取，但不能防止冒充和篡改攻击。

2. 非匿名密钥交换

非匿名密钥交换是指在密钥交换时必须验证用户身份，同样使用RSA，Diffie-Hellman或FORTEZZA算法来实现。

1）RSA密钥交换和认证

在使用RSA时，密钥交换和服务器认证是结合在一起的。公钥可以包含在服务器证书里，也可以是临时RSA密钥，而临时RSA密钥是通过ServerKeyExchange消息传送的。当使用临时RSA密钥时，必须使用服务器的RSA或DSS证书进行签名。服务器可以使用一个临时RSA密钥来协商多个会话。尤其当服务器需要一个证书而密钥长度又受到限制时，必须使用临时RSA密钥。

客户方在验证服务器证书后，使用服务器公钥对预控制密码进行加密，然后传送给服务器。服务器接收到加密的预控制密码后，使用自己的私钥来解密预控制密码，如果产生一个正确的已完成信息，则服务器便证明了自己拥有与服务器证书相一致的私钥。

使用RSA算法交换密钥时，要使用正式检验信息来确认客户方。客户方需要对一个随机数签名，这个随机数是由控制密码和握手信息产生的。

2）Diffie-Hellman密钥交换和认证

当使用Diffie-Hellman算法交换密钥时，服务器可以提供一个包含固定Diffie-Hellman参数的证书，也可以提供一组用RSA或DSS证书签名的临时Diffie-Hellman参数作为密钥交换信息。在任何一种情况下，客户方都可以通过检验证书或签名来保证将Diffie-Hellman参数安全地传送到服务器。

如果客户方拥有一个包含固定Diffie-Hellman参数的证书，该证书中也就包含了完成密钥交换所需要的信息。在这种情况下，客户方和服务器方之间的每次通信都会产生相同的Diffie-Hellman结果(如预控制密码)，客户方的Diffie-Hellman参数必须与服务器方所提供的密钥交换参数相一致。为了避免预控制密码在存储器中保存过长的时间，应当尽快把它转换成控制密码。

如果客户方的身份已被确认或者已拥有一个标准RSA或DSS证书，则客户方使用ClientKeyExchange消息向服务器发送一组临时参数，然后可选择地使用CertificateVerify消息来确认自己。

3）FORTEZZA密钥交换和认证

在FORTEZZA算法中，其证书中所包含的固定公钥值与Diffie-Hellman算法相类似。密钥交换的结果是令牌密钥(TEK)，用来封装数据密钥、客户方写密钥、服务器方写密钥和控制密码密钥。数据密钥不是从预控制密码中得到的，因为解封装后的密钥在令牌外是不可用的。加密后的预控制密码将通过ClientKeyExchange消息传送给服务器。

4.6.2　记录协议的安全性

控制密码用于产生每个连接所需的密钥和 MAC 密码。FORTEZZA 密钥是由令牌产生的，而不是控制密码。

在 SSL 记录层，为了防止信息被重播或篡改，上层数据要使用 MAC 进行保护，MAC 是由 MAC 密码、序列号、信息长度、信息内容和两个固定字符串计算出来的。由于客户方和服务器方分别使用独立的 MAC 密码，保证了从一方得到的信息不会从另一方输出。同样，服务器方写密钥和客户方写密钥也是独立的，流加密密钥只能使用一次。

由于 MAC 是加密传输的，因而攻击者必须首先要破解加密的密钥，然后才有可能破解 MAC 密码，并且 MAC 密码长度要大于加密密钥。因此，在加密密钥被破解后，仍然能够防止篡改信息。

4.7　SSL 协议的应用

在安全的网络通信环境中，首先必须解决通信各方的身份鉴别问题，以防止通过身份假冒来非法获取信息。SSL 协议为客户和服务器之间的安全通信提供了两种身份鉴别方式：双方认证和服务器方认证，并且都是基于数字证书进行身份鉴别的。可以说，SSL 协议提供了基于数字证书的访问控制机制，利用这种机制可以实现安全的信息服务功能，客户必须使用数字证书才能访问信息服务器，有效地保证了信息的安全。这种基于数字证书的身份鉴别和访问控制机制已成为网络信息安全的关键技术之一。

4.7.1　认证中心

在电子商务、电子银行和电子证券等应用领域中，通常采用数字证书来解决网上交易的安全问题。每次交易时都要通过数字证书来验证各方的身份。在 ITU-T X.509 标准中定义了一种标准的数字证书的格式，称为 X.509 数字证书。

通过数字证书和公钥密码技术可以建立起一套严密的身份鉴别系统。在公钥密码体制中，数字证书是解决公钥发布和管理问题的有效方法。一般来说，数字证书可以用于以下目的：

(1) 在电子商务或信息交换中证实参与者的身份；

(2) 授权网上交易，如信用卡支付；

(3) 授权登录重要信息库，取代基于口令或其他传统的登录方式；

(4) 提供网上发送信息的抗抵赖性证据；

(5) 验证网上信息交换的完整性。

数字证书是参与网上电子交易的通行证，它本身的可信任程度是非常重要的。为了保证数字证书的公正性和权威性，数字证书必须由权威性的认证机构来颁发和管理，这个权威性的证书管理机构称为认证中心(Certificate Authority Center)，简称 CA。

数字证书发放过程如下：首先用户产生了自己的密钥对，然后将公钥及有关个人身份信息传送给一个认证中心。认证中心在核实用户身份后，发给该用户一个含有该认证中心签名的数字证书，表示它对该用户身份及其公钥的认可。当该用户被要求提供身份证明以及公钥合法性时，可以提供这一数字证书。

认证中心是一个具有权威性、可信性和公正性的第三方机构，也是开展电子商务的基础设施。它负责数字证书的申请、签发、制作、废止、认证和管理等工作；提供网上客户身份鉴别、数字签名、电子公证、安全电子邮件等服务，它将客户的公钥与客户的名称及其他属性关联起来，为客户之间的电子身份提供认证服务。建立认证中心的目的是加强数字证书和密钥的管理工作，增强网上交易各方的相互信任，保证网上交易的安全，控制网上交易的风险。因此，数字证书的可信度与认证中心的可信度有直接的关系，认证中心的可信任度与它所构建的认证系统基本结构和组织方式有密切的关系。对于一个大型的应用环境，认证中心往往采用多层分级结构，各级的认证中心类似于各级行政机关，上级认证中心负责签发和管理下级认证中心的证书，最下一级的认证中心直接面向最终用户。通常，认证中心主要有以下几种功能。

(1) 证书的颁发：认证中心将接收用户(包括下级认证中心和最终用户)的数字证书申请，将申请的内容进行备案，并根据申请的内容确定是否受理该数字证书申请。如果认证中心接受了该数字证书申请，则进一步确定给用户颁发何种类型的证书。新证书必须使用认证中心的私钥进行签名，然后发送到目录服务器供用户下载和查询。为了保证消息的完整性，返回给用户的所有应答信息都要经过认证中心的签名。

(2) 证书的更新：认证中心可以定期更新所有用户的证书，或者根据用户的请求来更新用户的证书。

(3) 证书的查询：证书的查询可以分为两类。一是证书申请的查询，认证中心根据用户的查询请求返回当前用户证书申请的处理过程；二是用户证书的查询，这类查询由目录服务器来完成，目录服务器根据用户的请求返回适当的证书。

(4) 证书的作废：由于私钥泄露等原因需要废止用户证书时，用户可以向认证中心提出证书作废请求，认证中心根据用户的请求确定是否将该证书作废。另一种证书作废的情况是证书已经过了有效期，认证中心自动将该证书作废。为此，认证中心需要维护一个证书作废列表(CRLt)，对作废证书进行备案，以防止今后可能产生的纠纷。

(5) 证书的归档：证书具有一定的有效期，证书过了有效期之后就将作废。但是作废的证书不能简单地丢弃，因为有时可能需要验证以前的某个交易过程中所产生的数字签名，这时就需要查询作废的证书。因此，认证中心还应当具备管理作废证书和作废私钥的功能。

通常，认证中心是按照一种层次结构来构建的，各级认证中心将面对不同的对象，负责签发、认证和管理不同级别的证书。认证中心的认证系统通常由高可靠性和高安全性的服务器组成。高可靠性采用集群技术来实现，高安全性采用高安全级的操作系统、安全协议以及其他网络安全措施来实现。在此基础之上，开发相应的应用软件，实现全网的公钥管理、全网的证书管理、用户专用分隔密钥生成与管理、全网的身份鉴别和访问权限或业务权限认证、全网公钥参数和证书查询与访问服务、网络信息审计与黑名单管理等功能。

第一代 CA 系统是由 SETCO 公司(由 Visa & MasterCard 组建)建立的，它以 SET

协议为基础，采用层次化结构，服务于 B2C(商家到客户)电子商务模式。随着 B2B(商家到商家)电子商务模式的发展，要求 CA 系统的支付接口能够支持 B2B 与 B2C 两种模式，即同时支持网上购物、网上银行、网上交易和供应链管理等职能，要求安全认证协议透明、简单、成熟(即标准化)，这样就产生了以公钥基础设施(PKI)技术为基础的第二代 CA 体系。

4.7.2 基于 PKI 的 CA 体系

PKI 通过公钥密码体系、数字证书和证书认证等技术解决了参与电子商务的人员及设备的身份鉴别和授权访问问题，在所有参与者之间建立平等的信任关系，保证电子在线交易系统的安全。

1. PKI 的基本构成

通常，一个 PKI 由以下几部分构成。

(1) 认证中心(CA)：CA 是一个实体，它有权签发和废除证书，并对证书的真实性负责。在 PKI 架构中，CA 负责颁发证书。在整个系统中，CA 由更高一级的 CA 控制。

(2) 根 CA(Root CA)：每个 PKI 都有一个单独的、可信的“根 CA”，它可以认证低级别的 CA。当用户不信任 PKI 中的某个 CA，可以从“根 CA”处获得该 CA 的身份证明。因此，在一个 PKI 中，“根 CA”是可信度最高的超级 CA。

(3) 注册中心(RA)：CA 主要受理个人申请，经过核查后颁发证书。然而，在许多情况下，把证书的分发与签名过程分开则会更加安全。因为证书签名过程需要使用 CA 的私钥，而只有在离线状态下使用私钥才是安全的。但证书分发过程则需要在线进行。因此，有些 PKI 使用了 RA 来实现整个过程。RA 可以说是 CA 的代理，也可以办理申请证书的手续。

(4) 证书目录：用户可以把证书存放在共享目录中，而不需要在本地硬盘里保存证书。因为证书具有自我核实和恢复功能，一旦目录被破坏，通过 CA 的证书链功能，可以恢复证书。在 PKI 架构中，通常采用标准的 X. 500 目录协议。

(5) 管理协议：用于管理证书的注册、生效、发布和注销。PKI 管理协议包括

① 证书管理协议；

② 证书管理信息格式；

③ PKCS10(Public Key Cryptography Standards 10)。

(6) 操作协议：它允许用户找回并修改证书，并对目录或其他用户的证书撤回目录进行修改。在大多数情况下，操作协议可以和现有协议(如 FTP，HTTP，LDAP 和邮件协议等)协同工作。

(7) 个人安全环境(PSE)：在 PSE 环境下，用户的私人信息(如私钥或协议使用的缓存)将被妥善保存和保护。一个实体的私钥是保密的，为了保护私钥，客户软件要限制对 PSE 的访问。

2. PKI 的主要功能

PKI 由一组可交互的硬件和软件系统组成，主要提供以下功能：

(1) 经 RA 复核、签发及注废证书;

(2) 经 CA 签发及注废证书;

(3) 在目录里存储及找回证书;

(4) 管理加密的密钥与证书的生命周期;

(5) 处理密钥的备份与恢复;

(6) 提供时间戳或时间标记服务;

(7) 提供组织间不同 CA 的交叉证书服务;

(8) 使客户/服务器应用系统易于通过认证。

3. PKI 的信任模型

在 PKI 系统中,建立信任关系是很重要的,而信任关系取决于信任模型,也是实现 PKI 的关键技术之一。一个信任模型主要描述了以下几个问题:

(1) 一个可信任的证书是如何确定的;

(2) 这种信任是如何建立和验证的。

在 ITU-T X.509 标准中,将信任定义为"当实体 A 假定实体 B 严格地按 A 所期望的那样行动,则 A 信任 B"。显然,信任是不可能被定量地测量的,它与风险相联系,并且信任不可能总是自动地建立的。在 PKI 中,可以将这种信任概念具体化为:如果一个 CA 能够把任一公钥与某个实体联系(捆绑)起来,则用户便信任该 CA。

下面介绍常见的 4 种信任模型:CA 严格层次结构(Strict Hierarchy of Certification Authorities,SHCA)模型、分布式信任结构(Distributed Trust Architecture,DTA)模型、Web 模型和用户中心信任(User-Centric Trust,UCT)模型。

1) SHCA 模型

SHCA 模型按照树状结构来构造 PKI,顶层是根 CA,它是认证的起点或终点。在根 CA 的下面可以是中间 CA,也可以是非 CA 的终端实体,或称为端用户。在这个层次结构中,所有实体都信任根 CA,每个实体(包括中间 CA 和终端实体)都必须拥有根 CA 的公钥,每个实体都将通过一种安全方式获取该公钥。例如,一个实体可以通过物理途径(如信件或电话)来取得这个密钥,也可以通过电子方式取得该密钥,然后再通过某种方式来确认该密钥。

这里通过一个例子来说明 SHCA 模型中的认证过程。一个持有根 CA_0 公钥的终端实体 A 可以通过下述的方法来验证另一个终端实体 B 的证书。假设 B 的证书是由 CA_2 签发的,而 CA_2 的证书是由 CA_1 签发的,CA_1 的证书又是由根 CA_0 签发的。A 由于拥有根 CA_0 的公钥 K_R,它能够验证 CA_1 的公钥 K_1,可以提取出可信的公钥 K_1。然后用公钥 K_1 来验证 CA_2 的公钥 K_2,也可以得到可信的公钥 K_2。再用公钥 K_2 来验证 B 的证书,从而得到 B 的可信公钥 K_B。现在,A 就可以根据密钥的类型来使用密钥 K_B,如用 K_B 加密发送给 B 的消息,或者用 K_B 来验证 B 的数字签名,从而实现 A 和 B 之间的安全通信,参见图 4.9。

2) DTA 模型

SHCA 模型是将 PKI 中所有实体的信任都集中在一个根 CA 上,而 DTA 模型将信任分散在多个CA上。例如,A可以信任CA_0,而B可以信任CA_2,这些CA都是可信的CA。这样,整个PKI系统由多个带根CA的CA子树组成,每个子树分别为一种层次结构,参见图4.10。上例中,CA_0是包括A在内的一个CA子树的根CA,CA_2是包括B在内的一个CA子树的根CA。

在DTA模型中,如果层次结构为单层结构,即没有中间CA,则该结构称为同位结构,因为所有的CA都是相互独立的同位体。如果所有的层次结构都是多层结构,即每个根CA下面还有一个或多个中间CA,则该结构称为满树结构。同位结构和满树结构的混合可以组成混合结构。一般说来,同位结构部署在某个组织内部,而满树结构和混合结构则是一些原来相互独立的PKI系统之间互联的结果。同位根CA的互连过程通常称为交叉认证。

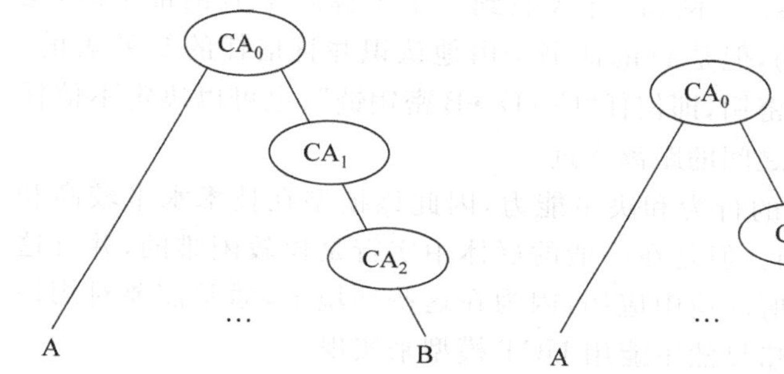

图4.9 SHCA模型中证书的认证

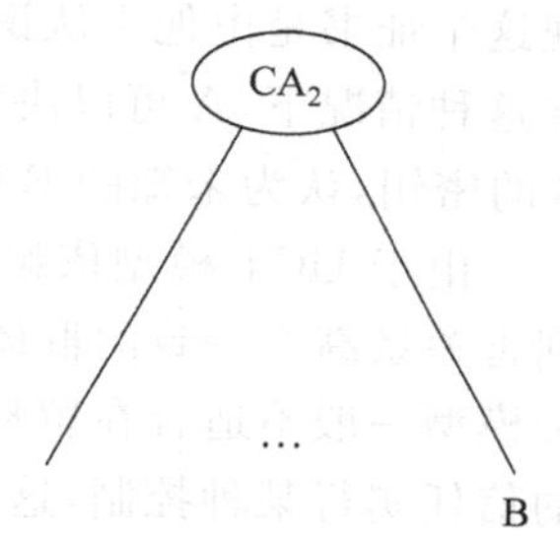

图4.10 DTA模型中证书的认证

3) Web模型

Web模型依赖于浏览器,很多CA的公钥被预装在标准的浏览器上。这些公钥确定了一组浏览器用户最初信任的CA。这种模型似乎与DTA模型相似,但从本质上讲,它与SHCA模型更为接近。因为浏览器厂商实际起到了根CA的作用,被嵌入浏览器的密钥所对应的CA是经过厂商认证的。这种认证并不是通过颁发证书实现的,而是把CA的密钥嵌入浏览器。

Web模型在简便性和互操作性方面具有明显的优势,但也存在许多安全隐患。首先,浏览器用户将自动地信任预安装的所有公钥,如果这些根公钥中有一个是"不良"的,即没有经过认真核实而被认证的实体,则安全性将受到很大的威胁。例如,A将相信任何声称凡是B的证书都是合法证书,如果B的证书是由一个其公钥被嵌入浏览器的"不良"CA签署的,它可以将C的公钥假冒成B的公钥。这样,A就有可能无意中向C泄露了机密信息或接受了C所伪造的数字签名。这种假冒能够成功的原因是:A一般不知道收到的证书是由哪一个根CA签名的。在嵌入浏览器的多个根CA中,A可能并不了解其中的某些CA,但基于软件的平等性,A将信任所有的CA,接受任何一个CA签署的证书。

其次,Web模型没有可用的机制来废止嵌入浏览器中的根密钥。如果发现一个"不良"的根密钥或者与根公钥相应的私钥被泄密了,则无法废止该密钥,因为要使全世界所有的浏览器都自动地废止该密钥是不可能的。一是无法保证通报废止密钥的消息能到达所有的浏览器；二是即使该消息到达了浏览器，浏览器也没有处理该消息的功能；三是无法使世界上所有的用户都同时采取动作来废止浏览器中的密钥，否则一些没有废止密钥的用户仍处于危险之中。

最后，该模型还缺少有效的方法在CA和用户之间建立合法的协议，使CA和用户共同承担责任。因为浏览器可以自由地从不同站点下载，也可以预装在操作系统中。而CA并不知道其用户是谁，一般用户也不会主动与CA直接接触。这样，所有的责任最终都由用户承担。

4）UCT模型

在UCT模型中，由用户自己决定信任哪些证书。著名的加密软件PGP就采用UCT模型。在PGP中，一个用户通过担当CA（签署其他实体的公钥）并使其公钥被其他人所认证来建立一个信任网（Web of Trust）。例如，当A收到一个声称属于B的证书时，发现这个证书是由他不认识的D签署的，但是D的证书是由他认识并且信任的C签署的。在这种情况下，A可以决定信任B的密钥，即信任“C→D→B密钥链”；也可以决定不信任B的密钥，认为未知的B和已知的C之间的距离太远。

由于UCT模型依赖于用户自身的行为和决策能力，因此该模型在技术水平较高和利害关系高度一致的群体中是可行的。但是在一般的群体中实行是比较困难的，并且这种模型一般不适合在贸易、金融或政府环境中应用，因为在这些环境下，通常需要对用户的信任实行某种控制，这样的信任策略显然不能用UCT模型来实现。

通过PKI技术可以建立完整的身份鉴别体系，利用数字证书可消除匿名通信所带来的安全风险，利用加密技术可消除开放网络带来的安全风险。这样，就可以保证网上电子交易的安全。实际上，网上电子交易只是PKI技术的一种应用。例如，除了对身份鉴别的需求外，还可以对交易时间戳进行认证。因此，PKI技术具有很大的发展空间和应用前景，不仅可用于有线网络，还可以在无线通信中应用。在网络世界的方方面面都有PKI的应用天地。

4.7.3 基于SSL的安全解决方案

在企业内部网中，业务信息系统、管理信息系统以及办公自动化系统等一般采用基于Web的浏览器/服务器（B/S）结构，用户在客户机上使用浏览器来访问Web服务器及其信息资源。在企业内部网中，并非所有的信息资源都是开放的，一般分成开放信息和内部信息等类别，分别存放在不同的Web服务器上，实施不同的安全策略。开放信息是企业内部网上所有用户都允许访问的，一般不需要访问授权或身份鉴别，这类信息可以存放在一个公共的Web服务器（即开放信息服务器）上。内部信息只允许经过授权的部分用户来访问，这些用户必须以合法的身份来访问，这类信息必须存放在一个安全的Web服务器（即安全信息服务器）上，采取相应的安全策略来保护信息的安全。在这种网络环境下，可以采用基于SSL的安全解决方案来满足上述安全需求。图4.11表示了一种基于SSL的安全解决方案，它主要包括以下几个部分。

（1）基于PKI的CA以及实现系统：主要负责数字证书的签发、认证和管理，可以采用一个CA服务器来实现。在CA服务器的体系结构上，应采用高可用性和高安全性技

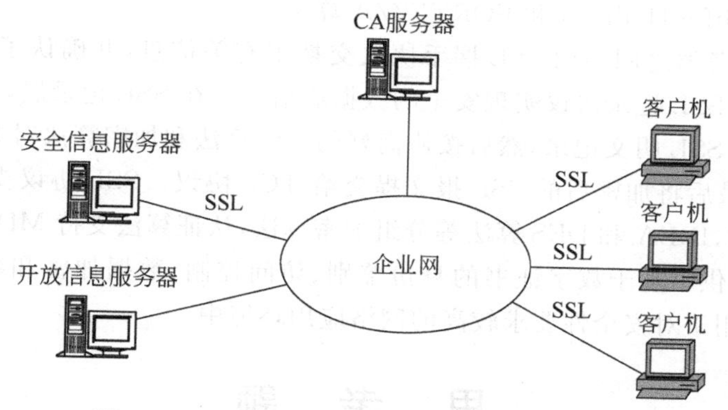

图 4.11　一种基于 SSL 的企业网安全解决方案

术来实现;在 CA 服务器的系统功能上,必须提供一个 CA 所必须具备的所有功能。

(2) 基于 SSL 的安全信息服务器:它是一个通过 SSL 协议提供安全服务的 Web 服务器,其信息内容只允许经过授权的用户访问,不仅需要对访问该服务器的用户进行身份鉴别,并且还需要对信息内容的保密性和完整性进行保护。这样,客户机与安全信息服务器之间采用基于 SSL 的 HTTPS 协议和数字证书来实现身份鉴别、访问控制、数据加密和数据认证等安全机制与功能。

(3) 基于 SSL 的客户机:对于每个授权访问的用户,都要持有 CA 签发的证书来访问安全信息服务器。在访问安全信息服务器之前,首先在客户机的浏览器上加载 SSL 协议,并将个人证书导入浏览器中(如 IE 浏览器集成了 SSL 协议,并提供证书导入功能)。

4.8　本章总结

本章详细介绍了 SSL 协议。SSL 协议是一种基于 TCP 协议的安全协议,在两个通信实体之间建立安全的通信连接,为基于客户机/服务器模式的网络应用提供了数据保密性、数据完整性、身份真实性等安全特性。SSL 协议是一个分层协议,由两层组成:SSL 握手协议和 SSL 记录协议。

在 SSL 协议中,客户和服务器之间的通信分成两个阶段,第一阶段是握手协商阶段,双方利用握手协议协商和交换有关协议版本、压缩方法、加密算法和密钥等信息,同时还可以相互验证对方的身份;第二阶段是数据交换阶段,双方利用记录协议对数据加密并认证,确保数据交换的安全。因此,在数据交换之前,客户和服务器之间首先要使用握手协议进行有关参数的协商和确认。

SSL 握手协议也包含两个阶段。第一阶段用于交换密钥等信息,首先通信双方通过相互发送 Hello 消息进行初始化,并交换协议版本,会话 ID,密码组及压缩方法等基本信息,然后进入本次会话的密钥交换过程;第二阶段对用户身份进行认证,通常服务器方要求客户方提供经过签名的客户证书进行认证,并将认证结果返回给客户。在 SSL 握手协议中,使用了非对称密码算法来验证用户身份和交换共享密钥。SSL 支持三种非对称密码算法：RSA，Diffie-Hellman 和 FORTEZZA 算法。

在客户和服务器之间利用 SSL 握手协议交换了有关信息，并确认了各自的身份后，双方就可以通过 SSL 记录协议实现安全的数据通信了。在 SSL 记录层，首先将上层数据分段封装成一个 SSL 明文记录，然后按协商好的压缩算法和加密算法对 SSL 记录进行压缩和加密处理，最后将加密后的 SSL 报文提交给 TCP 协议。SSL 协议支持 RC4 等流加密算法以及 RC2，IDEA 和 DES 算法等分组加密算法，认证算法支持 MD5 和 SHA 算法。

SSL 协议提供了基于数字证书的身份鉴别、访问控制、数据加密和数据认证等安全机制，被广泛应用于对安全性要求较高的网络应用环境中。

思　考　题

1. 传输层协议的主要功能是什么？有哪些协议类型？
2. 传输层安全协议主要提供哪些安全机制？
3. TCP 连接上主要存在哪些安全威胁？需要采用哪些安全机制进行保护？
4. SSL 协议提供了哪些安全机制？分别采用哪些密码算法来实现？
5. SSL 握手协议主要解决什么问题？怎样保证密钥交换的安全性？
6. SSL 握手协议提供了哪些身份鉴别方式？它们分别是怎样进行身份鉴别的？
7. SSL 记录协议主要解决什么问题？怎样保证数据交换的安全性？
8. 什么是匿名密钥交换和非匿名密钥交换？它们分别基于哪些密码算法？
9. 数字证书的主要用途是什么？怎样保证数字证书的公正性和权威性？
10. 证书认证中心的主要职责有哪些？认证中心的基本环境要求有哪些？
11. 怎样实现全局性证书认证体系？
12. PKI 体系的主要优点有哪些？
13. 怎样建立 PKI 中的信任关系？有哪些信任模型？它们分别适用于哪些应用场合？
14. MS Outlook 中的加密邮件采用哪种信任模型？

第5章 应用层安全协议

5.1 引言

在实际的网络系统中，通常将ISO OSI参考模型的5～7层，即会话层、表示层和应用层都归结为应用层，用一个层次来实现，例如，TCP/IP协议集就采用了这种简化的网络层次结构。

应用层为特定的网络应用提供数据传输服务，根据应用程序的需要，数据传输服务可以是面向连接或无连接的。应用层协议仍属于网络体系结构的一部分，并不是应用程序。在实现方式上，可以由网络系统实现，也可以在应用程序中实现，主要取决于具体的网络应用。例如，互联网中的Web系统采用客户/服务器模式，客户端是Web浏览器，服务器端是Web服务器，它们之间采用HTTP协议进行通信。HTTP协议就是一种应用层协议，由应用程序来实现，在客户端由Web浏览器来实现，在服务器端由Web服务器来实现。

由于网络应用是多种多样的，每一种网络应用都可能对应一种应用层协议。例如，在互联网中，除了上面提到的Web系统外，还有电子邮件(E-mail)、远程登录(Telnet)、文件传输(FTP)以及域名系统(DNS)等，它们都属于开放的网络应用系统，都需要通过相应的应用层协议来支持通信。

应用层安全性主要是解决面向应用的信息安全问题，涉及信息交换的保密性和完整性，防止在信息交换过程中数据被非法窃听和篡改。

有些应用层安全协议是对应用层协议的安全性增强，即在应用层协议的基础上增加了安全算法协商和数据加密/解密等安全机制，如S-HTTP(Secure HTTP)协议、S/MIME(Secure/MIME)协议等；还有些应用层安全协议是为解决特定应用的安全问题而开发的，如PGP(Pretty Good Privacy)协议等。本章对这些应用层安全协议作简要的介绍。

5.2 S-HTTP协议

5.2.1 HTTP协议

Web系统是互联网中应用最为广泛的应用系统，它基于客户/服务器模式，整个系统由Web服务器、浏览器和通信协议三部分组成。其中，通信协议为超文本传输协议

(HTTP),它是为分布式超媒体信息系统设计的一种应用层协议,能够传送任意类型的数据对象,以满足Web服务器与客户之间多媒体通信的需要。

HTTP协议是一种面向TCP连接的协议,客户与服务器之间的TCP连接是一次性连接。它规定每次连接只处理一个请求,服务器返回本次请求的应答后便立即关闭连接,在下次请求时再重新建立连接。这种一次性连接主要考虑到Web服务器将面向互联网中的成千上万个用户,只能提供有限个连接,及时地释放连接可以提高服务器的执行效率,避免服务器连接的等待状态。同时,服务器不保留与客户交易时的任何状态,以减轻服务器的存储负担,从而保持较快的响应速度。HTTP协议允许传送任意类型的数据对象,通过数据类型和长度来标识所传送的数据内容和大小,并允许对数据进行压缩传送。

用户在浏览器或HTML文档中定义了一个超文本链后,浏览器将通过HTTP协议请求与指定的服务器建立连接。如果该服务器一直在HTTP端口上侦听连接请求,该连接便会建立起来。然后客户通过该连接发送一个包含请求方法的请求消息块。HTTP协议定义了7种请求方法,每种请求方法规定了客户和服务器之间不同的信息交换方式,常用的请求方法是GET和POST。服务器将根据客户请求完成相应的操作,并以应答消息块的形式返回给客户,最后关闭连接。在HTTP协议中,客户与服务器之间的信息交换采用了下列两种消息块结构。

1. 请求消息块

在HTTP协议中,客户的请求消息将按下列结构来组织。

description: method URL HTTP version
General Header
Request Header
Entity Header
Entity Body

请求消息中的各个字段是根据不同的请求方法任选的。

(1) 描述行(description)字段定义了请求方法(method)、URL和HTTP协议版本号。由于这时已经建立了连接,故这里的URL不再包含协议名、服务器名和端口号。请求方法定义了在该资源上应执行的操作,HTTP协议定义了7种请求方法,如GET, HEAD, PUT和POST等,而最常用的方法是GET和POST。

① GET:该方法是取回由URL指定的资源,主要用于取回由一个超文本链所定义的对象。如果对象是文件,则GET取回的是文件内容;如果对象是程序或描述,则GET取回的是该程序执行的结果或该描述的输出;如果对象是数据库查询,则GET取回的是本次查询的结果。

② POST:当客户向服务器传送大块数据并要求服务器和公共网关接口(CGI)程序做进一步处理时,要使用POST方法。例如,发送HTML FORM内容,让CGI程序进行处理。这时,FORM内容的URL编码将随请求消息一起发出。

(2) 普通头(General Header)字段是对请求消息的一般说明。

(3) 请求头(Request Header)字段给出了所传送数据对象的类型、长度、压缩方法以及编程语言等。服务器将根据请求头来解释和处理本次请求。例如,服务器将根据数据的类型和长度动态地分配空间,以存放FORM的内容。

(4) 实体头(Entity Header)字段提供了对实体的进一步描述。

(5) 实体体(Entity Body)字段是客户进行POST请求时的FORM内容,提供给服务器的CGI程序做进一步处理。

2. 应答消息块

在HTTP协议中,服务器的应答消息将按下列结构来组织:

description: HTTP version Status code Reason phrase
General Header
Response Header
Entity Header
Entity Body

同样,应答消息块中的各个字段也是根据不同的应答内容任选的。

(1) 描述行(description)字段给出了HTTP协议版本号、状态码(Status Code)和原因短语(Reason Phrase)。主要说明了服务器是否成功地执行了客户请求及其原因。

(2) 普通头(General Header)字段是对返回消息的一般说明。

(3) 应答头(Response Header)字段主要给出了服务器程序名、通知客户所请求的URL需要认证、所请求的资源需要经过多长时间才能使用等信息。

(4) 实体头(Entity Header)字段提供了有关本次所返回对象的信息。浏览器将根据这些信息来解释所返回的对象。它主要有实体信息的类型、长度、压缩方法、最后一次修改的时间及数据有效期等。

(5) 实体体(Entity Body)是服务器应答对象本身,可以是任何格式的超媒体文件。

由于HTTP协议是为开放的互联网设计的,因此没有涉及信息安全问题。随着Web技术的发展,B/S(浏览器/服务器)应用模式日益受到人们的青睐,不仅互联网中的信息服务系统,而且很多企业网、商务网、政务网以及金融网等内部网中的信息系统也都采用Web技术来构建。因此,Web通信安全问题变得十分突出。

5.2.2 S-HTTP协议

解决Web通信安全问题的基本方法是通过HTTP安全协议来增强Web通信的安全性。目前,HTTP安全协议主要有两种:HTTPS和S-HTTP。

HTTPS协议是基于SSL的HTTP安全协议,通常工作在标准的443端口上。在实际应用中,HTTPS协议使用比较简便。如果一个Web服务器提供基于HTTPS协议的安全服务,并在客户机上安装该服务器认可的数字证书,则用户便可以使用支持SSL协议的浏览器(通常浏览器都支持SSL协议,如IE浏览器等),并通过"https://www.服务器名.com"域名来访问该Web服务器,Web服务器与浏览器之间通过SSL协议进行安全通信,提供身份鉴别、数据加密和数据认证等安全服务。由于HTTPS协议的安全机制是通过SSL协议实现的,在第4章中已对SSL协议做了详细的介绍,因此本节主要介绍

S-HTTP协议。

S-HTTP协议最初是由Terisa公司开发的，它是在HTTP协议的基础上扩充了安全功能，提供了HTTP客户和服务器之间的安全通信机制，以增强Web通信的安全性。RFC 2660文档公布了S-HTTP协议的技术规范。

S-HTTP协议的目标是提供一种面向消息的可伸缩安全协议，以便广泛地应用于商业事务处理。因此，它支持多种安全操作模式、密钥管理机制、信任模型、密码算法和封装格式。在使用S-HTTP协议通信之前，通信双方可以协商加密、认证和签名等算法以及密钥管理机制、信任模型、消息封装格式等相关参数。在通信过程中，双方可以使用RSA、DSS等密码算法进行数字签名和身份鉴别，以保证用户身份的真实性；使用DES、3DES、RC2、RC4等密码算法来加密数据，以保证数据的保密性；使用MD2、MD5、SHA等单向散列函数来验证数据和签名，以保证数据的完整性和签名的有效性，从而增强了Web应用系统中客户和服务器之间通信的安全性。

S-HTTP是一种面向安全消息的通信协议，它与HTTP消息模型共存，很容易实现与HTTP应用的集成。S-HTTP为HTTP客户和服务器提供了多种安全机制，进而为用户提供安全的Web服务。

在S-HTTP客户和服务器中，主要采用CMS（Cryptographic Message Syntax）和MOSS（MIME Object Security Services）消息格式，但并不限于CMS和MOSS，它还可以融合其他多种加密消息格式及其标准，并且支持多种与HTTP相兼容的系统实现。S-HTTP只支持对称密码操作模式，不需要客户提供公钥证书或公钥，这意味着客户能够自主地产生个人事务，并不要求具有确定的公钥。

S-HTTP支持端到端的安全事务，客户可以事先初始化一个安全事务。S-HTTP中的密码算法、模式和参数是可伸缩的，客户和服务器之间可以协商事务模式（如请求/响应是否加密和签名）、密码算法（RSA或DSA签名算法，DES或RC2加密算法）以及证书选择等。

1. 消息处理

1）创建S-HTTP消息

一个S-HTTP消息可以通过下列方法来创建。

(1) Clear-text消息：这是一个HTTP消息或者一些其他的数据对象，Clear-text消息被封装在一个S-HTTP消息中进行传送；

(2) 接收者的密码参数选择和密钥材料：这是由接收者或者一些默认参数集明确指定的；

(3) 发送者的密码参数选择和密钥材料：这是由发送者输入的，只存在于发送者的内存中。

为了创建一个S-HTTP消息，发送者需要将发送者参数和接收者参数集成在一起，产生一个密码和密钥材料的列表。然后发送者使用列表中的数据来增强Clear-text消息的安全性，再通过发送者和接收者参数组合将Clear-text消息转换成S-HTTP消息。

2）恢复S-HTTP消息

接收者可以采用下列4种方法之一来恢复一个输入的S-HTTP消息：

(1) S-HTTP 消息；

(2) 接收者规定的密码参数选择和密钥材料；

(3) 接收者当前的密码参数选择和密钥材料；

(4) 发送者事先规定的密码选项。

发送者可以规定在一个消息中所执行的加密操作。为了恢复一个 S-HTTP 消息，接收者需要读取消息头信息，以发现在该消息中的密码变换，并使用某种发送者和接收者参数组合来去除该变换。接收者也可以选择校验，增强发送者和接收者之间的匹配。

3) 操作模式

任何消息都可以采用签名、认证和加密来保护，这三种保护方法可以单独使用，也可以组合起来使用。并支持多种密钥管理机制，包括基于口令的人工共享私密和基于公钥的密钥交换。在交换密钥时，要事先建立一个会话密钥，以便将机密消息传递给没有公钥对的用户。

(1) 签名：如果使用了数字签名，则可以将一个适当的证书与消息联系起来(可以沿着一个证书链)，或者发送者可以认为接收者独立地获得了所需的证书。

(2) 密钥交换和加密：为了支持对称密码算法，S-HTTP 定义了两种密钥传递机制：一是使用被公钥密封的密钥交换；二是使用预先安排(Prearranged)的密钥。对于前者，在传送对称密码系统的密钥时要使用接收者公钥来加密。对于后者，使用预先安排的会话密钥来加密内容。密钥认证信息是由消息头指定的。

(3) 消息完整性和发送者认证：S-HTTP 通过计算 MAC 码来校验消息的完整性，并对消息的发送者进行认证。它使用一个共享密钥对关键的内容进行散列计算，共享密钥可以通过多种方法预先协商好，不必使用公钥密码系统，也不需要加密。

2. 消息头

从语句上看，S-HTTP 消息与 HTTP 消息相类似，都是由消息头和消息体组成的。然而，S-HTTP 消息头范围不同于 HTTP，消息体通常是加密保护的。

1) 请求头

为了将 S-HTTP 消息与 HTTP 消息区分开，并允许特定的处理，S-HTTP 将请求头中的 method 定义为 Secure；version 定义为 Secure-HTTP/1.4；URL 应设置为 *，以防止潜在的敏感信息泄露。例如，一个 S-HTTP 请求头可以描述如下：

```
Secure * Secure-HTTP/1.4
```

这样，S-HTTP 与 HTTP 进程就可以混合使用相同的 TCP 端口(如 80 端口)了。

2) 响应头

对于 S-HTTP 响应头，同样使用 Secure-HTTP/1.4 来标识该协议。例如，一个 S-HTTP 响应头可以描述如下：

```
Secure-HTTP/1.4 200 OK
```

在 S-HTTP 响应头中，状态始终为 200 OK，它并不表示 HTTP 请求成功或失败的状态，主要为防止通过对 HTTP 请求成功与否状态的分析来推测数据的接收者。

3) S-HTTP 头

在 S-HTTP 头中，除了 Content-Type 和 Content-Privacy-Domain 外都是可选的，消息体与头之间用两个连续的 CRLF 符分隔开。

(1) Content-Type：内容类型(Content-Type)行描述了一个消息的内容类型，主要有两种内容类型：CMS 和 MOSS。

在一般情况下，由端点封装的内容应是一个 HTTP 消息，内容类型是 CMS，这里用一个内容类型行来说明：Content-Type：message/http。如果内部消息是 S-HTTP 消息，则内容类型是 application/s-http。

MOSS 内容类型是一种可接受的 MIME 内容，它描述了对密文所做的处理，如加密、签名等。在内容类型行上描述了内部内容的类型，对于 HTTP 消息，内容类型是 message/http。

(2) Prearranged-Key-Info：这个描述行给出了有关密钥信息，这个密钥是针对预先已约定好的内部加密格式，主要用于支持会话密钥的 Inband 通信，以返回加密方法。在这种情况下，通信的任何一方都不需要拥有一个密钥对。

在 S-HTTP 中，定义了两种交换密钥的方法：Inband 和 Outband。Inband 方法表明会话密钥是预先交换的，它使用了一个适当方法(method)的 Key-Assign 头。Outband 方法表明通过一个确定的名字从外部访问密钥材料，名字可以通过访问数据库或者利用键盘输入来获得。

(3) MAC-Info：在消息头中，定义了一个 MAC 行，用于提供消息认证和完整性检查，它定义了散列算法、认证数据和密钥空间。散列计算可以采用 MD2、MD5 和 SHA 等算法，认证数据包含消息文本散列值、时间值以及客户与服务器之间的共享秘密信息等。时间参数是可选的，不做散列计算，主要为防止重播攻击。消息文本应当是被封装的 S-HTTP 消息内容。MAC-Info 允许快速的消息完整性认证，双方共享一个密钥(可以在前面的消息中使用 Key-Assign 参数)。

3. 消息内容

消息内容主要由 Content-Privacy-Domain 和 Content-Transfer-Encoding 字段来确定。对于一个 CMS 消息，使用 8 位 Content-Transfer-Encoding，其内容就是 CMS 消息本身。如果 Content-Privacy-Domain 是 MOSS，则内容是由 MOSS 多个安全部分组成的。下面是消息封装格式选项。

1) Content-Privacy-Domain：CMS

Content-Privacy-Domain 的 CMS 符合 CMS 标准格式，任何消息都可以采用保护和无保护模式，其中保护模式有三种：加密、签名和加密加签名。S-HTTP 的认证保护模式是由 MAC-Info 头中的 CMS 编码独立提供的，因为 CMS 只支持 DigestedData 类型，而不支持 KeyDigestedData 类型。

(1) 签名：签名使用了 CMS SignedData 类型。当使用数字签名时，可以将一个适当的证书和 CMS 所指定的消息(可以沿着一个证书链)联系起来，或者接收者独立地获取该证书。

(2) 加密：加密使用了两种 CMS 数据类型，EnvelopedData 和 EncryptedData 。当使用公钥加密一个消息时，采用 EnvelopedData 类型。当使用预先安排的密钥来加密一个消息时，采用 EncryptedData 类型。在这个模式中，使用了预先安排的会话密钥来加密内容，而会话密钥是通过消息头中的密钥验证信息来验证的。

当需要同时使用加密和签名来保护一个消息时，必须创建一个 CMS SignedData 过程来支持签名，并用 EncryptedData 类型来封装消息。

2) Content-Privacy-Domain：MOSS

MOSS 的消息体是一个 MIME 消息，其内容类型与 S-HTTP 头中的 Content-Type 行相匹配。在加密和签名消息时，应当分别使用 Multipart/encrypted 和 Multipart/signed 类型。然而，Multipart/signed 并不能传输密钥材料，它可以使用 Multipart/mixed 消息，以便传输验证签名所使用的证书。当同时使用加密和签名时，通常签名先于加密。

3) 允许的 HTTP 头

为安全起见，HTTP 头通常应当出现在一个 S-HTTP 消息的内部内容中，而不能出现在该 S-HTTP 消息的外包装上。然而，有些消息头必须是代理(Agent)可见的，它们并不需要访问被封装的数据，这些头可以出现在 S-HTTP 头中。

4. 密码参数

每个 S-HTTP 请求通过接收者所提供的密码参数选项进行预处理。这些选项位于两个地方：

(1) 在一个 HTTP 请求/响应头中；

(2) 在包含废弃锚(Anchor)的 HTML 中。

这里可以提供两种密码选项：协商选项和密钥选项。协商选项给出了一个消息接收者的密码参数选择；密钥选项提供了密钥材料，发送者可以用它来增强一个消息。

1) 协商选项

双方可以通过 permit/require 形式来协商各自的密码强度需求和参数选择，协商选项的选取依赖于实现的能力和特定应用的需求。协商是通过一个协商头实现的，协商头位于被封装的 HTTP 头中，而不在 S-HTTP 头中。一个协商头是由 4 部分组成的。

(1) 属性(Property)：被协商的选项，如分组密码算法。

(2) 值(Value)：属性值，如 DES-CBC 等。

(3) 方向(Direction)：从源点观察的协商源或目的。

(4) 强度(Strength)：参数选择强度，即必需、可选和拒绝。

例如，一个协商头定义为 SHTTP-Symmetric-Content-Algorithms：recv-optional=DES-CBC，RC2。其含义是可以任意使用 DES-CBC 或 RC2 算法加密消息。

S-HTTP 定义了以下的协商头。

(1) SHTTP-Privacy-Domains：这个头涉及 Content-Privacy-Domain 类型。

(2) SHTTP-Certificate-Types：这个头指定了代理认可的公钥证书类型，当前定义的值是 X.509 和 X.509v3。

(3) SHTTP-Key-Exchange-Algorithms：这个头指定了可用于密钥交换的算法，定

义的值是 DH、RSA、Outband 和 Inband，DH 为 Diffie-Hellman X9.42 样式的信封，RSA 为 RSA 信封，Outband 为某些扩展密钥协议类型，Inband 表明会话密钥是预先交换的。推荐的配置是客户无证书而服务器有证书。

(4) SHTTP-Signature-Algorithms：这个头指定了可用于数字签名的算法，定义的值是 RSA 和 NIST-DSS，RSA 和 NIST-DSS 的密钥长度是指定的，密钥长度与一种给定的证书相互作用，因为密钥及其长度是在公钥证书中指定的。

(5) SHTTP-Message-Digest-Algorithms：这个头指定了可用于消息摘要的算法，定义的值是 RSA-MD2、RSA-MD5 和 NIST-SHS。

(6) SHTTP-Symmetric-Content-Algorithms：这个头指定了用于加密消息内容的对称密码算法，定义的值有 DES-CBC、DES-EDE-CBC、DESX-CBC、RC2-CBC、IDEA-CBC 和 CDMF-CBC，其中 RC2 密钥的长度是可变的。

(7) SHTTP-Symmetric-Header-Algorithms：这个头指定了用于加密消息头的对称密码算法，定义的值有 DES-ECB、DES-EDE-ECB、DES-EDE3-ECB、DESX-ECB、IDEA-ECB、RC2-ECB 和 CDMF-ECB，其中 RC2 密钥的长度是可变的。

(8) SHTTP-MAC-Algorithms：这个头指定了一个可接受的 MAC 算法，定义的值有 RSA-MD2-HMAC、RSA-MD5-HMAC 和 NIST-SHS-HMAC。

(9) SHTTP-Privacy-Enhancements：这个头指定了应用的安全增强，定义的值有 sign、encrypt 和 auth，分别指示对消息的签名、加密和认证。

(10) Your-Key-Pattern：这是一个通用的模式匹配语法，在大量密钥材料类型情况下用作描述标识符。

下面的例子是一个服务器典型的头块配置。

```
SHTTP-Privacy-Domains: recv-optional=MOSS, CMS;orig-required=CMS
SHTTP-Certificate-Types: recv-optional=X.509; orig-required=X.509
SHTTP-Key-Exchange-Algorithms: recv-required=DH; orig-optional=Inband, DH
SHTTP-Signature-Algorithms: orig-required=NIST-DSS; recv-required=NIST-DSS
SHTTP-Privacy-Enhancements: orig-required=sign; orig-optional=encrypt
```

在协商选项中还使用了默认值，这些默认值为

```
SHTTP-Privacy-Domains: orig-optional=CMS; recv-optional=CMS
SHTTP-Certificate-Types: orig-optional=X.509; recv-optional=X.509
SHTTP- Key - Exchange - Algorithms: orig - optional = DH, Inband, Outband; recv -
optional=DH, Inband, Outband
SHTTP-Signature-Algorithms: orig-optional=NIST-DSS; recv-optional=NIST-DSS
SHTTP-Message-Digest-Algorithms: orig-optional=RSA-MD5; recv-optional=RSA
-MD5
SHTTP-Symmetric-Content-Algorithms: orig-optional=DES-CBC; recv-optional=
DES-CBC
SHTTP-Symmetric-Header-Algorithms: orig-optional=DES-ECB; recv-optional=DES
-ECB
SHTTP-Privacy-Enhancements: orig-optional=sign, encrypt,auth; recv-required
```

```
=encrypt;recv-optional=sign, auth
```

2）密钥选项

这里是一组用于通信或标识接收者密钥材料的选项。

(1) Encryption-Identity：加密标识信息，其中有一个用 ASCII 字符串表示的名字类型(name-class)，它采用两种名字格式：DN(Domain Name)和 MOSS，前者在 RFC-1779 中描述，后者在 RFC 1848 中描述。

(2) Certificate-Info：为了支持在 DN(由 Encryption-Identity 头所指定)上的公钥操作，发送者可以在这个选项中包含证书信息，它定义了两种证书组：PEM 和 CMS。

(3) Key-Assign：将一个密钥捆绑到符号名上，可选的参数有 Key-Name、Lifetime、Method、Ciphers 和 Method-args 等，其中，

① Key-Name 是该密钥捆绑后的符号名，用一个字符串表示。

② Lifetime 是密钥的生存期，表示在此期间该消息接收者允许发送者接收密钥。如果没有指定生存期，则说明这个密钥可以重复使用于若干事务中。

③ Method 是若干密钥交换方法中的一种，当前定义的值只有 Inband。

④ Ciphers 是一个密码算法列表，这些密码算法都是该密钥能够适用的。如果是 null 值，则表示该密钥不适合与任何一种密码算法一起使用，这对于交换和计算 MAC 密钥是有用的。

⑤ Method-args 是所希望的会话密钥。

这个头行可以出现在一个非封装的头中或者在一个封装的消息中。当一个未经密封的密钥被直接分配时，这个头行只能出现在一个加密封装的内容中。

在 Inband 密钥分配中，允许将一个未经密封的密钥直接分配给一个符号名。Inband 密钥分配非常重要，因为它允许代理之间秘密地进行通信，并且只要任何一方(并非双方)拥有密钥对即可。这种机制还允许在不计算公钥的情况下去改变密钥。在这个头行中所传送的密钥信息必须是在被保护的 HTTP 请求内部，不能在未加密的消息中使用。

(4) SHTTP-Cryptopts：它允许服务器将若干个头组合起来，捆绑到一个 HTML 锚上，这些头的锚名是用 scope 参数来指示的。如果一个消息包含了 S-HTTP 协商头和 SHTTP-Cryptopts 行上的组合头，则其他头应当用于所有没有被捆绑在 SHTTP-Cryptopts 行上的锚。

5.2.3 S-HTTP 协议的应用

1. 对 HTTP 消息加密保护

示例 1：假设一个支持 S-HTTP 协议的客户通过 URL 来访问一个 Web 服务器，要求服务器对返回的 HTML 页面内容进行加密保护，使用 Inband 方式分配和交换密钥。下面是客户生成的 HTTP 请求所需的相关信息。

```
200 OK HTTP/1.0
Server-Name: Linux-Server-1
Certificate-Info: CMS, MIAGCSqG … (省略的证书信息)
Encryption - Identity: DN - 1779, null, CN = NPU Computer college , OU = NISI
```

```
Certificate, O="NPU Information Security, Inc.", C=CN;
SHTTP-Privacy-Enhancements: recv-required=encrypt
< A name=tag1 HREF="shttp://www.secage.com/secret"> Don't read this. < /A>
```

客户按指定的 URL 创建以下的 HTTP 请求：

```
GET/secret HTTP/1.0
Security-Scheme: S-HTTP/1.4
User-Agent: Web-O-Vision 1.2
Accept: * . *
Key-Assign: Inband, 1, reply, des-ecb; 7878787878787878
```

在这个 HTTP 请求中加入了 Key-Assign 行，表示要求服务器对返回的应答消息进行加密。由于采用了 Inband 密钥分配方式，客户可以和服务器共享一个密钥，而不必拥有公钥。客户将该 HTTP 请求封装成以下的 S-HTTP 消息：

```
Secure * Secure-HTTP/1.4
Content-Type: message/http
Content-Privacy-Domain: CMS
MIAGCSqG …（被 RSA 封装的消息）
```

当服务器收到该请求后，首先解释和执行该请求，查询相应的文档。然后生成一个 HTTP 响应，向客户返回该文档。该 HTTP 响应为

```
HTTP/1.0 200 OK
Security-Scheme: S-HTTP/1.4
Content-Type: text/html
<A href="/prize.html"
CRYPTOPTS="Key-Assign: Inband, chenning 1, reply, des-ecb; 020406080a0c0e0f;
SHTTP-Privacy-Enhancements: recv-required=auth">Click here to claim your prize</
A>
```

服务器将这个 HTTP 响应封装成以下的 S-HTTP 消息：

```
Secure *  Secure-HTTP/1.4
Content-Type: message/http
Prearranged-Key-Info: des-ecb, 697fa820df8a6e53, inband:1
Content-Privacy-Domain: CMS
MIAGCSqG …（被加密的 CMS 消息）
```

其中，被加密的 CMS 消息可以通过下列计算公式解密成原文：

```
DES-DECRYPT(inband:1,697fa820df8a6e53)
```

2. 对 HTTP 消息认证保护

示例 2：假设一个支持 S-HTTP 协议的客户通过 URL 来访问一个 Web 服务器，要求服务器在返回 HTML 页面时对客户身份进行认证。首先，客户创建以下的 HTTP 消息：

```
GET /prize.html HTTP/1.0
Security-Scheme: S-HTTP/1.4
User-Agent: Web-O-Vision 1.1
Accept: *.*
```

然后将它封装成一个 S-HTTP 消息：

```
Secure * Secure-HTTP/1.4
Content-Type: message/http
MAC-Info: 31ff8122, rsa-md5, b3ca4575b841b5fc7553e69b0896c416, inband: chenning 1
Content-Privacy-Domain: CMS
MIAGCSqG…(该请求的 CMS 数据表示)
```

5.3 S/MIME 协议

5.3.1 MIME 协议

在互联网中，主要使用两种电子邮件协议来传送电子邮件：SMTP(Simple Mail Transfer Protocol)和 MIME(Multipurpose Internet Mail Extensions)。SMTP 协议描述了电子邮件的信息格式及其传递方法，使电子邮件能够正确地寻址和可靠地传输，SMTP 协议只支持文本形式电子邮件的传送。MIME 协议不仅支持文本形式电子邮件的传送，而且还支持二进制文件的传送，即发信人可以将二进制文件作为电子邮件的附件随电子邮件一起发送，而接收端的 MIME 协议会自动将附件分离出来，存储在一个文件中，供收信人读取。由于 MIME 协议大大扩展了电子邮件的应用范围，因此一般的电子邮件系统都支持 MIME 协议。

MIME 协议定义了电子邮件的信息格式，它由邮件头和邮件体组成。其中，邮件头定义了邮件的发送方和接收方的有关信息；邮件体是邮件数据，可以是各种数据类型。在 MIME 协议中，数据类型一般是复合型的，也称为复合数据，它允许将不同类型的数据(如图像、音频和格式化文本等)嵌入同一个邮件体中进行传送。在包含复合数据的邮件体中，设有边界标志，以标明每种类型数据的开始和结束。

SMTP 和 MIME 协议都是为开放的互联网设计的，并没有考虑电子邮件的安全问题。随着办公自动化和网络化的发展，电子邮件已成为沟通联系和交流信息的重要手段，并得到广泛的应用。为了保证基于电子邮件的信息交换安全，必须采用信息安全技术来增强电子邮件通信的安全性。比较成熟的电子邮件安全增强技术主要有 S/MIME 协议和 PGP 协议等。其中，S/MIME 协议为企业网环境下的电子邮件系统提供了安全解决方案。本节主要介绍 S/MIME 协议的安全机制。

5.3.2 S/MIME 协议

S/MIME 协议是 MIME 协议的安全性扩展。它在 MIME 协议的基础上增加了分级安全方法，为电子邮件提供了数据保密性、消息完整性、源端抗抵赖性等安全服务。S/MIME协议是在早期信息安全技术的基础上发展起来的。RFC 2632和RFC 2633文档公布了S/MIME的详细规范。

由于S/MIME协议是针对企业级用户设计的，主要面向互联网和企业网环境，因而得到了许多厂商的支持，被认为是商业环境下首选的安全电子邮件协议。目前市场上已有多种支持S/MIME协议的产品，如微软的Outlook Express、Lotus Domino/Notes、Novell GroupWise及Netscape Communicator等。

传统的邮件用户代理(MUA)可以使用S/MIME为所发送的邮件实施安全服务，并在接收时能够解释邮件中的安全服务。S/MIME提供的安全服务并不限于邮件，还可用于任何能够传送MIME数据的传送机制，如HTTP等。S/MIME利用了MIME面向对象的特性，允许在混合传送系统中安全地交换信息。

S/MIME协议通过签名和加密来增强MIME数据的安全性，它使用CMS(Cryptographic Message Syntax)来创建一个用密码增强的MIME体，并且定义一种叫做application/pkcs7-mime的MIME类型来传送MIME体。S/MIME还定义了两种用于传送S/MIME签名消息的MIME类型：multipart/signed和application/pkcs7-signature。

为了保持与S/MIME低版本的向后兼容性，以及在S/MIME实现上的互操作性，S/MIME协议还给出了发送代理如何创建外出消息和接收代理如何处理进入消息的要求和建议。最好的实现策略是“慷慨地接收，吝啬地发送”。

1. 密码算法

1) 消息摘要算法

S/MIME v3支持两种消息摘要算法：SHA和MD5，通过对消息摘要的散列和认证来保证消息的完整性。提供MD5算法的目的是为了保持与S/MIME v2的向后兼容性，因为S/MIME v2的消息摘要是基于MD5算法的。

2) 数字签名算法

S/MIME v3支持两种数字签名算法：RSA和DSA，通过对外出消息的数字签名来实现对消息源的抗抵赖性。对于外出的消息，将使用发送用户的私钥来签名，其私钥长度是在生成密钥时确定的。对于S/MIME v2，只支持基于RSA的数字签名算法。

3) 密钥交换算法

S/MIME v3在加密消息内容时采用了对称密码算法，如DES、3DES等，密钥必须经过加密后才能传送给对方。S/MIME v3支持两种密钥交换算法：Diffie-Hellman和RSA。使用RSA算法时，在进入的加密消息中包含了加密密钥，必须使用接收用户的私钥来解密，其私钥长度是在生成密钥时确定的。对于S/MIME v2，只支持基于RSA的密钥交换算法。

2. 内容类型

CMS定义了多种内容类型，在S/MIME中只使用了SignedData和EnvelopedData两种内容类型，用于指示对MIME数据所做的安全处理。对于签名的MIME数据，则使用 SignedData 内容类型来标识；对于加密的 MIME 数据，则使用 EnvelopedData 内容类型来标识。

1）SignedData 内容类型

发送代理使用 SignedData 内容类型来传输一个消息的数字签名，或者在无数字签名信息的情况下用来传输证书。

2）EnvelopedData 内容类型

发送代理使用 EnvelopedData 内容类型来传输一个被加密保护的消息，由于在加密消息内容时采用了对称密码算法，加密和解密消息使用相同的密钥，该密钥采用非对称密码算法来加密传输，即发送者使用接收者公钥来加密该密钥，因此发送者必须获得接收者的公钥后才能使用这个服务。该内容类型不提供认证服务。

3）签名消息属性

一个 S/MIME 消息中的签名信息是用签名属性来描述的，这些属性分别是签名时间（signingTime）、S/MIME 能力（sMIMECapabilities）和 S/MIME 加密密钥选择（sMIMEEncryptionKeyPreference）。

（1）签名时间属性：它用于表示一个消息的签名时间，签名时间通常由该消息的创建者来生成。在 2049 年之前，签名时间采用 UTCTime 来编码；2050 年及以后，签名时间采用 GeneralizedTim 来编码。

（2）S/MIME 能力属性：它用于表示 S/MIME 所能提供的安全能力，如签名算法、对称密码算法和密钥交换算法等。该属性是可伸缩和可扩展的，将来可以通过适当的方法来增加新的安全能力。该属性通过一个能力列表向客户展示它所支持的安全能力，供客户选择。

（3）S/MIME 加密密钥选择属性：它用于标记签名者首选的加密密钥，该属性的目的是为那些分开使用加密和签名密钥的客户提供一种互操作能力，主要用于加密一个会话密钥，以便加密和解密消息。如果只是签名消息，或者首选的加密证书与用于签名消息的证书不同，则发送代理将使用这个属性。

当给一个特定的接收者发送一个 CMS envelopedData 消息时，应当按下列步骤来确定所使用的密钥管理证书：

（1）如果在一个来自特定接收者的 signedData 对象上发现了一个 S/MIME 加密密钥选择属性，那么它所标识的 X.509 证书将作为该接收者 X.509 密钥管理证书来使用。

（2）如果在一个来自特定接收者的 signedData 对象上未发现一个 S/MIME 加密密钥选择属性，则应当使用相同主体名作为签名的 X.509 证书，它将从 X.509 证书集合中搜索一个 X.509 证书，使之能够作为密钥管理证书来使用。

（3）或者使用其他方法来确定用户密钥管理证书。如果未发现一个 X.509 密钥管理证书，则不能与消息签名一起加密。如果找到了多个 X.509 密钥管理证书，则由 S/MIME 代理做出属性选择。

3. 内容加密

SMIME 采用对称密码算法来加密与解密消息内容。发送和接收代理都要支持基于

DES 和 3DES 的密码算法，接收代理还应支持基于 40 位密钥长度的 RC2(简称 RC2/40)及其兼容的密码算法。

当一个发送代理创建一个加密的消息时，首先要确定它所使用的密码算法类型，并将结果存放在一个能力列表中，该能力列表包含了从接收者接收的消息以及 out-of-band 信息，如私人合同、用户参数选择和法定的限制等。

一个发送代理可以按其优先顺序来通告它的解密能力，对于进入的签名消息中的加密能力属性，将按下面的方法进行处理：

(1) 如果接收代理还未建立起发送者公钥能力列表，则在验证进入消息中的签名和签名时间后，接收代理将创建一个包含签名时间的能力列表。

(2) 如果已经建立了发送者公钥能力列表，则接收代理将验证进入消息中的签名和签名时间，如果签名时间大于存储在列表中的签名时间，则接收代理将更新能力列表中的签名时间和能力。

在发送一个消息之前，发送代理要确定是否同意使用弱密码算法来加密该消息中的特定数据。如果不同意，则不能使用弱密码算法(如 RC2/40 等)。

1) 规则 1：已知能力

如果发送代理已经接收了有关接收者的加密能力列表，则选择该列表中排在第一的能力信息和密码算法来加密消息内容，这种加密能力的排列顺序通常是由接收者有意安排的。也就是说，发送代理将根据接收者提供的加密能力信息来选择加密消息内容的密码算法，以保证接收者能够解密被加密的消息。

2) 规则 2：未知能力，已知加密应用

如果发送代理并不知道某一接收者的加密能力，但曾经接收过来自该接收者的加密消息，并且在所接收的加密消息中具有可信任的签名，则发送代理将选择该接收者在签名和加密消息中曾使用过的相同密码算法来加密外出的消息。

3) 规则 3：未知能力，未知 S/MIME 版本

如果发送代理不知道接收者的加密能力，也不知道接收者的 S/MIME 版本，则选择 3DES 算法来加密消息，因为 3DES 算法是一种 S/MIME v3 必须支持的强密码算法。发送代理也可以不选择 3DES 算法，而用 RC2/40 算法来加密消息，RC2/40 算法是一种弱密码算法，具有一定的安全风险。

如果一个发送代理需要将一个加密消息传送给多个接收者，并且这些接收者的加密能力可能是不相同的，那么发送代理不得不多次发送该消息。如果每次发送该消息时选择不同强度的密码算法来加密消息，则存在一定的安全风险，即窃听者有可能通过解密弱加密的消息来获得强加密消息的内容。

4. S/MIME 消息格式

S/MIME 消息是 MIME 体和 CMS 对象的组合，使用了多种 MIME 类型和 CMS 对象。被保护的数据总是一个规范化的 MIME 实体和其他便于对 CMS 对象进行处理的数据，如证书和算法标识符等，CMS 对象将被嵌套封装在 MIME 实体中。为了适应多种特定的签名消息环境，S/MIME 提供了多种消息格式：一种只封装数据格式、多种只签名数

据格式、多种签名加封装数据格式,多种消息格式主要是为了适应多种特定的签名消息环境。

S/MIME是用来保护MIME实体的。一个MIME实体由MIME头和MIME体两部分组成,被保护MIME实体可以是“内部”MIME实体,即一个大的MIME消息中“最里面”的对象;还可以是“外部”MIME实体,即把整个MIME实体处理成CMS对象。

在发送端,发送代理首先按照本地保护协议来创建一个MIME实体,保护方式可以是签名、封装或签名加封装等;然后对MIME实体进行规范化处理和转移编码,构成一个规范化的S/MIME消息;最后发送该S/MIME消息。

在接收端,接收代理接收到一个S/MIME消息后,首先将该消息中的安全服务处理成一个MIME实体,然后解码并展现给用户或应用。

1) 规范化

为了在创建签名和验证签名的过程中能够唯一和明确地表示一个MIME实体,每个MIME实体必须转换成一种规范格式。规范化的细节依赖于一个实体的实际MIME类型和子类型,通常由发送代理的非安全部分来完成,而不是由S/MIME实现来完成。

文本是主要的MIME实体,必须具有规范化的行结尾和字符集。行结尾必须是<CR><LF>字符对,字符集应当是一种已注册的字符集,在字符集参数中命名所选的字符集,使接收代理能够正确地确定所使用的字符集。

2) 转移编码

由于标准的Internet SMTP基础结构是一种基于7位文本的传输设施,不能保证8位文本或二进制数据的传输,尽管SMTP传输网络中的某些网段现在已经能够处理8位文本和二进制数据。因此,为了使签名消息或其他二进制数据能够在7位文本传输设施上进行透明地传输,必须对这种MIME实体进行转移编码,使之转换成一种7位文本的实体。并且通过转移编码还可以使MIME实体不直接暴露在传输过程中,起到一定的保护作用。

这样,在Internet SMTP基础结构上传输一个multipart/signed实体时,必须使用转移编码,把它表示成一种7位文本的MIME实体。对于已经是7位文本的MIME实体,则不需要进行转移编码。对于8位文本和二进制数据的MIME实体,也要使用转移编码进行编码。

application/pkcs7-mime类型是用于传送CMS对象的,包括envelopedData和signedData类型对象。由于CMS对象是二进制数据,通常也要使用转移编码进行编码。

当一个只能处理7位文本的SMTP网关遇到一个8位的multipart/signed消息时,一般将该消息返回给发送者,或者丢弃该消息,而不会投递下去。

3) Enveloped-only消息

Enveloped-only消息是只对MIME实体进行加密封装的消息,由于这种消息只加密而不签名,只能提供消息保密性保护,而不提供消息完整性和抗抵赖性保护。

发送者在创建这种消息时,首先将MIME实体和其他所需的数据处理成一个envelopedData类型的CMS对象。由于加密内容采用对称密码算法,加密和解密使用相同的密钥,为了将密钥安全地传送给接收者,发送者需要加密每个接收者的密钥,加密后的密钥也包含在 envelopedData 中。然后将 CMS 对象插入一个 application/pkcs7-mime MIME 实体中。该消息的 smime-type 参数是 enveloped-data，文件扩展名为.p7m。该消息的一个样本如下：

```
Content - Type: application/pkcs7 - mime; smime - type = enveloped - data; name =
smime.p7m
Content-Transfer-Encoding: base64
Content-Disposition: attachment; filename=smime.p7m
rfvbnj756tbBghyHhHUujhJhjH77n8HHGT9HG4VQpfyF467GhIGfHfYT67n8HHGghyHhHU
ujhJh4VQpfyF467GhIGfHfYGTrfvbnjT6jH7756tbB9Hf8HHGTrfvhJhjH776tbB9 HG4VQbnj
7567GhIGfHfYT6ghyHhHUujpfyF40GhIGfHfQbnj756YT64V
```

4）Signed-only 消息

Signed-only 消息是只对 MIME 实体进行签名的消息，由于这种消息只签名而不加密，所以只能提供消息完整性和抗抵赖性保护，而不提供消息保密性保护。

S/MIME 定义了两种签名格式：application/pkcs7-mime with SignedData 和 multipart/signed。通常，multipart/signed 格式是首选的。

（1）application/pkcs7-mime with SignedData 格式：这是一种不透明签名（opaque-signing）格式，使用 application/pkcs7-mime MIME 类型。不透明签名是将数字签名与已签名的数据绑定在同一个二进制文件中。发送者用这种格式创建消息时，首先将 MIME 实体和其他所需的数据处理成一个 signedData 类型的 CMS 对象，然后将 CMS 对象插入一个 application/pkcs7-mime MIME 实体中。该消息的 smime-type 参数是 signed-data，文件扩展名为.p7m。该消息的一个样本如下：

```
Content - Type: application/pkcs7 - mime; smime - type = signed - data; name =
smime.p7m
Content-Transfer-Encoding: base64
Content-Disposition: attachment; filename=smime.p7m
567GhIGfHfYT6ghyHhHUujpfyF4f8HHGTrfvhJhjH776tbB9HG4VQbnj777n8HHGT9 HG4
VQpfyF467GhIGfHfYT6rfvbnj756tbBghyHhHUujhJhjHHUujhJh4VQpfyF467GhIGfHfYGT
rfvbnjT6jH7756tbB9H7n8HHGghyHh6YT64V0GhIGfHfQbnj75
```

（2）multipart/signed 格式：这是一种透明签名（clear-signing）格式，使用 multipart/signed MIME 类型。透明签名是将数字签名与已签名的数据分隔开，任何收件人（可以不是 S/MIME 或 CMS 处理设备）都能观看该消息。multipart/signed MIME 类型有两部分：第一部分包含了已签名的 MIME 实体；第二部分包含了称为 detached signature 的 CMS SignedData 对象。发送者用这种格式创建消息时，首先将 MIME 实体插入一个 multipart/signed 实体的第一部分，然后对 detached signature 的 CMS SignedData 对象进行转移编码，再把它插入一个 application/pkcs7-signature MIME 实体中，最后将 application/pkcs7-signature MIME 实体插入一个 multipart/signed 实体的第二部分。

multipart/signed 内容类型有两个必需的参数：协议参数和 micalg 参数。协议参数必须是 application/pkcs7-signature；micalg 参数允许在验证签名后进行 one-pass 处理，micalg 参数值依赖于消息摘要算法（如 MD5、SHA 等），用于消息完整性检查计算。如果使用了多种消息摘要算法，必须用逗号分隔开。该消息的一个样本如下：

```
Content-Type: multipart/signed; protocol="application/pkcs7-signature";
micalg=sha1; boundary=boundary42
--boundary42
Content-Type: text/plain
This is a clear-signed message.
--boundary42
Content-Type: application/pkcs7-signature; name=smime.p7s
Content-Transfer-Encoding: base64
Content-Disposition: attachment; filename=smime.p7s
ghyHhHUujhJhjH77n8HHGTrfvbnj756tbB9HG4VQpfyF467GhIGfHfYT64VQpfyF467GhIGfH
fYT6jH77n8HHGghyHhHUujhJh756tbB9HGTrfvbnjn8HHGTrfvhJhjH776tbB9H G4VQbnj7567
GhIGfHfYT6ghyHhHUujpfyF47GhIGfHfYT64VQbnj756
--boundary42--
```

由于邮件传输协议是一个事先无交互的协议，即在邮件传输完成之前发送者和接收者之间没有交互，发送者可能不知道接收者是否具有 S/MIME 能力。对于透明签名的邮件，不管客户端是否具有 S/MIME 能力都可以阅读；对于不透明签名的邮件，必须具有 S/MIME 能力的客户端才能阅读。因此，当发送者不知道接收者是否具有 S/MIME 能力时，一般发送透明签名邮件；只有知道接收者具有 S/MIME 能力时才发送不透明签名邮件。邮件签名方式可以通过客户端软件来设置。

5）签名且封装消息

签名且封装消息是对 MIME 实体进行签名且封装的消息，它可以同时提供消息完整性、抗抵赖性和保密性保护。

签名且封装消息是通过 signed-only 和 encrypted-only 格式的嵌套方法实现的。对于一个消息，可以先签名，也可以先封装，主要取决于实现系统和用户的选择。当先签名时，通过封装将签名者安全地隐藏起来；当先封装时，将会暴露签名者，但可以在不去除封装的情况下验证签名，这对于自动签名认证环境是非常有用的。对于一个先封装后签名的消息，接收者能够证实被封装的消息是否被改变，但不能确定消息签名和未加密内容之间的关系。对于一个先签名后封装的消息，接收者可以假设已签名的消息本身不会改变，但一个高明的攻击者可能会改变被封装消息中未经证实的部分。

6）Certificates-only 消息

为了签名消息，一个发送者必须具有一个证书，有很多方法来获得证书，如通过与 CA 的交换、硬件令牌或 U 盘等。S/MIME v3 没有规定申请证书的方法，但前提是每个发送代理已拥有了一个证书。

Certificates-only 消息用于传输证书。发送者在创建这种消息时，首先为一个可用的证书创建一个 signedData 类型的 CMS 对象，然后再将 CMS 对象封装成一个 application/pkcs7-mime MIME 实体。该消息的 smime-type 参数是 certs-only，文件扩展名为.p7c。

5.3.3 S/MIME协议的应用

在微软公司的邮件客户端软件Outlook 2000和Outlook Express 5.0中都支持S/MIME协议，Outlook 2000是微软公司比较成熟的邮件客户端的软件，而Outlook Express 5.0功能相对简单一些。

对于Outlook 2000，用户可以选择三种邮件方式来安装："团体/工作组"方式、"Internet唯一邮件"方式和"无电子邮件"方式。"团体/工作组"方式是一个功能齐全的邮件客户端，它支持SMTP和POP3协议，并具有LDAP支持选项(通过LDAP目录服务实现)。"Internet唯一邮件"方式是一个基于ISP的邮件客户端，它支持SMTP、IMAP、POP3和LDAP等协议。从S/MIME的观点来看，这两种方式之间存在着很大的区别。如果为企业网的邮件客户提供密钥恢复功能，则应当选择"团体/工作组"方式来安装Outlook 2000，因为这种方式允许用户使用Exchange 2000中的高级安全功能来注册客户，以充分利用S/MIME提供的安全服务。

客户端的Outlook 2000/Outlook Express 5.0和服务器端的Exchange 2000相互结合，构成了基于S/MIME的安全电子邮件平台，该平台借助于Windows 2000的PKI体系，提供了很强的S/MIME安全功能。

在这个安全平台上，每个邮件客户必须首先在内部的或商用的认证中心注册，获得个人S/MIME证书。在使用Outlook 2000阅读签名邮件时，不需要安装个人的S/MIME证书。只有在发送加密邮件时，才需要提供个人S/MIME证书。

5.4 PGP协议

5.4.1 PGP简介

PGP(Pretty Good Privacy)是一种对电子邮件进行加密和签名保护的安全协议和软件工具。它将基于公钥密码体制的RSA算法和基于单密钥体制的IDEA算法巧妙地结合起来，同时兼顾了公钥密码体系的便利性和传统密码体系的高速度，从而形成一种高效的混合密码系统。发送方使用随机生成的会话密钥和IDEA算法加密邮件文件，使用RSA算法和接收方的公钥加密会话密钥，然后将加密的邮件文件和会话密钥发送给接收方。接收方使用自己的私钥和RSA算法解密会话密钥，然后再用会话密钥和IDEA算法解密邮件文件。PGP还支持对邮件的数字签名和签名验证。另外，PGP还可以用来加密文件。

PGP最初是由美国人Phil Zimmermann设计的，现在已成为一种广为流行的加密软件工具。RFC 1991和RFC 2440文档描述了PGP文件格式，从互联网上可以免费下载PGP加密软件工具包。

5.4.2　PGP 的密码算法

随着互联网的发展，电子邮件已成为沟通联系、信息交流的重要手段，大大方便了人们的工作和生活。电子邮件和普通信件一样，属于个人隐私，而私密权是一种基本人权，应当得到保护。在电子邮件传输过程中，可能存在着被第三者非法阅读和篡改的安全风险。通过密码技术可以防止电子邮件被非法阅读；通过数字签名技术，可以防止电子邮件被非法篡改。

PGP 是一种供大众免费使用的邮件加密软件，它是一种基于 RSA 和 IDEA 算法的混合密码系统。基于 RSA 的公钥密码体系非常适合处理电子邮件的数字签名、身份鉴别和密钥传递问题，而 IDEA 算法加密速度快，非常适合于邮件内容的加密。

PGP 采用了基于数字签名的身份鉴别技术。对于每个邮件，PGP 使用 MD5 算法产生一个 128 位的散列值作为该邮件的唯一标识，并以此作为邮件签名和签名验证的基础。例如，为了证实邮件是 A 发给 B 的，A 首先使用 MD5 算法产生一个 128 位的散列值，再用 A 的私钥加密该值，作为该邮件的数字签名。然后把它附加在邮件后面，再用 B 的公钥加密整个邮件。在这里，应当先签名再加密，而不应先加密再签名，以防止签名被篡改(攻击者将原始签名去掉，换上其他人的签名)。B 收到加密的邮件后，首先使用自己的私钥解密邮件，得到 A 的邮件原文和签名，然后使用 MD5 算法产生一个 128 位的散列值，并和解密后的签名相比较。如果两者相符合，则说明该邮件确实是 A 发来的。

PGP 还允许对邮件只签名而不加密，这种情况适用于发信人公开发表声明的场合。发信人为了证实自己的身份，可以用自己的私钥签名。收件人用发信人的公钥来验证签名，这不仅可以确认发信人的身份，并且还可防止发信人抵赖自己的声明。

PGP 采用了 IDEA 算法对邮件内容进行加密。由于 IDEA 算法是对称密钥密码算法，加密和解密共享一个随机密钥。因此，PGP 通过 RSA 算法来解决随机密钥安全传递问题。发信人首先随机生成一个密钥(每次加密都不同)，使用 IDEA 算法加密邮件内容，然后再用 RSA 算法加密该随机密钥，并随邮件一起发送给收件人。收信人先用 RSA 算法解密出该随机密钥，再用 IDEA 算法解密出邮件内容。IDEA 算法虽然是一个专利算法，但在非商业用途使用 IDEA 算法时可以不交纳专利使用费(PGP 软件是免费的)。

可见，PGP 将 RSA 和 IDEA 两种密码算法有机地结合起来，发挥各自的优势，成为混合密码系统成功应用的典型范例。

5.4.3　PGP 的密钥管理

在 PGP 中，采用公钥密码体制来解决密钥分发和管理问题。公钥可以公开，不存在被监听问题。但公钥的发布仍有一定的安全风险，主要是公钥可能被篡改问题。下面举一个例子来说明这种情况。

假如 A 要给 B 发邮件，必须首先获得 B 的公钥，A 从 BBS 上下载了 B 的公钥，然后用它加密邮件，并用 E-mail 系统发给了 B。然而，在 A 和 B 都不知道的情况下，另一个人 C 假冒 B 的名字生成一个密钥对，并在 BBS 中用自己生成的公钥替换了 B 的公钥。结果 A 从 BBS 上得到的公钥便是 C 的，而不是 B 的。一切看来都很正常，因为 A 拿到的公钥的用户名仍然是 B。于是，便出现了下列安全风险：

(1) C 可以用他的私钥来解密 A 给 B 的邮件；

(2) C 可以用 B 的公钥来转发 A 给 B 的邮件，并且谁都不会起疑心；

(3) C 可以改动邮件的内容；

(4) C 可以伪造 B 的签名给 A 或给其他人发邮件，因为这些人拥有的公钥是 C 伪造的，他们会以为是 B 的来信。

为了防止这种情况的发生，最好的办法是让任何人都没有机会来篡改公钥，如直接从 B 的手中得到他的公钥。然而当 B 远在千里之外或无法相见时，获得公钥是很困难的。PGP 采用一种公钥介绍机制来解决这个问题。例如，A 和 B 有一个共同的朋友 D，而 D 手中的 B 的公钥是正确的(这里假设 D 已经认证过 B 的公钥，后面会谈到如何来认证公钥)。这样 D 可以用他的私钥在 B 的公钥上签名(使用上面所讲的签名方法)，表示 D 可以担保这个公钥是属于 B 的。当然，A 需要用 D 的公钥来验证 D 给出的 B 的公钥，同样 D 也可以向 B 证实 A 的公钥，D 就成为 A 和 B 之间的中介人。这样，B 或 D 就可以放心地把经过 D 签名的 B 的公钥上载到 BBS 中，任何人(即使是 BBS 的管理员)篡改 B 的公钥都不可能不被 A 发现。从而解决了利用公共信道传递公钥的安全问题。

这里还可能存在一个问题：怎样保证 D 的公钥是安全的。这似乎出现了先有鸡还是先有蛋的问题。理论上，D 的公钥确有被伪造的可能，但很难实现。因为这需要伪造者必须参与整个认证过程，对 A，B 和 D 三个人都很熟悉，并且还要策划很久。为了防止这个问题的产生，PGP 建议由一个大家都普遍信任的机构或个人来担当这个中介人角色，这就需要建立一个权威的认证机构或认证中心。由这个认证中心签名的公钥都被认为是真实的，大家只需要有这样的公钥就可以了。通过认证中心提供的认证服务可以方便地验证一个由该中心签名的公钥是否是真实的，假冒的公钥很容易被发现。这样的权威认证中心通常由非个人控制的组织或政府机构来充当。

在那些非常分散的人群中，PGP 建议使用非官方途径的密钥中介方式，因为这种非官方途径更能反映出人们自然的社会交往，而且人们可以自由地选择所信任的人作为中介人。这里必须遵循的一条规则是：在使用任何一个公钥之前，必须首先做公钥认证，无论公钥是从权威的认证中心得到的，还是从可信任的中介人那里得到的。

密钥可以通过电话来认证。每个密钥都有一个唯一标识符(Key ID)，Key ID 是一个 8 位十六进制数，两个密钥具有相同 Key ID 的可能性是几十亿分之一。而且 PGP 还提供了一种更可靠的密钥标识方法：密钥指纹(Key Fingerprint)。每个密钥都对应一个指纹，即数字串(16 位十六进制数)，这个指纹重复的可能性是微乎其微的。由于密钥是随机生成的，任何人都无法指定生成一个具有某个指纹的密钥，那么从指纹无法反推出密钥。这样，在 A 拿到 B 的公钥后，便可以用电话与 B 核对这个指纹，以认证 B 的公钥。如果 A 无法和 B 通电话，A 可以和 D 通电话来认证 D 的公钥，通过 D 来认证 B 的公钥。这就是直接认证和间接介绍的结合。

RSA 私钥的安全同样也是至关重要的。相对公钥而言，私钥不存在被篡改的问题，但存在被泄露的问题。RSA 私钥是很长的一个数字，用户不可能记住它。PGP 允许用户为随机生成的 RSA 私钥指定一个口令。只有给出正确的口令，才能将私钥释放出来使用。因此，首先要确保用户口令的安全，应当妥善地保管好口令。当然私钥文件本身失密也是很危险的，因为破译者可以使用穷举法试探出口令。

5.4.4 PGP 的安全性

PGP 的安全性涉及 PGP 的加密体系安全性和实现系统安全性两个方面。加密体系的安全性是指 PGP 加密体系中各个加密算法本身的坚固性和抗攻击能力。实现系统的安全性是指一个 PGP 实现系统是否存在可能被攻击者利用的系统安全漏洞以及如何阻塞漏洞，这对其他安全系统同样也存在。这里主要分析 PGP 加密体系的安全性。PGP 的加密体系由 4 个关键部分组成：对称加密算法(IDEA)、非对称加密算法(RSA)、单向散列算法(MD5)和随机数产生器。每个部分的安全性都关系到整个 PGP 加密体系的安全。

1. IDEA 算法的安全性

IDEA 算法是用来加密邮件内容的，对于采用直接攻击法的破译者来说，IDEA 是 PGP 密文邮件的第一道防线。IDEA 基于“相异代数群上的混合运算”的设计思想，在软件实现上，它比 DES 算法快得多。与 DES 一样，IDEA 也支持反馈加密(CFB)和链式加密(CBC)两种模式，PGP 采用的是 IDEA 的 64 位 CFB 模式。

对一个密码算法的攻击主要采用两种方法：密码分析法和密钥穷举法。密码分析法是通过分析密码算法的弱点来破译密文的。密钥穷举法也称直接攻击法，通过穷举搜索找出密钥来破译密文。至今还没有关于 IDEA 的密码分析攻击法的成果发表。那么只有通过直接攻击法来攻击 IDEA 了。

由于 IDEA 的密钥空间(密钥长度)是 128 位，即使使用 10 亿台每秒钟能够试探 10 亿个密钥的计算机，所需的时间也比目前所知的宇宙年龄还要长。因此对 IDEA 进行直接攻击是不可能的。更何况 PGP 采用随机产生密钥方法，即使一个 IDEA 密钥失密也只能泄露一次加密的信息，并不会影响下一次加密的信息，也不影响 RSA 密钥对的保密性。

IDEA 的安全性还与密钥随机生成器的随机特性有关。如果随机密钥生成算法生成的密钥过于“规律”，没有均匀地分布到整个密钥空间上，则可能产生漏洞。因此，PGP 各个部分安全性是相互依存的。

2. RSA 算法的安全性

RSA 的安全性是基于一个数学假设：对一个很大合数的因子分解是不可能的。RSA 使用了两个非常大的素数的乘积，就目前的计算机水平和能力是无法分解的。但这并不能证明 RSA 的安全性，因为大数分解不一定是攻击 RSA 唯一的途径。RSA 可能存在一些密码学方面的缺陷，随着大数分解技术的发展以及计算机能力的提高，可能会威胁 RSA 的安全性。但目前 RSA 还是比较安全的。

密钥长度是决定一个密码算法安全性的重要因数。就目前的计算机水平，1024 位的 RSA 密钥是安全的，2048 位的 RSA 密钥是绝对安全的。

3. MD5 算法的安全性

在 PGP 中，MD5 算法主要用来对用户口令和邮件签名的散列保护。一个单向散列算法的强度主要表现为对任意输入数据所散列的随机化程度，并且能产生唯一输出。如果要破译 MD5 所散列的 128 位结果，则必须有足够的计算能力，并且将耗费巨大的时间、人力和财力。

4. 随机数的安全性

在 PGP 中，每次加密数据的密钥是一个随机数，而计算机是无法产生真正随机数的，只能产生近似随机数的伪随机数。PGP 对随机数的产生是很审慎的，对于关键随机数(如 RSA 密钥等)的产生是从用户按键盘的时间间隔上获取随机数种子的。对于磁盘上的 randseed. bin 文件，也采用了与邮件同样强度的密码进行加密，这就有效地防止了攻击者从 randseed. bin 文件中分析出加密密钥的产生规律。

PGP 使用了两个伪随机数发生器。一个是 ANSI X9. 17 发生器，它用于 IDEA 算法来产生随机数种子；另一个是从用户按键的时间和序列中计算熵值而引入随机性的，应当尽量无规则地按键，输入的熵越大输出随机数的熵就越大。PGP 利用用户按键信息产生一个 randseed. bin 文件，ANSI X9. 17 发生器只需要 randseed. bin 中的 24 位随机数，而其他 384 字节则用来存放其他信息。每次加密前后都会引入新的随机数，而且随机数种子本身也是加密存放的。

ANSI X9. 17 发生器的工作过程大致如下：

$E()$ = IDEA 加密函数，使用一个可复用的密钥(使用明文产生)

T = 从 randseed. bin 文件中得到的时间

$\mathbf{V}$ = 初始化向量

R = 生成的随机密钥(用来加密一次 PGP 明文)

$R = E[E(T)\ \mathrm{XOR}\ \mathbf{V}]$

下一次初始化向量的计算按下式：$\mathbf{V}=E[E(T)\ \mathrm{XOR}\ R]$ 进行。

在伪随机数发生器中，为了使生成的随机数具有较高的随机性，能够均匀地分布到整个随机数空间上，必须将数据打乱。这一过程俗称“洗数据”，如同洗牌一样。加密前的洗数据叫预洗，加密后为下一次加密做准备的洗数据叫后洗。

PGP 的 ANSI X19. 7 产生器使用明文的 MD5 散列值来预洗，它基于攻击者不知道明文这一假设。如果攻击者知道了明文，也就没有太大必要去攻击了。即使发生了攻击，只不过会削弱一些伪随机数发生器的随机性罢了。后洗操作更加安全，因为使用更多的随机字节来初始化 randseed. bin 文件，并使用当前的临时随机密钥来加密。攻击者感兴趣的是 randseed. bin 文件当前的状态，因为可能从中获得下次加密的部分信息。因此需要加强对 randseed. bin 文件的保护。

另外，PGP 还使用 PKZIP 压缩算法进行加密前预压缩处理。一方面，对明文压缩后再加密可以压缩明文长度，从而节省了网络传输带宽。另一方面，明文经过压缩后相当于做了一次变换，信息更加杂乱无序，对明文攻击的抵御能力更强了。PKZIP 算法是一种被公认的压缩率和压缩速度都比较好的压缩算法，在 PGP 中使用了 PKZIP 2.0 版本及其兼容算法。

5.4.5 PGP 命令及参数

下面简要介绍 PGP 2.6.3(*i*)系统中的命令行命令以及相关参数。

1. 加密和解密命令

使用接收者的公钥加密一个纯文本文。

pgp -e 文件名 接收者公钥

使用发送者的私钥签名一个纯文本文件。

pgp -s 文件名 [-u 发送者私钥]

使用发送者的私钥签名一个纯文本文件,并且传送给没有使用 PGP 的接收者。

pgp -sta 文件名 [-u 发送者私钥]

使用发送者的私钥签名一个纯文本文件,然后再使用接收者的公钥加密。

pgp -es 文件名 接收者公钥 [-u 发送者私钥]

使用传统的密码加密一个纯文本文件。

pgp -c 文件名

解密一个被加密的文件,或者检查一个文件签名的完整性。

pgp 被加密的文件名 [-o 纯文本文件名]

使用多个接收者的公钥加密一个纯文本文件。

pgp -e 文件名 接收者公钥① 接收者公钥② 接收者公钥③

解密一个被加密的文件,并且保留签名。

pgp -d 被加密的文件名

从一个文件中提取出指定用户的签名验证。

pgp -sb 文件名 [-u 签名的用户名]

从一个被签名的文件中提取出指定用户的签名验证。

pgp -b 签名的文件名

2. 钥匙管理命令

产生一个公钥/私钥对。

pgp -kg

将一个公钥或私钥加入公钥环或私钥环中。

pgp -ka 密钥文件名 [密钥环文件名]

从指定用户的公钥环/私钥环中取出想要的公钥/私钥。

pgp -kx 用户名 密钥文件名 [密钥环文件名]

或

pgp -kxa 用户名 密钥文件名 [密钥环文件名]

查看指定用户的公钥环内容。

pgp -kv[v] [用户名] [密钥环文件名]

查看指定用户的公钥环“指纹”(Fingerprint),以便于用电话与该密钥所有者核对密钥。

pgp -kvc [用户名] [密钥环文件名]

查看指定用户的公钥环内容,并检查签名情况。

pgp -kc[用户名] [密钥环文件名]

编辑私钥环中密钥的用户名或口令,还可以修改公钥环的信任参数。

pgp -ke 用户名 [密钥环文件名]

从指定用户的公钥环中删除一个密钥或一个用户名。

pgp -kr 用户名 [密钥环文件名]

在指定用户的公钥环中签名认证一个公钥,如果没有-u 参数,则使用默认的私钥签名。

pgp -ks 被签名的用户名[-u 签名的用户名] [密钥环文件名]

在密钥环中删除一个指定用户的特定签名。

pgp -krs 用户名 [密钥环文件名]

永久性地废除指定用户的密钥,并且生成一个“密钥废除证书”。

pgp -kd 用户名

在指定用户的公钥环中暂停或激活一个公钥的使用。

pgp -kd 用户名

3. 其他命令参数

如果使用 ASCII radix-64 格式来产生加密文件,则要在加密、签名或取出密钥时加入-a 参数。

pgp -sea 文件名 用户名

或

pgp -kxa 用户名 密钥文件 [密钥环名]

如果产生加密文件后将原明文文件删除，则要在加密或签名时加入-a 参数。

pgp -sew 原明文文件名 接收者名

如果将一个 ASCII 文件转换成接收者的本地文本格式，则要加入-t 参数。

pgp -seat 文件名 接收者名

如果在屏幕上分页地显示解密后的文本信息，则要使用-m(more)参数。

pgp -m 解密后的文件名

如果只将解密后的信息显示在屏幕上而不写入磁盘中，则在加密时要加入-m 参数。

pgp -steam 要加密的文件名 接收者名

如果在解密后仍使用原文件名，则要加入-p 参数。

pgp -p 加密的文件名

如果要使用类似于 UNIX 形式的过滤导入模式，则要加入-f 参数。

pgp -feast 接收者名 < 输入文件名> 输出文件名

如果在加密时从文本文件中加入多个用户名，则要使用-@参数。

pgp -e 文本文件名 指定的用户名 -@ 用户列表文件名(多个接收者)

5.4.6 PGP 的应用

PGP 是一个功能强大的加密软件，主要用于加密电子邮件，同时也可以加密磁盘文件。PGP 软件可以安装在 Linux、UNIX 或 Windows 系统中。在 Windows 中，用户使用窗口菜单命令执行 PGP 功能，完全可以满足普通邮件的加密要求。对于一些安全性要求较高的电子邮件，最好使用命令行 PGP 操作，比较灵活和简便。

下面以命令行下的 PGP 系统为例来介绍使用 PGP 加密电子邮件的操作过程。

1. 生成密钥对

首先，用户需要生成一个密钥对(公钥/私钥)，命令格式为 pgp -kg，其生成过程共分三个步骤。

(1) PGP 会提示用户选择密钥长度，有三种选择。

① 512 位：低档商业级；

② 768 位：高档商业级；

③ 1024 位：军用级别，有些版本的 PGP 可以提供 2048 位的超强加密。

(2) PGP 提示输入用户标识，PGP 采用用户名加 E-mail 地址的形式来标识一个用户。PGP 需要设置一个口令来保护生成的私钥，还需要用户无规则地输入一个字符串，PGP 用它来生成一个随机数。

(3) PGP 生成三个文件：pubring.pgp、secring.pgp 和 randseed.bin，其中，pubring

.pgp 与secring.pgp 分别为公钥环文件与私钥环文件，randseed.bin 为随机种子文件。

2. 发布公钥

密钥对生成好后，用户就可以发布自己的公钥了。公钥的发放可以用电子邮件或匿名 FTP 来实现，也可以把公钥上载到互联网的公钥服务器来发布，供大家获取。下面是 PGP 公钥服务器的网络地址。

电子邮件：pgp-public-keys@keys. pgp. net；

Web 地址：http://www. pgp. net/pgp/www-key. html；

匿名 FTP：http://ftp. pgp. net/pub/pgp。

例如，用户使用浏览器打开 http://www. pgp. net/pgp/www-key. html，选择任一公钥服务器，根据菜单说明检索，获取他人公钥或提交自己的公钥。

3. 密钥管理

密钥由密钥类型、编号、长度、创建时间和用户标识信息等组成。私钥与公钥分别存放在私钥环与公钥环文件中。私钥环文件是不可读文件，但用户可以使用一些命令(如增加、删除和修改私钥环文件内容等)间接地对私钥进行管理。

用户在使用 PGP 密钥管理命令时，注意命令参数的使用。例如，用-kv 参数可以查看密钥的内容，如类型、长度、编号、创建日期及用户标识等；用-kc 参数可以查看密钥的信息以及密钥签名人的可信度；用-ke 参数可以修改私钥信息、口令或改变他人公钥的可信度；用-ka 参数可以将密钥加入密钥环中；用-kr 参数可以从密钥环中删除密钥；用-kx 参数可以从密钥环中提取密钥等。

4. 邮件加密和签名

使用收信人公钥对邮件加密，其命令格式为 pgp -eatwm file userID。其中，userID 是收件人标识信息，用来确定所使用的公钥；file 是要加密的邮件文件名；-e 参数是加密指令；-a 参数是生成后缀为. asc 的 ASCII 文件；-t 参数是将电子邮件转换为可接受的文本格式；-w 参数是销毁原文件；-m 参数是提醒接收方在阅读解密邮件后销毁邮件。这 5 个命令参数可以单独使用，也可以合并使用。

为了证明发信人的身份并确保邮件在传输过程中的完整性，发信人可以使用自己的私钥对邮件进行数字签名。对邮件数字签名的命令格式为 pgp -sab file，其中，-s 参数为签名命令；-b 参数为单独生成签名文件，可与加密指令合用。签名人用自己的私钥生成一个数字签名，它既可附加在文件中，也可以单独作为一个签名文件。收信人使用发信人公钥来验证签名，以证实发信人的身份。收信人还可以利用这个签名来验证邮件的完整性，判断邮件是否被篡改。

把邮件加密和数字签名结合起来，可以最大限度地保障电子邮件的安全传输。

下面是一个使用 PZ 的私钥和 Li 的公钥加密和签名邮件的例子。

```
pgp-seat Li|mail Li@ io.org
Pretty Good Privacy(tm) 2.6.3I-public-keyencryption for the masses.
(c)1990-96 Philip zimmermann,Phil's PrettyGood Software. 1996-01-18
International version-not for use in the USA.Does not use RSAREF
```

```
Current time: 2014/10/24 GMT
Li:
Hi.How do you do?
PZ
^D
...
you need a pass phrase to unlock you RSA secret key.
Key for user ID: PZ<PZ@io.org>
1024-bit key,key ID 69059347,created 2014/08/16
Enter pass phrase: Pass is good.Just a moment
Recipients' public key(s) will be used to encrypt.
Key for user ID: Li <Li@io.org>
1024-bit key, key ID 23ED1378 creted 2014/08/10
...
Transport armor file: letter.asc
```

至此,加密和签名操作已完成。如果显示带有数字签名的加密文件,只能看到一些不可阅读的"乱码"。

5. 邮件解密

收信人收到邮件后,先将邮件保存在一个文件(如 letter. asc)中,然后使用 PGP 系统进行解密处理。解密邮件的命令格式为 pgp letter. asc,根据 PGP 系统的提示输入口令,取出自己的私钥来解密邮件,然后用发信人的公钥来验证发信人的身份和邮件的完整性,最后 PGP 会提示生成一个明文文件,收信人打开这个文件就可浏览邮件内容了。

至此,完成了从发送到接收的 PGP 操作过程,电子邮件安全地由发送方传输到接收方。

5.5 本章总结

本章介绍了三种应用层安全协议:S-HTTP、S/MIME 和 PGP。

S-HTTP 协议是在 HTTP 协议的基础上扩充了安全功能,提供了 HTTP 客户和服务器之间的安全通信机制,以增强 Web 信息交换的安全性。S-HTTP 协议是一种面向消息的可伸缩安全协议,支持多种安全操作模式、密钥管理机制、信任模型、加密算法和封装格式。在使用 S-HTTP 协议通信之前,通信双方可以协商加密、认证和签名等算法以及密钥管理机制、信任模型、消息封装格式等相关参数。在通信过程中,通信双方可以使用 RSA,DSS 等密码算法相互验证对方的身份,以保证用户身份的真实性;使用 DES,3DES,RC2,RC4 等密码算法来加密数据,以保证数据的保密性;使用 MD2,MD5,SHA 等单向散列函数来验证数据,以保证数据的完整性,从而增强了 Web 系统中客户和服务器之间信息交换的安全。面向 Web 通信安全的安全协议除了 S-HTTP 外,还有基于 SSL 的 HTTPS 协议,在实际应用中,HTTPS 协议得到了更为广泛的应用。

S/MIME 协议也是一种面向电子邮件的安全协议，与 PGP 不同的是，它主要用于支持互联网和企业网环境中的电子邮件系统，为大型网络系统中的群体用户提供安全的电子邮件传输服务。S/MIME 是在 MIME 协议的基础上，通过邮件签名和内容加密来增强邮件传送的安全性的，支持多种密码算法，提供了只签名、只加密以及加密加签名等多种保护方式，具有很好的灵活性。S/MIME 利用了 MIME 面向对象的特性，通过 CMS 对象来创建一个安全增强的 MIME 实体，并定义了多种 MIME 类型，使 MIME 实体能够透明地在现有的邮件传输系统中安全地传输，实现端到端的电子邮件安全保护。S/MIME 是商业环境下首选的安全电子邮件协议，在一些流行的电子邮件系统中都支持 S/MIME 协议。

PGP 是一种面向个人的电子邮件安全协议和软件工具，不仅用于加密电子邮件，也可以用来加密磁盘文件。PGP 是一种基于 RSA 算法和 IDEA 算法的混合密码系统，可以提供电子邮件签名和加密功能。邮件签名采用了 RSA 算法，并通过 MD5 算法对签名进行认证。邮件加密采用了 IDEA 算法，并通过 RSA 算法来传送会话密钥，而会话密钥是利用键盘输入的字符和按键时间引入随机性而随机生成的。因此，PGP 能够有效地保证电子邮件的安全传送。PGP 软件可以运行在多种操作系统平台上，用户在使用 PGP 软件保护电子邮件时，可以选择只签名、只加密以及加密加签名等方式，具有很好的灵活性。

思 考 题

1. 应用层协议的主要功能是什么？常用的应用层协议有哪些？
2. 应用层安全协议主要提供哪些安全机制和服务？
3. Web 系统主要存在哪些安全威胁？通常采用哪些安全机制进行保护？
4. S-HTTP 协议提供了哪些安全机制？分别采用哪些密码算法来实现？
5. S-HTTP 消息和 HTTP 消息有什么不同？
6. S-HTTP 协议是如何实现密钥交换的？
7. S-HTTP 协议采用何种身份鉴别方法和信任模型？
8. 与普遍使用的 HTTPS 协议相比，S-HTTP 协议有哪些优势和劣势？
9. 电子邮件主要存在哪些安全威胁？通常采用哪些安全机制进行保护？
10. SMTP，POP3 和 MIME 都是电子邮件传输协议，它们之间有什么区别？各自适用的场合是什么？
11. S/MIME 协议提供了哪些安全机制？分别采用哪些密码算法来实现？
12. S/MIME 协议是加密邮件正文，还是加密附件？或者两者都加密？
13. 在 S/MIME 协议中，为什么要使用转移编码？
14. 请使用 S/MIME 协议构造一个企业级安全电子邮件系统，给出系统结构图和系统组件说明。
15. PGP 协议提供了哪些安全机制？分别采用哪些密码算法来实现？

16. 在PGP协议中,公钥发布是怎样实现的?采用何种信任模型?

17. 在PGP实现系统中,采用哪些措施来保证安全性?

18. PGP实现系统特别重视随机数的产生质量,并采取多种措施,为什么?

19. PGP和S/MIME协议都可以解决电子邮件安全问题,它们之间的区别和各自适用的场合是什么?

第6章 系统安全防护技术

6.1 引言

由于网络的开放性以及网络攻击现象的客观存在，使得网络系统面临着很大的安全威胁，必须采取有效的安全防护措施来增强网络系统的安全性，提高抵御各种网络攻击的能力。

系统安全防护技术是保护网络系统的第一道安全屏障，也是基本的网络系统安全防护措施，其目的是保证合法的用户能够以规定的权限访问网络系统和资源，防止未经授权的非法用户入侵网络系统，窃取信息或破坏系统。

系统安全防护技术主要提供以下的安全机制。

(1) 用户身份的可鉴别性：对请求登录系统的用户身份进行验证和鉴别，只允许经过注册的合法用户登录系统，而拒绝未经注册的非法用户登录系统。主要通过身份鉴别技术来实现。

(2) 系统访问的可控性：对用户访问网络系统和资源进行控制，使得合法用户登录系统后，只能以规定的权限访问网络系统和资源，而拒绝超越权限的访问。主要通过访问控制技术来实现。

(3) 用户操作的可追溯性：对系统中的用户操作和安全事件进行记录和分析，从中发现系统中可能存在的违规操作、异常事件、攻击行为以及系统漏洞等，对所发生的安全事件进行取证和追溯。主要通过安全审计技术来实现。

(4) 网络访问的可控性：对外部用户访问内部网资源进行控制，使外部网和内部网之间既保持连通性，又不直接交换信息，外来的数据包必须经过安全检查后才能转发到内部网，防止非法用户入侵内部网。主要通过防火墙技术来实现。

系统安全防护技术主要有身份鉴别技术、访问控制技术、安全审计技术以及防火墙技术等，综合运用这些系统安全防护技术，构建起基本的网络安全环境。

本章主要介绍身份鉴别技术、访问控制技术、安全审计技术以及防火墙技术的基本概念、工作原理以及应用问题。

6.2 身份鉴别技术

6.2.1 身份鉴别基本原理

在现实的社会和经济生活中，每个人都必须具有能够证明个人身份的有效证件，如身份证、护照、工作证、驾驶执照和信用卡等，在身份证件上应当包括个人信息（如姓名、性别、出生年月、住址等）、个人照片、证件编号和权威发证机构签章等，目的是防止身份假冒和欺诈。

身份欺诈手法有多种多样。下面是几种典型的身份欺诈。

(1) 象棋大师问题：A不懂象棋，但可向象棋大师B和C同时发出挑战。比赛在同一时间和地点，但不在同一房间进行，并且B和C之间互不见面。A与B之间，A执黑棋，B执白棋；A与C之间，A执白棋，C执黑棋。首先B执白棋先下一步，A记住后走到另一个房间下同样一步，然后等待C执黑棋下一步，A记住后又去对付B，以此类推。其比赛结果可能是：A赢一盘并输一盘，或者两盘均平局。这是一种中间人欺诈。

(2) 黑手党骗局：A在一家由黑手党成员B开设的饭馆吃饭，黑手党另一个成员C正在D的珠宝店买珠宝，B和C之间有秘密的无线通信联络，而A和D并不知道其中有诈。A向B证明A的身份并准备付账，B向C发出信号准备实施欺诈活动。A向B证明身份，B用无线通信告诉C，C向D执行同样的协议，D向C询问问题时，C经B向A询问同一问题，B再将A的回答告诉C，C再回答D。实际上，经过B和C两个中间人完成A向D的身份证明，实现了C向D购买了珠宝，而把账记在A的账户上。这是一种中间人B和C合伙的欺诈。

(3) 恐怖分子欺诈：假设B是一名恐怖分子，A要帮助B进入某个国家，C是该国移民局官员。A和B之间有秘密的无线通信联络，合伙欺骗C。C向B询问问题时，B用无线通信告诉A，再由B复述给C。实际上，A向C证明身份，C认为B是A并允许入境。这是一种A和B合伙的欺诈。

(4) 多身份欺诈：A首先创建多个身份并公布，其中之一他从未使用过。然后以该身份作案，并只用一次，除了目击者外无人知道犯罪人的真实身份，并且由于A不再使用该身份，因此A很难被发现。这就是多个身份的欺诈。

为了防止身份欺诈，必须采用有效的身份认证系统(Identity Authentication System)对身份进行严格的验证和鉴别。身份认证系统有两方认证和三方认证两种形式。两方认证系统由申请者和验证者组成，申请者出示证件，提出某种要求；验证者检验申请者所提供证件的合法性和有效性，以确定是否满足要求。三方认证系统除了申请者和验证者外，还有一个仲裁者，由双方都信任的人充当纠纷的仲裁者和调节者。另外，在身份认证系统中还有一方，即攻击者，他可以伪装申请者，骗取验证者的信任。

身份认证也称实体认证(Entity Authentication)。它与消息认证的差别在于，消息认证本身不提供时间性，而实体认证一般都是实时的。另外，实体认证通常是证实实体本

身,而消息认证除了证实消息的合法性和完整性外,还要知道消息的含义。因此,身份认证系统的基本要求是:

(1) 可识别率最大化。验证者正确识别合法申请者身份的概率最大化。

(2) 可欺骗率最小化。攻击者伪装申请者欺骗验证者的成功率要小到几乎可以忽略的程度。

(3) 不可传递性。验证者不可能用申请者提供的信息来伪装申请者,以骗取其他人的验证,并得到信任。

(4) 计算有效性。实现身份认证所需的计算量要小。

(5) 节省通信带宽。实现身份认证所需的通信次数和数据量要小。

(6) 安全存储。实现身份认证所需的秘密参数能够安全地存储。

(7) 相互认证。有些应用场合要求双方能够互相进行身份认证。

(8) 第三方可信赖性。第三方必须是双方都信任的人或组织。

(9) 第三方在线服务。第三方提供实时在线认证服务,如网上证书查询服务等。

(10) 系统可信性。身份认证系统所使用的算法的安全性是可证明的,也是可信任的。

身份鉴别主要通过身份认证系统来实施。一般操作系统都提供了基于用户名和口令(Password)的身份鉴别技术,这也是最常用的身份鉴别方法。在电子银行、电子证券、电子商务等电子交易系统中,则需要更复杂、更安全的用户身份证明和鉴别机制,如一次性口令、UKey、数字证书、个人特征等。下面介绍几种主要的身份鉴别技术。

6.2.2 基于口令的身份鉴别技术

口令是一种根据已知事物验证身份的方法,也是最广泛应用的身份鉴别技术。在一般的计算机系统中,通常口令由5～8个字符串组成,其选择原则是易记忆、难猜中和抗分析能力强。同时,还要规定口令的选择方法、使用期限、口令长度以及口令的分配、管理和存储方法等。

在计算机操作系统中,口令是一种最基本的安全措施。每个用户都要预先在系统中注册一个用户名和口令,以后每次用户登录时,系统都要根据用户名及其口令来验证用户身份的合法性,对于非法的口令,系统将拒绝该用户登录系统。

口令可以由用户个人选择,也可以由管理员分配或系统自动产生。对于后者,不仅管理员知道用户的口令,而且还存在口令分发的中间环节,容易产生口令泄露问题,引起纠纷。在一般情况下,口令最好由用户个人选择。

防止口令泄露是保证系统安全的关键环节。口令泄露主要有以下几方面原因:

(1) 用户保管不善或被攻击者诱骗而无意中泄露;

(2) 在操作过程中被他人窥视而泄露;

(3) 被攻击者推测猜中而泄露;

(4) 在网上传输未加密口令时被截获而泄露;

(5) 在系统中存储时被攻击者分析出来而泄露。

防止口令泄露的主要措施有:

（1）用户必须妥善地保管自己的口令。

（2）口令应当足够长，并且最好不要使用诸如名字、生日、电话号码等公开的和规律性的信息作为口令，以防止口令被攻击者轻易地猜中。

（3）口令应当经常更换，最好不要长期固定不变地使用一个口令。

（4）口令必须加密后才能在网络中传输或在系统中存储，并且口令加密算法具有较高的抗密码分析能力。

（5）在安全性要求较高的应用场合应当采用一次性口令技术，即使口令被攻击者截获，下次也不能使用。

从技术的角度，口令认证系统必须提供口令存储、传输、验证以及管理等措施。

1. 口令存储

通常，口令不能以明文形式存储在计算机系统中，必须通过加密才能存储。例如，UNIX系统中采用DES密码算法对口令加密存储，它以用户口令的前8个字符作为DES的密钥，对一个常数进行加密，经过25次迭代后，将所得的64位结果变换成一个11个可打印的字符串，并存储在系统的字符表中。

根据有关的实验研究表明，使用穷举搜索法从95个可能的打印字符中筛选出4个字符只需二十几个小时。因此，口令长度小于5个字符是不安全的。

很多系统采用单向散列函数对口令加密存储，即使攻击者得到散列值，也无法推导出口令的明文。

2. 口令传输

在网络环境下，口令认证系统通常采用客户/服务器模式。由服务器统一管理网络用户的账户，对用户身份进行验证。这时，用户从客户机上输入的口令要传送到服务器上进行验证。为了解决口令在网上传输过程中的泄露问题，通常采用双方默认的加密算法或单向散列函数对口令加密后再传输。

3. 口令验证

口令认证系统得到用户输入的口令后，与预先存储的该用户口令相比较，如果两者一致，则该用户的身份得到了验证。在某些系统中，需要双方相互验证，不仅系统要验证用户的口令，用户也要求验证系统的口令，只有双方的身份都通过验证后，才能开始执行后续的操作。

4. 口令管理

在网络操作系统中，通常为管理员提供了口令管理工具，可以用来对用户口令设置一些限制性措施，如口令最小长度、定期改变的周期、口令唯一性和口令到期后宽限登录次数、尝试登录次数等。

在一些系统中，为了解决口令短而带来的不安全问题，采用了在短口令后填充随机数的方法。例如在一个4个字符的口令后填充40位随机数，构成一个较长的二进制序列进行加密处理，大大提高了口令的安全性。

6.2.3 基于一次性口令的身份鉴别技术

在网络信息系统中，通常采用基于远程登录的身份认证系统对用户身份进行验证和鉴别。首先，用户需要进行用户注册，输入用户名和口令，并通过网络将用户信息传输到远程身份认证系统上，成为该系统的合法用户。在用户登录时，需要输入用户名和口令，并传输到远程身份认证系统上，身份认证系统对用户身份进行验证和鉴别，如果是合法用户，则允许登录，否则拒绝登录。

在开放的网络环境中传输用户名和口令等用户信息时，存在着用户信息被窃听和泄露的安全风险。因此需要采取必要的安全措施来保护用户信息，防止被窃听。

目前普遍采用基于一次性口令的身份鉴别技术对用户信息进行保护，一次性口令技术的核心是通过单向散列函数来保护用户口令，使网络上传输的信息为密文，并且每次登录所传输的密文都是不相同的，即口令密文一次一改变，大大提高了口令传输的安全性。

下面举例说明两种远程身份认证过程的安全性。

1. 基于未加保护的身份认证过程

(1) 用户注册：客户端提示用户输入用户名和口令，用户信息以明文方式传输到远程身份认证系统上，成为该系统的合法用户。

(2) 用户登录：客户端提示输入用户名和口令，用户信息以明文方式传输到远程身份认证系统上。

(3) 身份鉴别：身份认证系统与所注册的用户名和口令进行比较，如果相同，说明是合法用户，否则为非法用户。

(4) 鉴别结果：如果是合法用户，则允许登录，否则拒绝登录。身份认证系统将鉴别结果返回给客户端。

由于以明文方式传输用户信息，存在着用户信息被窃听的安全风险。如果有人利用网络监听工具窃取到用户名和口令，则可以假冒用户身份入侵用户账户，给用户带来不期望的后果。

2. 基于一次性口令的身份认证过程

(1) 用户注册：客户端提示用户输入用户名和口令，并对用户口令做单向散列函数计算，生成一个用户口令散列值，然后以密文方式传输到远程身份认证系统上，成为该系统的合法用户。

(2) 用户登录：客户端提示用户输入用户名和口令，同时还要输入所显示的验证码(参见图 6.1)。客户端首先对用户口令做单向散列函数计算，其结果再与验证码做单向散列函数计算，生成一个散列值(称为客户端散列值)，然后传输到远程身份认证系统上。

(3) 身份鉴别：身份认证系统使用用户口令散列值和验证码做相同的单向散列函数计算，生成一个散列值(称为服务器端散列值)，然后与客户端散列值进行比较，如果两者相同，则说明是合法用户，否则为非法用户。

(4) 鉴别结果：对于合法用户，则允许登录，否则拒绝登录。身份认证系统将鉴别结果返回给客户端。

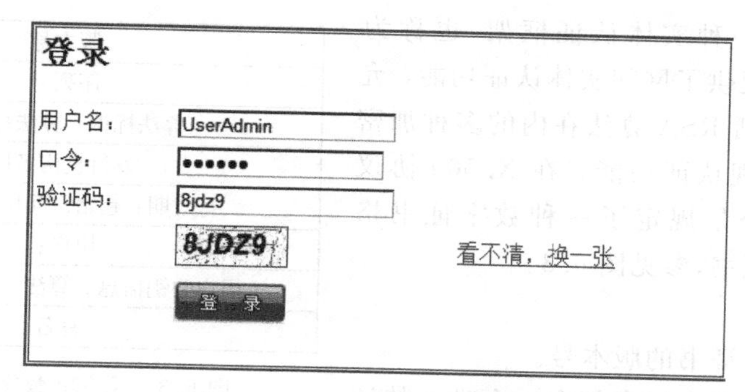

图 6.1 一次性口令登录界面

由于每次验证码都是不同的，计算出的散列值也不相同，因此每次网络传输的散列值都是不相同的。一方面由于单向散列函数的性质，从散列值推测出原始口令是不可能的；另一方面，由于每次登录时所生成的散列值都不相同，通过寻找规律性来破解口令也是非常困难的。因此，这种一次性口令认证系统具有较高的安全性，能够有效地防止口令窃听和传输泄露问题。

6.2.4 基于 USB Key 的身份鉴别技术

基于 USB Key 的身份鉴别技术是近几年发展起来的一种使用方便、安全可靠的身份鉴别技术。USB Key 是一种基于 USB 接口的小型硬件设备，通过 USB 接口与计算机连接，USB Key 内部带有 CPU 及芯片级操作系统，所有读写和加密运算都在芯片内部完成，能够防止数据被非法复制，具有很高的安全性。

在 USB Key 中存放代表用户唯一身份的私钥或数字证书，利用 USB Key 内置的硬件和算法实现对用户身份的验证和鉴别。每个 USB Key 都有一个用户 PIN 码，以实现双因子认证功能，并且用户私钥等信息是在 USB Key 内部产生的，不能导出到 USB Key 外部，防止了用户信息的泄露。在基于 USB Key 的用户身份认证系统中，主要有两种应用模式：基于挑战-响应的认证模式和基于 PKI 的认证模式，以实现不同的用户身份认证体系。

USB Key 的最大特点是安全性高，技术规范一致性强，操作系统兼容性好，携带使用灵活方便。USB Key 提供了比口令认证方式更加安全且更易于使用的用户身份鉴别方式，在不暴露任何关键信息的情况下就可实现用户身份鉴别。图 6.2 是一种 USB Key 的外观图。

图 6.2 USB Key 外观

6.2.5 基于数字证书的身份鉴别技术

数字证书是标识一个用户身份的一系列特征数据，其作用类似于现实生活中的身份证。最简单的数字证书包含一个公钥、用户名以及发证机关的数字签名等。通过数字证书和公钥密码技术可以建立起有效的网络实体认证系统，为网上电子交易提供用户身份认证服务。

ISO定义了一种实体认证框架，也称为X.509协议。它提供了网间实体认证功能，允许选择和使用包括RSA算法在内的多种加密和散列函数来实现认证功能。在X.509协议中，最重要的部分是规定了一种数字证书格式，称为X.509证书，参见图6.3。

版本号
序列号
算法标识：算法和参数
发行机构名称
有效期：起始日期和终止日期
用户名
用户公钥信息：算法、参数和公钥
签名

图6.3　X.509数字证书格式

其中，

(1) 版本号：证书的版本号。

(2) 序列号：每个证书都有一个唯一的证书序列号。

(3) 算法标识：对证书签名的算法及其参数，如RSA算法等。

(4) 发行机构名称：证书发行机构CA的名称，命名规则一般采用X.500格式。

(5) 有效期：证书有效的时间段，由起始日期和终止日期组成。

(6) 用户名：证书所有人的名称，命名规则一般采用X.500格式。

(7) 用户公钥信息：证书所有人的公钥信息，包括算法、参数和公钥。

(8) 签名：CA对证书的签名。

数字证书是由权威的证书发行机构CA发放和管理的。

数字证书发放过程如下：首先用户产生了自己的密钥对，然后将公钥及有关个人身份信息传送给一个CA。CA在核实用户身份后，发给该用户一个含有CA签名的数字证书，表示CA对该用户身份及其公钥的认可。当该用户被要求提供身份证明以及公钥合法性时，可以提供这一数字证书。

在基于数字证书的身份认证系统中，证书的可信度是非常重要的，它与CA的可信度密切相关。如果两个用户持有同一CA签发的证书，其证书验证过程比较简单，只须验证证书上的CA签名即可。如果两个用户持有不同CA签发的证书，其证书验证过程要复杂得多。这需要采用适当的CA信任模型来建立CA之间的信任关系，可以考虑一种形状结构，顶级是一个根CA，每个CA都要从它的上一级获取证书，并存放由下级CA签发的所有证书，参见图6.4。

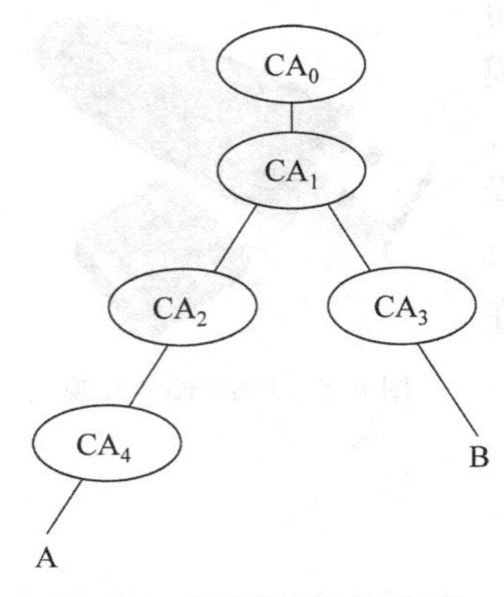

图6.4　证书认证层次结构

假如用户A的证书由CA_4签发，用户B的证书由CA_3签发，CA_4的证书由CA_2签发，而CA_2和CA_3的证书都是由CA_1签发的，即CA_1是双方共同信任的CA。如果A和B相互验证对方的证书，则必须沿着证书树回溯找到CA_1，通过CA_1来验证对方的证书。

A和B之间的身份鉴别可采用单向或双向认证协议来实现。单向认证协议是一方到另一方(如从A到B)的单向通信，它除了提供双方身份的证明外，还能提供通信过程中的信息完整性以及防重播攻击。下面是单向认证协议：

(1) A产生一个随机数R_A，作为一个消息的标识符。

(2) A构造一条消息M_A,$M_A=(T_A,R_A,I_B,d)$,其中T_A是A的时间标记,I_B是B的身份证明,d是任意一条数据消息。为了安全起见,数据可用B的公钥E_B加密。

(3) A将$M'_A=(C_A,D_A(M_A))$发送给B,C_A是A的证书,$D_A(M_A)$是用A的私钥D_A加密后的消息M'_A。

(4) B收到M'_A后,确认C_A是有效的,并从中得到A的公钥E_A。

(5) B用E_A解密$D_A(M_A)$,这样,既证明了A的身份,又验证了A所签发消息的完整性。

(6) B检查M_A中的I_B,确认该消息是发给自己的。

(7) B检查M_A中的T_A,确认该消息是刚发送来的。

(8) B检查M_A中的R_A,确认该消息不是旧消息重播。

双向认证协议是在单向认证协议上增加了反向应答,并保证应答发送者的身份真实性,同时还能提供双方通信的保密性,并可防止重播攻击。

下面是双向认证协议:

(1)~(8) 步同单向认证协议。

(9) B产生另一个随机数R_B,作为一个应答消息的标识符。

(10) B构造一条消息M_B,$M_B=(T_B,R_B,I_A,d)$,其中T_B是B的时间标记,I_A是A的身份证明,d是任意一条数据消息。为了安全起见,数据可用A的公钥E_A加密。

(11) B将$D_B(\mathrm{M}_B)$发送给A,$D_B(M_B)$是用B的私钥D_B加密后的消息M_B。

(12) A收到$D_B(M_B)$后,用E_B解密$D_B(M_B)$,这样,既证明了B的身份,又验证了消息的完整性。

(13) A检查M_B中的I_A,确认该消息是发给自己的。

(14) A检查M_B中的T_B,确认该消息是刚发送来的。

(15) A检查M_B中的R_B,确认该消息不是旧消息重播。

证书可以存放在一个网络数据库中,并通过公共目录来发布,用户可以利用公共目录来查询和交换证书。在一个证书被撤销后,应当从公共目录中删除该证书,但在签发该证书的CA中仍要保留该证书的副本,以便以后解决可能引起的纠纷。

6.2.6 基于个人特征的身份鉴别技术

在刑事案件侦破中,经常利用人的生理特征来确认一个人的身份。这种基于个人特征的身份鉴别技术具有可信度高、随身携带、难以伪造等特点。表征个人身份的特征有很多,如容貌、肤色、头发、身材、手印、指纹、脚印、唇印、口音、体味、视网膜、血型、遗传因子(DNA)、笔迹、习惯动作等。在这些个人特征中,有些特征将会随着时间而变化,如容貌、身材、口音等。有些特征将终生不变,如DNA、视网膜、指纹、血型等。并不是所有的个人特征都适合作为验证个人身份来使用的,有些验证方式难以被人们接受,如唇印、足印等;有些个人特征识别率低,如可变的特征;有些个人特征识别率高,但难以实现或实现成本过高,如血型、DNA等。因此,基于个人特征的身份验证系统应当具有以下的特点:个人特征强、样本易采集、识别率高、实现成本低、易推广使用。下面介绍几种基于个人特征的身份验证技术。

1. 指纹验证

指纹很早就用于侦察破案和契约签订中。由于每个人手指的皮肤纹路图都是不相同的，相同的可能性不到 10^{-10}，而且形状不随时间而变化，指纹提取也非常方便。因此，指纹是一种准确而可靠的身份验证手段，并可以永久地存档。每个手指的纹路可分成两大类：环状和涡状，每类根据细节和发叉等又可分成 50～200 个不同的图样，根据专家或专用仪器对指纹进行分析和鉴别。

计算机指纹自动识别系统是一种基于指纹识别的身份验证系统。它主要由指纹采集器、指纹图样压缩、指纹数据库、指纹检索和指纹识别等部分组成，能够存储数百万个指纹，具有很高的识别率和处理能力，可应用于执法部门、金融机构、证券交易、驾驶执照、社会保险及安全入口等领域的身份验证，效果良好。在市场上还有指纹门锁和门禁系统，可应用于楼宇和家庭保安系统中。

目前，市场上常用的指纹采集器主要有三种类型：光学式、硅芯片式和超声波式，不同类型的指纹采集器，其指纹识别率、分辨率、可靠性、体积、价格等方面都有所不同。图 6.5 是一种带有指纹采集器的键盘。

图 6.5　带有指纹采集器的键盘

2. 语音验证

每个人的语音都各有特点，人对语音的识别能力是很强的，即使在有干扰的环境中也能很好地分辨出熟人的声音。因此，语音具有良好的个人特征，可用于个人身份验证。计算机语音识别系统可以有多种用途，如语音输入、身份验证等。在基于语音的身份验证系统中，将每个人的短语语音分解成各种特征参数，并存储在语音数据库中，由于每个人的语音参数不完全相同，因此可以实现个人身份验证。语音识别的差错率一般为 0.8%～1.0%。基于语音的身份验证系统在军事和商业等领域中得到一些应用。

3. 视网膜图样验证

人的视网膜血管的图样具有良好的个人特征。人们已研制了这种识别系统，其基本方法是利用电子光学仪器将视网膜血管图样记录下来，然后对图样进行压缩编码，存放在数据库中。根据对图样的节点和分支的分析和检测结果进行分类识别。这种识别系统的识别差错率几乎为 0，可靠性很高，但成本也很高，主要用于军事和银行等一些身份验证要求严格的场合。

4. 虹膜图样验证

虹膜是眼球角膜和晶体之间的环形薄膜，其图样具有良好的个人特征，并且可以提供比指纹更加细致的信息。虹膜采样比视网膜采样更加方便，易被人们接受。这种识别系统的识别差错率为 1/133 000，可靠性很高，同样成本也很高。可用于安全入口、接入控制、信用卡、ATM 机以及护照等领域中的身份验证，市场上已有这样的产品。

在基于个人特征的身份验证技术中还有手写体验证、脸型验证等，并已经研制出相应的产品。这些技术在采样方法、识别差错率、实现成本等方面还存在着这样或那样的问题，有待于进一步的改进和完善。

6.3 访问控制技术

6.3.1 访问控制模型

一般的安全模型都可以用一种称为格(Lattice)的数学表达式来表示。格是一种定义在集合 SC 上的偏序关系，并且满足 SC 中任意两个元素都有最大下界和最小上界的条件。在一种多级安全策略模型中，SC 表示有限的安全类集合，其中每个安全类可用一个两元组(A,C)来表示，A 表示权力级别(Authority Level)，C 表示类别集合(Category)。权力级别共分成 4 级。

0 级：普通级(Unclassified)；

1 级：秘密级(Confidential)；

2 级：机密级(Secret)；

3 级：绝密级(Top Secret)。

对于给定的安全类(A,C)和(A',C')，当且仅当 $A\leqslant A'$ 且 $C\leqslant C'$ 时，$(A,C)\leqslant(A',C')$，称(A,C)受(A',C')的支配。例如，假设一个文件 F 的安全类为{Secret；NATO，NUCLEAR}，如果一个用户具有以下的安全类：{Top Secret；NATO，NUCLEAR，CRYPTO}，则该用户就可以访问文件 F，因为该用户拥有比文件 F 更高的权力级别，并且在其类别集合中包含了文件 F 的所有类别。如果一个用户的安全类为{Top Secret；NATO，CRYPTO}，则该用户就不能访问文件 F，因为该用户缺少 NUCLEAR 类别。这种多级安全策略模型是对军事安全的抽象，其模型的表示方法被广泛用于其他各种安全模型中。

访问控制模型基于对操作系统结构的抽象，并建立在安全域基础上。一个安全域中的实体被分成两种：主动的主体和被动的客体，以主体为行，以客体为列，构成一个访问矩阵。矩阵的元素是主体对客体的访问模式，如读、写、执行等。某一时刻的访问矩阵定义了系统当前的保护状态，依据一定的规则，访问矩阵可以从一个保护状态迁移到另一个状态。由于访问控制模型只规定系统状态的迁移必须依据规则，但没有规定具体的规则是什么。因此，访问控制模型具有较大的灵活性。访问控制模型主要有 Graham-

Lampson 模型、UCLA 模型、Take-Grant 模型、Bell&LaPadula 模型等，其中影响较大的是 Bell&LaPadula 模型。

Bell&LaPadula 模型的安全策略由强制访问控制和自主访问控制两部分组成。自主访问控制部分用访问矩阵表示，其访问模式除了读、写、执行等之外，还附加了控制方式。控制方式是指将客体的访问权限传递到其他主体。强制访问控制部分将多级安全引入到访问矩阵的主体和客体的安全级别中。如果一个状态是安全的，则应当满足以下两个性质。

(1) 简单安全性：当主体对客体读访问时，主体的安全级必须大于等于客体的安全级，即不能“向上读”。

(2) *-性质：当主体对客体写访问时，主体的安全级必须小于等于客体的安全级，即不能“向下写”。

这也是 Bell&LaPadula 模型的两个主要性质，它约束了所允许的访问操作，在主体访问一个被允许的客体时，强制检查和自主检查都可能发生。Bell&LaPadula 模型比较复杂，模型的形式化采用了有限状态机，使模型有一个比较精确的定义。

Bell&LaPadula 模型是第一个符合军事安全策略的多级安全模型，在一些计算机系统安全设计中得到实现和应用。同时，Bell&LaPadula 模型奠定了多级安全模型的理论基础，后来的一些多级安全模型都是基于 Bell&LaPadula 模型的。

6.3.2 信息流模型

访问控制模型描述了主体对客体访问权的安全策略，主要应用于文件、进程之类的“大”客体。而信息流模型描述了客体之间信息传递的安全策略，直接应用于程序变量之类的“小”客体，可以精确地描述程序中的隐通道，它比访问控制模型的精确度高。

信息流模型也是基于格模型，为信息流引入一组安全类集合，定义了安全信息流通过程序时的检验和确认机制。一个信息流模型由 5 部分组成。

(1) 客体集合：表示信息的存放位置，如文件、程序、变量以及位等。

(2) 进程集合：表示与信息流相关的活跃实体。

(3) 安全类集合：对应于互不相关的、离散的信息类。

(4) 一个辅助交互的类复合操作符：用于确定在两类信息上的任何二进制操作所产生的信息。

(5) 一个流关系：用于确定在任何一对安全类之间信息是否能从一个安全类流向另一个安全类。

在一定的假设条件下，安全类集合、流关系和类复合操作符构成一个格，指定了模型系统的安全信息流的意义，使客体之间的信息流不违背指定的流关系。信息流模型的形式化描述比有限状态机更详细，以表示程序中信息的细节。

访问控制模型和信息流模型是最主要的两类安全模型，分别代表了两种安全策略，访问控制策略指定了主体对客体的访问权限，信息流策略指定了客体所能包含的信息类别以及客体之间的关系。信息流模型可以分析程序中的合法通道和存储通道，但不能防止程序中的隐秘时间通道。

6.3.3　信息完整性模型

信息完整性是信息安全的重要组成部分，以防止信息在处理和传输过程中被篡改或破坏。信息完整性模型主要面向商业应用，而访问控制模型和信息流模型侧重于军事领域，它们在描述方法上有很大的不同。

信息完整性模型是用于描述信息完整性的形式化模型，主要适用于商业计算机安全环境。信息完整性模型主要有Biba模型、Clark-Wilson模型等，其中Biba模型由于应用过于复杂，没有得到实际的应用。Clark-Wilson模型侧重于商业领域，能够在面向对象系统中应用，具有较大的灵活性。

Clark-Wilson模型采用了两个基本方法来保证信息的安全，一个是合式交易方法；另一个是职责分离方法。

合式交易方法提供一种保证应用完整性的机制，其目的是不让用户随意地修改数据。它如同手工记账系统，要修改一个账目记录，则必须在支出和转入两个科目上都要做出修改，这种交易才是“合式”的，而不能只改变支出或转入科目，否则，账目将无法平衡，出现错误。

职责分离方法提供一种保证数据一致性的机制，其目的是保证数据对象与它所代表的现实世界对象相对应，而计算机本身并不能直接保证这种外部的一致性。最基本的职责分离规则是不允许创建或检查某一合式交易的人再来执行它。这样，在一次合式交易中，至少有两个人参与才能改变数据，防止欺诈行为。

因此，Clark-Wilson模型有两类规则：强制规则和确认规则。

(1) 强制规则：定义了与应用无关的安全功能，共有4条。

E1：用户只能通过事务过程间接地操作可信数据；

E2：用户只有被明确地授权后才能执行操作；

E3：用户的确认必须经过验证；

E4：只有安全官员(管理者)才能改变授权。

(2) 确认规则：定义了与具体应用相关的安全功能，也有4条。

C1：可信数据必须经过与真实世界一致性表达的检验；

C2：程序以合式交易的形式执行操作；

C3：系统必须支持职责分离；

C4：由操作检验输入，接收或者拒绝。

Clark-Wilson模型通过这些规则定义一个完整性策略系统，给出了在商业数据处理系统中实现完整性的基本方法，同时也展示了商业应用系统对信息安全的特定需求。

6.3.4　基于角色的访问控制模型

基于角色的访问控制(Role Based Access Control，RBAC)模型是由美国国家标准技术协会组织提出的一种访问控制技术，目的是简化授权管理的复杂性，降低管理开销，为管理员提供一个实现复杂安全策略的良好环境。

RBAC的基本思想是：给用户所授予的访问权限是由用户在一个组织中担任的角色

确定的。例如，在一个银行中，角色可以有出纳员、会计师、信贷员等，他们的职能不同，所拥有的访问权限也各不相同。RBAC将根据用户在一个组织中所担任的角色来授予相应的访问权限，但用户不能自主地将访问权限转授他人。这一点是RBAC模型与其他自主访问控制模型最根本的区别。

在RBAC模型中，定义主体、客体、角色和事务处理等术语，所谓的角色是指一个或一群用户在组织中可执行的事务处理集合，而事务处理是指数据和对数据执行的操作，如读一个文件。为了叙述方便，下面将事务处理简称为操作，它们之间的关系如图6.6所示。

图6.6　RBAC模型术语之间的关系

一个用户经过授权后可以拥有多个角色，一个角色也可以由多个用户构成。每个角色可以执行多种操作，每个操作也可以由不同角色执行。一个用户可以拥有多个主体，即可以拥有多个处于活动状态且以用户身份运行的进程，但每个主体只对应一个用户。每个操作可以施加于多个客体，每个客体也可以接受多个操作。

用户对一个客体执行访问操作的必要条件是：该用户被授权拥有一定的角色，其中一个角色在当前时刻处于活动状态，并且该角色对客体拥有相应的访问权限。

RBAC的概念模型是由Ravi等人提出的，称为RBAC96概念模型。它由基本模型RBAC0、等级模型RBAC1、约束模型RBAC2和合并模型RBAC3组成。

RBAC0模型包括三个实体集：用户、角色和权限，此外还包括会话。其中，用户是指一个人，其概念可以扩展到各种智能体，如软件代理、移动计算机以及网络中计算机等；角色是一个与一定职能和权限相联系的策略部件；权限是对客体的特定访问方式；会话是一个用户与角色之间的映射。RBAC1模型在RBAC0模型的基础上引入角色等级概念。由于RBAC1和RBAC2互不兼容，因此引入了它们的兼容模型RBAC3。

RBAC模型的主要特点是：

(1) 角色与权限的关联。不同的角色拥有不同的访问权限，一个用户被授权拥有何种角色，也就决定了该用户所拥有的访问权限以及所能执行的操作。

(2) 角色继承关系。角色之间可能有相互重叠的职责和权力，属于不同角色的用户可能需要执行某些相同的操作。为了提高效率，RBAC定义了“角色继承”的概念和功能，通过角色继承关系可以指定一些角色除了拥有自己的属性外，还可以继承其他角色的属性和拥有的权限，以避免重复定义。

(3) 最小权限原则。它是指一个用户所拥有的权限不能超过其工作任务所需的权限。为了实现最小权限原则，必须分清用户的工作任务和内容，确定完成该工作所需的最小权限集，并将用户限制在最小权限集的范围内。RBAC允许根据一个组织内的规章制度和职能分工，设计拥有不同权限的角色，只将角色必需执行的操作权限授予角色。

(4) 职责分离原则：职责分离是防止欺诈行为最重要的手段，例如，在银行业务中，“授权付款”和“实施付款”是职责分离的两个操作，必须将它们分离开，否则将会引起欺诈行为。

(5) 角色容量：在一个特定的时间段内，某些角色只能容纳一定数量的用户。例如，“经理”这一角色虽然可以授予多个用户，但在实际的业务中，任何时刻只能由一个人来行使经理职能。

RBAC 的主要优势在于可以大大简化系统权限的管理工作。一个 RBAC 系统建立起来后，主要的管理工作是为用户分配或取消角色。当用户的职能改变时，只要改变分配给他们的角色，也就改变了这些用户的权限。当一个组织的职能发生变化时，只须删除角色的旧功能、增加新功能，或者定义新的角色即可，而不必更新每个用户的权限设置。另外，系统管理员能够站在一个比较抽象的、与企业的业务管理相类似的层次上来实施访问控制，通过定义和建立不同的角色、角色的访问权限以及角色的继承关系等，管理员能够以静态或动态方式监管用户的行为。

RBAC 的另一个优势是能够很好地支持分布式系统。管理职能可以由分布在中心域和地方域等不同的安全域内，整个组织的访问控制策略由中心域负责制定，地方域负责制定各自内部的相关策略。

6.3.5 基于域控的访问控制技术

在 Windows NT Server 操作系统中，提供了基于域(Domain)模型的安全机制和服务，所谓域就是一个 Windows NT 网络进行安全管理的边界，每个域都有一个唯一的名字，并由一个域控制器(Domain Controller)对一个域的网络用户和资源进行管理和控制。这种域模型采用的是客户/服务器结构，参见图 6.7。

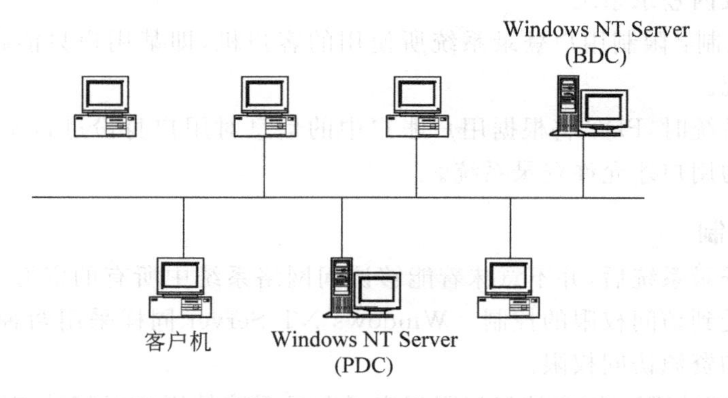

图 6.7　基于域模型的 Windows NT Serve 网络构成

域控制器必须由安装和运行 Windows NT Server 的服务器来充当，域控制器可分成主域控制器(Primary Domain Controller，PDC)和备份域控制器(Backup Domain Controller，BDC)两种。对于一个域，PDC 是必需的，且只能有一个 PDC，在 PDC 上存放了用户账户数据库和访问控制列表，对登录入网的用户实施强制性身份鉴别和访问控制。对于一个域，BDC 不是必需的，可以根据需要安装或不安装 BDC；如果安装了 BDC，则必须处于由 PDC 构成的域中，而不能单独存在。PDC 将周期性地复制域账户数据库信息给 BDC，BDC 可以协助 PDC 进行身份验证，以减轻 PDC 的负担，并且在 PDC 发生故障时，可以将 BDC 升级为 PDC。一个域中可以有多个 BDC。

在 PDC 上，提供了以下的身份鉴别和访问控制功能。

1. 身份鉴别

在 Windows NT Server 系统安装完成后，系统自动建立两个特殊的用户：一个拥有最大权限的网络管理员（Administrator），主要负责管理本域网络的用户和资源；另一个是拥有最小权限的来客（Guest），主要提供给临时用户登录系统使用。网络管理员应当把 Guest 用户删除，以避免安全漏洞。其他用户都要通过网络管理员的用户注册，成为合法用户后才能登录系统。

网络管理员的注册用户就是在 PDC 的账户数据库中为用户建立一个账户。一个用户账户可以用下列相关信息来描述。

(1) 用户名：每个用户都有一个唯一的名字，用户必须使用用户名登录系统，这是第一级安全性。

(2) 口令：每个用户都可以设置一个口令，口令将被加密存储起来，这是第二级安全性。

(3) 口令限制：如口令最小长度、定期改变的周期、口令唯一性和下次登录是否更改口令等限制。

(4) 连接限制：限制用户登录入网所使用的客户机数量，即在同一时间使用某一用户名登录入网的客户机数量不能超过限制值。

(5) 时间限制：限制用户登录系统的时间段。例如，限制某用户只能在上午 8 时到下午 6 时的时间段内登录系统。

(6) 登录限制：限制用户登录系统所使用的客户机，即某用户只能在某个特定的客户机上登录系统。

用户登录系统时，PDC 将根据用户账户中的信息对用户身份进行鉴别和验证，只有通过身份鉴别的用户才允许登录系统。

2. 访问控制

一个用户登录系统后，并不意味着能够访问网络系统中所有的资源。用户访问网络资源的能力将受到访问权限的控制。Windows NT Server 同样采用两种访问控制权限：用户访问权限和资源访问权限。

(1) 用户访问权限：用户访问权限规定了登录系统的用户以何种权限使用网络共享资源，它也称为共享权限。Windows NT Server 提供了以下 4 种共享权限。

① 完全控制：用户拥有对一个共享资源（目录或文件，下同）的完全控制权，用户可以对该共享资源执行读取、修改、删除以及设置权限等操作。

② 更改：允许用户对一个共享资源执行读取、修改、删除以及更改属性等操作。例如，对共享目录下的子目录和文件执行读取、修改、删除以及更改属性等操作。

③ 读取：允许用户查看共享目录下的子目录和文件，但不能创建文件；允许用户打开、拷贝和执行（如果是可执行文件）共享文件以及查看该文件的内容、属性、权限及所有权等信息。

④ 拒绝访问：禁止用户访问一个共享资源。如果一个用户组被指定了该权限，则这

个组下的所有用户都不能访问该共享资源。

如果允许一个用户在网络共享资源上执行某种操作，则必须为该用户授予相应的访问权限。表6.1为执行目录和文件操作所对应的共享权限。

表6.1　执行目录和文件操作所对应的共享权限

目录和文件操作	权　限
显示子目录名和文件名	读取，更改，完全控制
显示文件内容和属性	读取，更改，完全控制
访问指定目录的子目录	读取，更改，完全控制
运行程序文件	读取，更改，完全控制
更改文件内容和属性	更改，完全控制
创建子目录和增加文件	更改，完全控制
删除子目录和文件	更改，完全控制
更改权限(仅限于NTFS文件和目录)	完全控制
获得所有权(仅限于NTFS文件和目录)	完全控制

(2) 资源访问权限：资源访问权限是由资源的属性提供的。在Windows NT网络中，磁盘文件/目录资源属性称为访问权限，并且取决于Windows NT系统安装时所采用的文件系统。Windows NT网络支持两种文件系统：FAT和NTFS。其中，FAT是与DOS相兼容的文件系统，但不提供任何资源访问权限，网络访问控制只能依赖于共享权限。NTFS是Windows NT特有的文件系统，具有严格的目录和文件访问权限，用户对网络资源的访问将受到NTFS访问权限和共享权限的双重控制，并以NTFS访问权限为主。

NTFS提供了两种访问权限来控制用户对特定目录和文件的访问：一种是标准权限，是口径较宽的基本安全性措施；另一种是特殊权限，是口径较窄的精确安全性措施。标准权限是特殊权限的组合，在一般情况下，使用标准权限来控制用户对特定目录和文件的访问。当标准权限不能满足系统安全性需要时，可以进一步使用特殊权限进行更精确的访问控制。表6.2和表6.3分别为NTFS的特殊权限和标准权限。

表6.2　NTFS的特殊权限

特殊权限	文件访问权限	目录访问权限
读取(R)	允许用户打开文件、查看文件内容和拷贝文件，并允许用户查看文件的属性、权限及所有权等信息	允许用户查看目录中文件的名字以及目录的属性
写入(W)	允许用户打开并更改文件内容。必须和R特殊文件权限相结合，才能从文件中读出数据	允许用户在目录中创建文件以及更改目录的属性
执行(X)	允许用户执行文件。如果和R特殊文件权限相结合，则可以执行一个批文件	允许用户访问该目录下的子目录，并允许用户显示目录的属性和权限
删除(D)	允许用户删除或移走文件	允许用户删除目录，但该目录必须为空。如果目录非空，则用户还应拥有R和W特殊目录权限以及这些文件的D权限，才能删除该目录

续表

特殊权限	文件访问权限	目录访问权限
更改权限(P)	允许用户更改文件的权限，包括阻止访问文件的任何特殊权限，相当于拥有该文件的完全控制权	允许用户更改目录的权限，包括阻止所有者访问目录的任何特殊权限，相当于拥有该目录的控制权
取得所有权(O)	可使用户成为文件的所有者。这时文件的原有所有者便丧失了对该文件的控制权，并能禁止原有所有者对该文件的访问	可使用户成为目录的所有者。这时目录的原来所有者便丧失了对该目录的控制权，而且禁止原来所有者对该目录的访问

表 6.3　NTFS 的标准权限

标准权限	含　义
目录	
拒绝访问(None)	禁止用户查看该目录下的所有文件，并且该目录下的所有文件都被标记成“拒绝访问”标准文件权限
列表 (RX)	允许用户列表显示该目录下的所有文件名，并允许访问子目录，但不能查看文件内容或创建文件
读取 (RX)	允许用户查看该目录下的子目录和文件，但不能创建文件
增加 (WX)	允许用户在该目录下创建文件，但不能列表显示该目录下的文件
增加和读取 (RWX)	允许用户查看该目录下的文件及文件内容，并能创建文件
更改 (RWXD)	允许用户创建、查看该目录下的子目录和文件，并允许用户显示和更改目录的属性
完全控制 (All)	允许用户创建、查看该目录下的子目录和文件；显示和更改目录的属性和权限；获取目录的所有权
文件	
拒绝访问(None)	禁止用户对该文件的访问。如果一个用户组被指定了该权限，则这个组下的所有用户都不能访问该文件
读取 (RX)	允许用户打开、拷贝和执行(如果是可执行文件)文件以及查看文件的内容、属性、权限及所有权等
更改 (RWXD)	允许用户读取、修改和删除该文件
完全控制 (All)	用户拥有该文件的完全控制权，用户可以读取、修改、删除该文件以及设置文件的权限

说明：(1) 在表 6.3 中，括号内是该标准权限的特殊权限组合，例如：“读取 (RX)”表示“读取”标准权限是 R 和 X 特殊权限的组合。

(2) 除了标准权限外，还允许为目录和文件定义特定的特殊权限组合。

(3) 用户在使用目录或文件前，必须被授予适当权限或者加入具有相应访问权限的用户组。

(4) 权限是累积的，但是“拒绝访问”权限优先于其他所有权限。

(5) 权限是继承的，在目录中所创建的文件和子目录将继承该目录的权限。

(6) 创建文件或目录的用户是该文件或目录的所有者。所有者可以通过设置文件或目录权限来控制其他用户对文件或目录的访问。

(7) 文件权限始终优先于目录权限。

3. 多域网络的委托验证

Windows NT 网络是按域来组织和管理网络的。一个域最多可容纳 26 000 个用户和 250 个用户组(Group)。因此,对于大多数网络应用来说,单一域是适用的,并能够保证较好的网络性能。如果用户数量过大或者根据工作性质需要划分多个网络,则可以采用多域模型来组织网络。

在多域模型中,网络被分成两个以上的域,每个域由各自的 PDC 进行管理,各个域之间可以通过委托关系实现资源共享和相互通信。如果一个域的用户要访问另一域中的资源,则有两个方法来实现。

(1) 该用户要在资源所在域中注册一个用户账号,成为该域的合法用户后方能访问该域中的资源。这是一种笨拙的方法。

(2) 在该用户的账号所在域(称账号域)和所要访问资源的域(称资源域)之间建立一个委托关系,资源域(或称委托域)可以委托账号域(或称受托域)对该用户的身份进行验证,只要该用户在账号域中是合法的,就允许访问资源域,而不必在资源域中注册账号,其委托验证模型如图 6.8 所示。通过委托关系提供一种多域之间资源共享的简便方法。

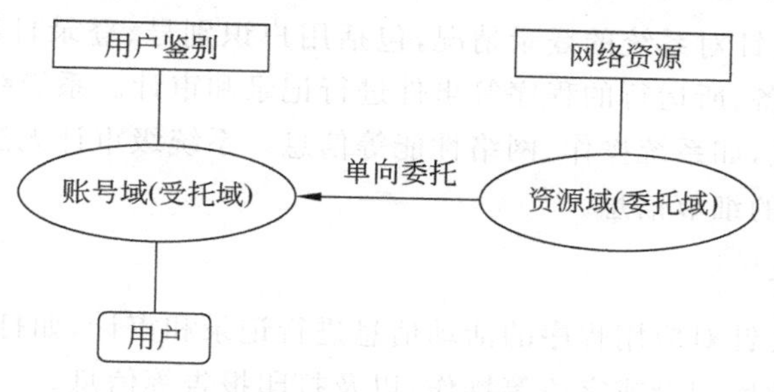

图 6.8　多域网络中的委托验证模型

委托关系可以是单向委托,也可以是双向委托。单向委托关系是一个域委托另一个域来验证用户的身份;双向委托关系是两个单向委托关系的组合,两个域相互委托对方验证各自域的用户身份。

6.4　安全审计技术

6.4.1　安全审计概念

安全审计(Security Auditing)是指依据一定的安全策略,通过记录和分析一个系统的历史操作事件及数据,检测和发现系统中的违规操作、异常事件、攻击行为以及系统漏洞等,为实现用户操作行为的电子取证和安全事件的可追溯性提供了重要手段,同时也可作为系统安全风险评估的依据。

安全审计实际上是记录与审计用户操作计算机系统活动的过程,系统活动包括操作系统活动和应用程序进程的活动,用户活动包括用户在操作系统和应用程序中的活动,如用户所使用的资源、使用时间、执行的操作等。安全审计对系统记录和行为进行独立的审计和评估。

安全审计是一种重要的信息安全技术，通常在操作系统、数据库系统、应用系统、网络交换设备以及信息安全产品中都提供了安全审计功能，例如在 Windows 操作系统中，通过其安全子系统建立和维护一个安全日志，记录有关身份认证、对保护客体的访问、被保护客体的删除、管理操作以及其他的安全事件，其安全审计功能由事件日志及事件查看器等部件来实现，审计信息记录在安全日志中，只有管理员才有权查看安全日志。

6.4.2 安全审计类型

安全审计对事件的日期和时间、用户、事件类型、事件是否成功等信息进行记录和审计，审计范围包括操作系统用户、数据库用户以及应用系统用户，审计内容包括重要用户行为、系统资源异常使用和重要系统命令使用等系统中重要的安全事件。

从审计级别上，安全审计可分为系统级审计、应用级审计和用户级审计三种类型：

1. 系统级审计

系统级审计主要针对系统的登录情况，包括用户识别号、登录日期和时间、退出日期和时间、所使用的设备、所运行的程序等事件进行记录和审计。系统级审计日志还包括部分与安全无关的信息，如系统操作、网络性能等信息。系统级审计无法跟踪和记录应用事件，也无法提供相关的细节信息。

2. 应用级审计

应用级审计主要针对应用程序的活动信息进行记录和审计，如打开和关闭数据文件，读取、编辑、删除数据库记录或字段等操作，以及打印报告等信息。

3. 用户级审计

用户级审计主要针对用户的操作活动信息进行记录和审计，如用户直接启动的所有命令，用户所有的鉴别和认证操作，用户所访问的文件和资源等信息。

6.4.3 安全审计机制

1. 日志记录

在安全审计中，通过日志文件记录相关的系统活动信息。为了实现各种系统和设备日志记录的标准化和互操作，工业界普遍采用系统日志（Syslog）协议来开发安全审计系统，在操作系统、网络交换设备以及信息安全产品中一般都支持 Syslog 协议，已成为事实上的工业标准协议。

Syslog 为每个事件赋予几个不同的优先级。

LOG_EMERG：紧急情况，需要立即通知技术人员。

LOG_ALERT：应该立即改正的问题，如系统数据库被破坏、ISP 连接丢失等。

LOG_CRIT：重要情况，如硬盘错误、备用连接丢失等。

LOG_ERR：错误，不是非常紧急，在一定时间内修复即可。

LOG_WARNING：警告信息，不是错误，如系统磁盘使用了 85%以上等。

LOG_NOTICE：不是错误情况，不需要立即处理。

LOG_INFO：正常的系统消息，如带宽数据等，不需要处理。

LOG_DEBUG：包含详细的开发调试信息，通常只在调试程序时使用。

Syslog 采用客户/服务器模式进行数据通信，Syslog 客户端与服务器端之间通常采用 UDP 协议/514 端口来传输系统日志信息。

Syslog 消息格式如下：

```
%FACILITY-SUBFACILITY-SEVERITY-MNEMONIC: Message-text
```

（1）%：系统消息开始符。

（2）Facility（特性）：由 2 个或 2 个以上大写字母组成的代码，用来表示硬件设备、协议或系统软件的型号或版本号。

（3）Severity（严重性）：范围为 0～7 的数字编码，表示了事件的严重程度。

（4）Mnemonic（助记码）：唯一标识出错误消息的代码。

（5）Message-text（消息文本）：用于描述事件的文本串，包含事件的细节信息，其中有目的端口号、网络地址或系统内存地址空间中所对应的地址等。

完整的 Syslog 日志中包含了产生日志的程序模块（Facility）、严重性（Severity）、时间、主机名或 IP 地址、进程名、进程 ID 和正文等信息。Syslog 日志消息既可以记录在本地文件中，也可以通过网络发送到 Syslog 服务器上，集中存储在 Syslog 服务器上，以便于实施全局安全审计。

在支持 Syslog 协议的操作系统或网络设备中，通常提供了 Syslog 函数，为开发日志记录和安全审计系统提供支持。

关于 Syslog 协议的详细介绍可参考 RFC 3164 和 RFC 3195 文档。

2. 日志分析

日志分析的主要目的是在大量的日志信息中找到与系统安全相关的数据，并分析系统运行情况，主要分析任务包括：

（1）潜在威胁分析：根据安全策略规则监测敏感事件，检测并发现潜在的入侵行为，其规则可以是已定义的敏感事件子集的组合。

（2）异常行为检测：在确定用户正常操作行为的基础上，当异常行为事件违反或超出正常访问行为的限定时，指出将要发生的威胁。

（3）简单攻击检测：对重大威胁事件的特征进行明确的描述，当这些攻击现象再次出现时，及时发出警告。

（4）复杂攻击检测：对日志进行深度分析，检测出复杂的攻击序列，当攻击序列出现时，及时预测其发生的步骤及行为，以便于做好预防。

在日志分析方法中，主要采用单模式匹配算法、多模式匹配算法以及数据挖掘方法等，其关键在于检测精确度和算法效率。

3. 日志保护

日志信息存储在日志文件中，为了保证日志信息的完整性，需要采取必要的保护措施。

(1) 防止信息篡改：系统通常禁止修改或删除日志文件中的日志信息，以保持日志信息的完整性。

(2) 防止数据丢失：为了防止日志文件记满而产生数据丢失，系统将根据用户设置的日志文件长度，对文件长度进行监测，当达到设定的上限值时，连续给出警告信息，提醒管理员及时备份当前日志数据，以防止数据丢失。

4. 审计模式

安全审计系统主要由日志记录、日志查看、日志分析以及日志管理等部分组成。安全审计系统主要有两种审计模式：本地审计模式和全局审计模式。

(1) 本地审计模式：通常由主机操作系统的安全子系统来提供，主要对本机上发生的安全事件进行记录和审计，如 Windows、Linux、UNIX 等操作系统都提供了安全审计功能。另外，一些网络设备和安全产品也采用的是本地审计模式。

(2) 全局审计模式：由第三方开发的网络安全审计系统通常采用全局审计模式，系统设有一个管理控制台，通过 Syslog 协议来采集网络中各个主机和网络设备上的日志信息，集中存储在管理控制台上，实行全局安全审计，审计范围大，可覆盖整个网络。图 6.9 为一种网络安全审计系统的管理控制台操作界面。

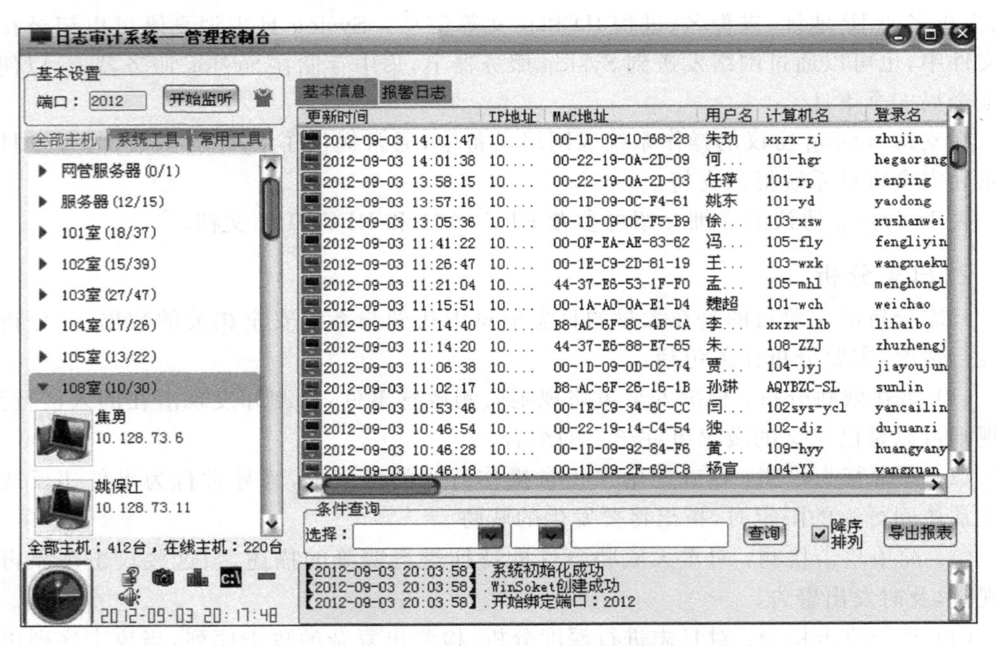

图 6.9　一种网络安全审计系统的管理控制台操作界面

管理员通过管理控制台执行审计管理操作，包括系统参数配置、日志信息查看、事件统计分析、报警信息处理、日志信息备份等。图 6.10 和图 6.11 分别显示了日志信息查看结果和事件统计分析结果。

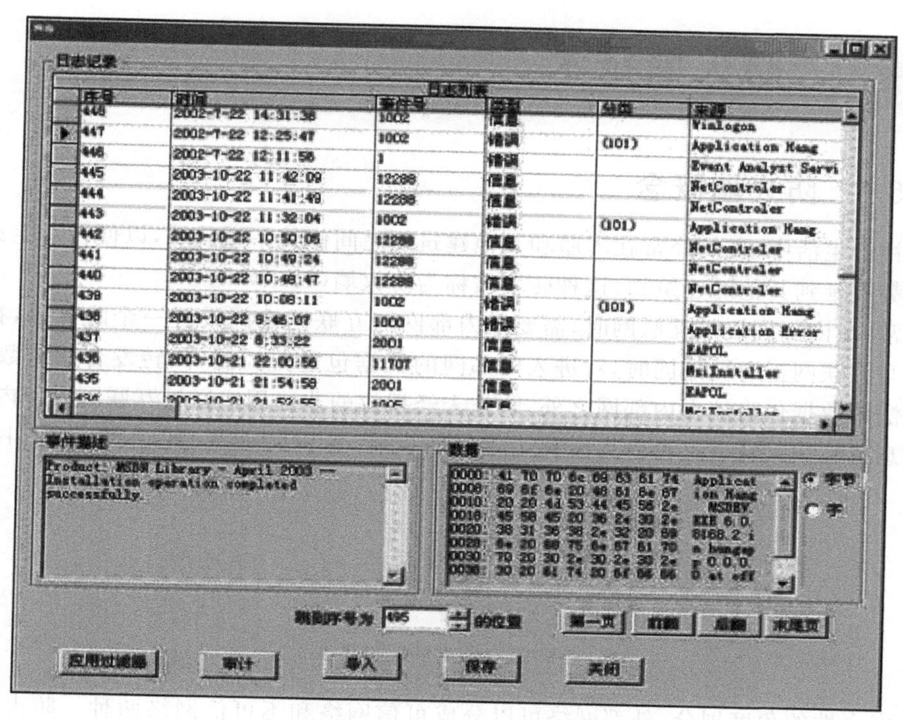

图 6.10　日志记录查看结果

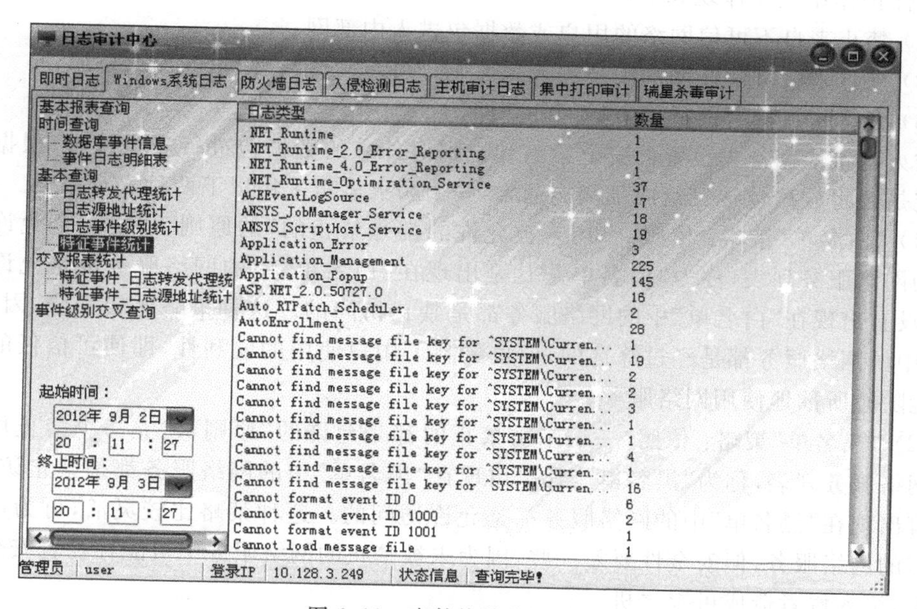

图 6.11　事件统计分析结果

6.5 防火墙技术

6.5.1 防火墙概念

在社会生活中,人们经常在木屋和其他建筑物之间修筑一道砖墙,以便在发生火灾时阻止火势蔓延到其他的建筑物,这种砖墙被称为防火墙(Firewall)。

通常,在内部网接入互联网时,需要在内部网与互联网之间设置一个防火墙,在保持内部网与互联网连通性的同时,对进入内部网的数据包进行控制,只转发合法的数据包,而将非法的数据包阻挡在内部网之外,防止未经授权的非法用户通过互联网入侵内部网,窃取信息或破坏系统。这种防火墙称为网络防火墙,简称防火墙,其应用模型如图 6.12 所示。

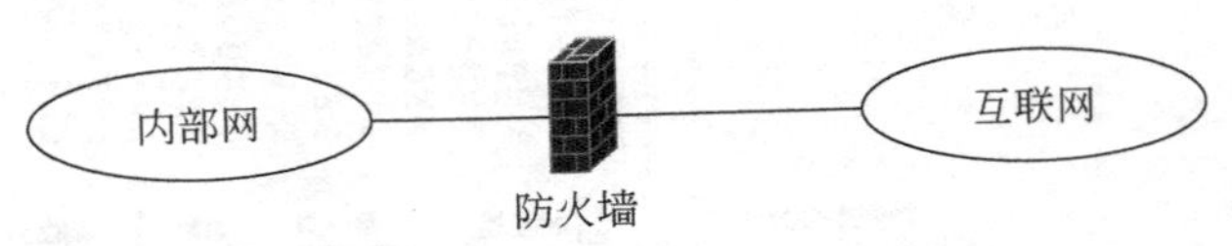

图 6.12　防火墙应用模型

从安全性的角度划分,外部网络可以分成可信网络和不可信网络两种。防火墙对内部网的保护作用主要体现如下:

(1) 禁止来自不可信网络的用户或数据包进入内部网;

(2) 允许来自可信任网的用户进入内部网,并以规定的权限访问网络资源;

(3) 允许来自内部网的用户访问外部网。

防火墙将依据预先设置的安全策略和规则对外来的数据包进行安全检查,根据结果来确定是否将数据包转发给内部网。通常,一个防火墙可采用以下两种安全策略。

(1) "白名单"策略:依照"一切未被允许的都是禁止的"的原则,建立一个允许用户访问的网络服务列表,称为"白名单",凡是出现在"白名单"中的网络服务都是允许访问的,而没有出现在"白名单"中的网络服务都是禁止访问的。这种策略比较安全,因为"白名单"中的网络服务都是经过筛选的,但也限制了用户使用的便利性,即使可信任的用户也不能随心所欲地使用网络服务。

(2) "黑名单"策略:依照"一切未被禁止的都是允许的"原则,建立一个禁止用户访问的网络服务列表,称为"黑名单",凡是出现在"黑名单"中的网络服务都是禁止访问的,而没有出现在"黑名单"中的网络服务都是允许访问的。这种策略比较灵活,可为用户提供更多的网络服务,但安全性要差一些,因为未被禁止的网络服务中可能存在着安全漏洞和隐患,给入侵者造成可乘之机。

这两种防火墙策略在安全性和可用性上各有侧重,适用于不同的应用场合。

6.5.2 防火墙类型

防火墙主要分成三类:分组过滤型、代理服务型和状态检测型。它们在网络性能、安全性和应用透明性等方面各有利弊。

1. 分组过滤型

分组过滤型(Packet Filter)防火墙通常在网络层上通过对分组(也称数据包)中的IP地址、TCP/UDP端口号以及协议状态等字段的检查来决定是否转发一个分组,其概念模型如图6.13所示。

分组过滤型防火墙的基本原理是:

(1) 根据网络安全策略,在防火墙中事先设置分组过滤规则,参见表6.4。

(2) 依据分组过滤规则,对进入防火墙的分组流进行检查。通常需要检查下列分组字段:

① 源IP地址和目的IP地址;

② TCP、UDP和ICMP等协议类型;

③ 源TCP端口和目的TCP端口;

④ 源UDP端口和目的UDP端口;

⑤ ICMP消息类型;

⑥ 输出分组的网络接口。

(3) 分组过滤规则一定按顺序排列。当一个分组到达时,按规则的排列顺序依次地运用每个规则对分组进行检查。一旦分组与一个规则相匹配,则不再向下检查其他规则。

(4) 如果一个分组与一个拒绝转发的规则相匹配,则该分组将被禁止通过。

(5) 如果一个分组与一个允许转发的规则相匹配,则该分组将被允许通过。

(6) 如果一个分组不与任何的规则相匹配,则该分组将被禁止通过,这遵循“一切未被允许的都是禁止的”原则。

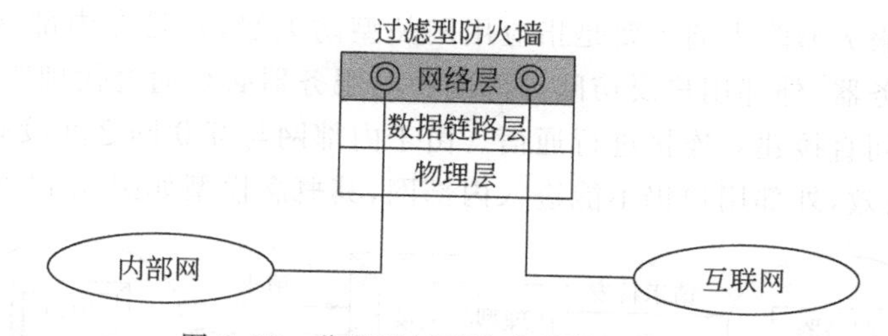

图6.13 分组过滤型防火墙的概念模型

表6.4 一个分组过滤规则集实例

规则	方向	源IP地址	目的IP地址	协议类型	源端口	目的端口	操作
1	出	119.100.79.0	202.100.50.6	TCP	>1023	23	拒绝
2	入	202.100.50.6	119.100.79.0	TCP	23	>1023	任意
3	出	119.100.79.2	任意	TCP	>1023	25	允许
4	入	任意	119.100.79.2	TCP	25	>1023	允许

续表

规则	方向	源 IP 地址	目的 IP 地址	协议类型	源端口	目的端口	操作
5	入	192.100.50.0	119.100.79.4	TCP	>1023	80	允许
6	出	119.100.79.4	192.100.50.0	TCP	80	>1023	允许
7	双向	任意	任意	任意	任意	任意	任意

在表 6.4 中，规则 1 和规则 2 是禁止内部网用户以 Telnet 形式连接到地址为 202.100.50.6 的网站上；规则 3 和规则 4 是允许内部网用户使用 SMTP(E-mail)服务；规则 5 和规则 6 是允许 192.100.50.0 网络访问内部网的 Web 服务器；规则 7 是默认规则，它遵循“一切未被允许的都是禁止的”原则。

分组过滤型防火墙一般采用在路由器上设置一个分组过滤器的方法来实现，其主要优点是网络性能损失小、可扩展性好和易于实现。但是，这种防火墙的安全性存在一定的缺陷，因为它是基于网络层的分组头信息检查和过滤机制，对封装在分组中的数据内容一般不作解释和检查，也就不会感知具体的应用内容，容易受到 IP 欺骗等攻击。由于这种防火墙通常是配置在路由器上，一旦防火墙被攻破，入侵者就会不受阻拦地直接进入内部网。

2. 代理服务型

代理服务型(Proxy Services)防火墙有两种类型。一种是应用级网关型，它工作在应用层上，对每一种应用，都设有一个代理服务程序；另一种是链路级网关型，它工作在传输层上，根据客户的 TCP 连接请求，重新建立一个允许通过防火墙的 TCP 连接(也称连接重定向)来提供代理服务，而不是针对应用程序。两者相比，前者的安全性好，而灵活性和透明性不如后者。

这里的代理服务型防火墙主要是指应用网关型防火墙，它是在内部网与互联网之间建立一个代理服务器，外部用户要访问内部网中的服务器必须通过代理服务器进行中转，而不允许它们之间直接建立连接进行通信。由于内部网与互联网之间没有建立直接的连接，即使防火墙失效，外部用户仍不能进入内部网，其概念模型如图 6.14 所示。

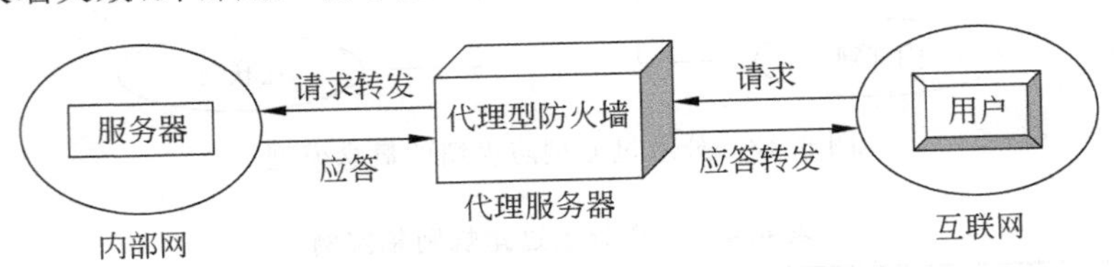

图 6.14 代理服务型防火墙的概念模型

在这种安全体系结构中，内部网通过代理服务器向互联网开放某些服务，如 HTTP、Telnet 及 FTP 等。当外部用户访问这些服务时，所连接的是代理服务器，而不是实际的服务器，但外部用户感觉是实际的服务器。代理服务器根据安全规则对请求者的身份、服务类型、服务内容、域名范围、登录时间等进行安全检查，以确定是否接受用户请求。如果接受用户请求，则代理服务器代替该用户向实际服务器发出请求，实际服务器返回的结果再由代理服务器传送给外部用户。如果不接受用户请求，则代理服务器直接向该用户发出拒绝服务的信息。在这种防火墙中，每一种网络应用都需要有相应的代理程序，如HTTP代理、FTP代理及Telnet代理等。

这种防火墙的优点是安全性好，缺点是可伸缩性差和性能损失较大。因为每增加一种新的应用都必须增加相应的代理程序，并且代理程序将增加转发延迟，引起网络性能下降。

3. 状态检测型

由于防火墙是设置在内部网与外部网之间的安全网关，对进入内部网的信息流进行安全检查，因而客观上形成了一种网络瓶颈。网络瓶颈将会降低网络吞吐量，增加网络延迟，引起网络性能下降，严重时会产生网络拥塞现象。这种网络瓶颈问题可以看作网络安全所付出的代价。对于防火墙这类的网络安全系统或产品，理想的目标是在保证安全性的前提下，尽可能地减少网络性能损失，提高网络吞吐能力，避免网络拥塞。当然，网络性能丝毫不损失也是不可能的。

分组过滤型防火墙的网络性能损失较小，但安全性较差；代理服务型防火墙的安全性较好，但网络性能损失较大，而且可伸缩性也较差。因此，从安全性和网络性能等方面来看，这两种传统的防火墙都存在着一定的缺陷。为了解决安全性和网络性能相协调的问题，出现了状态检测型防火墙。

状态检测型(Stateful-Inspection)防火墙继承了传统防火墙的优点，同时克服了它们的缺点。从系统结构上，仍采用类似于分组过滤型防火墙的结构，在网络层对数据包进行安全过滤，仍由用户定义其安全过滤规则。不同的是，它提供了一个应用感知功能，系统从接收到的数据包中提取与安全策略相关的状态信息，并将这些信息保存在一个动态状态表中，作为后续连接请求的决策依据。

为了提供稳定可靠的网络安全性，防火墙应当对所有的通信信息进行跟踪和控制。所有的通信信息包括数据包和状态信息两部分，防火墙在决策是否转发数据包时，仅仅检查数据包头信息是不够的，还应当检测通信状态信息和应用状态信息，因为通信状态反映了各个网络层次以前的通信状况，应用状态反映了相关的应用信息，这些状态信息是控制一个通信连接的关键因素。因此，防火墙将收集、分析和利用以下几种信息。

(1) 通信信息：所有的数据包信息；

(2) 通信状态：以前通信的状态信息；

(3) 应用状态：其他应用的状态信息；

(4) 信息处理：基于上述信息的检测和控制算法。

状态检测型防火墙要跟踪、收集和存储每一个有效连接的状态信息，根据这些状态信息来决定是否让数据包通过防火墙，达到对本次通信实施访问控制的目的。防火墙首先从数据链路层和网络层之间的接口处截获数据包，然后分析这些数据包，并将当前数据包和状态信息与以前的数据包和状态信息进行比较，从而得到该数据包的控制信息，并以此来确定是否让数据包通过，从而达到保护网络安全的目的。图6.15为状态检测型防火墙的工作原理图。

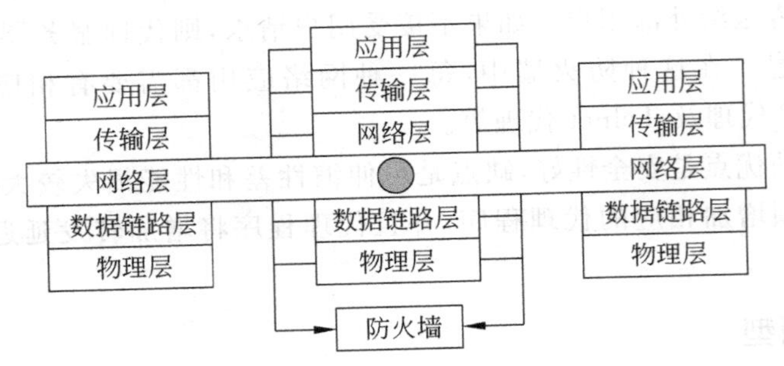

图 6.15 状态检测型防火墙的工作原理图

下面以 FTP 协议为例来说明状态检测型防火墙的工作原理。FTP 协议使用了两个 TCP 端口：20 号端口用于传送命令；21 号端口用于传送数据。状态检测型防火墙对 FTP 的处理过程如下：防火墙收到 FTP 客户端向 FTP 服务器 20 号端口发来的连接请求后，首先在连接状态表中记录本次连接的相关信息，包括源地址和目的地址、端口号、TCP 序列号以及其他标志等，然后防火墙只允许从该 FTP 服务器的 20 号和 21 号端口向客户端请求端口传输合法的命令和数据。在这一过程中，防火墙通过记录连接状态，设置了动态访问控制规则，能够有效地过滤非法的数据包。如果攻击者企图通过伪造 IP 地址、端口号、TCP 序列号和其他 IP 标识来穿越该防火墙，则是非常困难的。

与传统的防火墙相比，状态检测型防火墙比较有效地解决了安全性、执行效率和可伸缩性等方面的问题。

(1) 安全性：状态检测型防火墙工作在数据链路层和网络层之间，并从中截获数据包。由于这个位置是网络硬件(数据链路层)和网络软件(网络层)的结合部，确保了防火墙能够对所有通过网络的原始数据包进行截获和检查。对于所截获的数据包，防火墙做以下处理：

① 根据安全策略从数据包中提取有用的信息，如 IP 地址、端口号和数据内容等，并保存在内存中。

② 将相关状态信息组合起来，通过相关控制算法进行"逻辑或"运算。

③ 根据运算的结果确定相应的操作，如允许数据包通过、拒绝数据包通过、认证连接等。

由于状态检测型防火墙能够监测所有应用层的数据包，并根据数据包信息和状态信息做出安全决策。与只依赖数据包头信息的决策方法相比，其安全性要高得多。

(2) 高效率：状态检测型防火墙工作在较低的网络层次上，所有的数据包都在低层进行处理，不需要上层协议的参与，因此减少了高层协议头的开销，提高了执行效率。另外，一旦在防火墙中建立起来一个连接，就不需要再对该连接进行更多的处理，系统可以去处理其他连接，执行效率可以得到进一步的提高。

(3) 可伸缩性：代理服务型防火墙采用一种服务对应一个代理服务程序的方式，每增加一种新的服务，则必须为新的服务开发相应的代理服务程序，系统的可伸缩性和可扩展性比较差。状态检测型防火墙不区分每个具体的应用，只是根据从数据包中提取的信息、对应的安全策略和过滤规则来处理数据包。当增加一种新的应用时，状态检测型防火墙能够动态地为新的应用产生过滤规则，不需要另外编写代理服务程序，使系统具有很好的可伸缩性和可扩展性。

(4) 适应性：状态检测型防火墙具有较广泛的应用适应性，不仅支持基于面向连接协议 TCP 的应用，而且还支持基于无连接协议的应用，如基于 UDP 的应用(如 DNS、WAIS、Archie 以及 RPC 等)。而传统的防火墙对这类应用或者不支持，或者开放一个大范围的 UDP 端口，从而暴露了内部网，降低了网络安全性。

对于 UDP 的应用，状态检测型防火墙是通过在 UDP 通信上保持一个虚拟连接来实现的。防火墙将记录和保存每一个连接的状态信息，UDP 请求包通过防火墙时被记录下来，而 UDP 响应包反方向通过防火墙时，它便依据连接状态表来确定该 UDP 包是否被授权，如果已被授权，则允许通过，否则被拒绝通过。如果在指定的时间内 UDP 响应包没有到达，即连接超时，则断开该连接。这种方法可以防范针对 UDP 的攻击，从而提高了 UDP 应用的安全性。

对于 RPC 服务来说，其端口号是不固定的。如果只是简单地跟踪端口号，则很难保证该服务的安全性。状态检测型防火墙通过动态端口映射表记录端口号，并通过连接状态和程序号等信息来验证该连接，从而有效地保证了 RPC 服务的安全。

可见，与传统防火墙技术相比，状态检测型防火墙采用多种信息进行决策，提高了访问控制的精度。表 6.5 是三种防火墙技术的比较。

表 6.5 三种防火墙技术的比较

决策信息	分组过滤型防火墙	代理服务型防火墙	状态检测型防火墙
通信信息	部分	部分	有
通信状态	无	部分	有
应用状态	无	有	有
信息处理	部分	有	有

目前，防火墙技术朝着硬件化和高速化的方向发展，以解决防火墙安全性和性能之间的矛盾。硬件化是指防火墙的核心采用专用的 ASIC 或 FPGA 芯片来实现，使防火墙产品具有很高的吞吐量。高速化是指防火墙产品必须支持 1Gb/s 的网络传输速率，甚至 10Gb/s 的网络传输速率，将网络性能损失减少到最低程度。

6.5.3 防火墙应用

在实际应用中，防火墙的防护效果取决于两方面的因素。

(1) 正确部署：在实际网络环境中应用防火墙时，有两种部署方法，一是将防火墙部署在内部网与互联网的接入处，防火墙串接在内部网与互联网之间的路由器上，对互联网进入内部网的数据包进行检查和过滤，抵御来自互联网的网络攻击。二是将防火墙部署在内部网中重要服务器的前端，防火墙串接在内部网核心交换机与服务器交换机之间，对内部网用户访问服务器及其应用系统进行控制，防止内部网用户对服务器及其应用系统的非授权访问。另外，还可利用防火墙实现内部网安全域划分，通过设置安全规则实现不同安全域之间的访问控制。

(2) 正确设置：根据网络拓扑和安全策略，正确设置防火墙的安全规则，满足安全策略对外部和内部用户访问控制的要求。

不正确的防火墙部署和安全规则设置都达不到应有的防护效果，造成安全配置漏洞。图 6.16 给出了防火墙应用和部署实例。

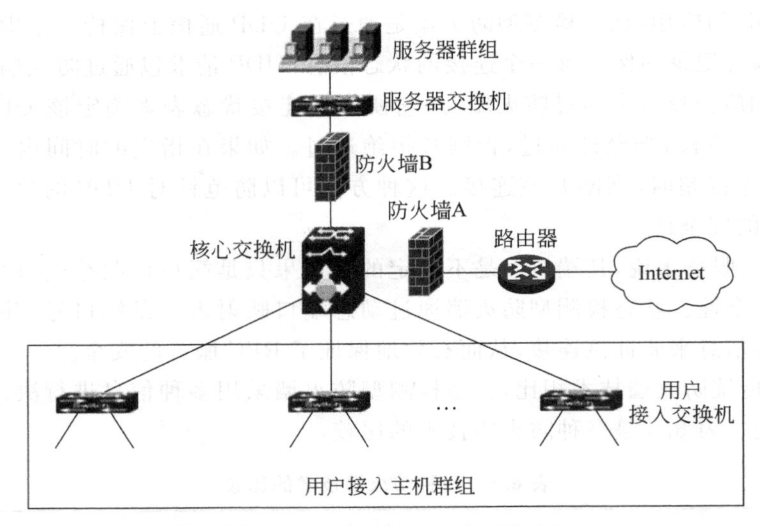

图 6.16 防火墙应用和部署实例

在图 6.16 中，根据所规划的网络拓扑和所制定的安全策略，在整个网络系统中部署了两个防火墙，防火墙 A 部署在网络接入路由器与网络核心交换机之间，通过设置安全规则，控制外部用户对内部网及资源的访问；防火墙 B 部署在服务器交换机与网络核心交换机之间，通过设置安全规则，在用户主机与服务器之间建立安全的访问路径。这样，使得网络系统的安全防护能力有了保障。

6.5.4 主机防火墙

上述的网络防火墙是以独立的硬件设备形式实现的，通常部署在网络关键点上，对网络访问行为进行控制。网络防火墙是防火墙产品的主流。

还有一类防火墙称为主机防火墙，它是安装并运行在主机系统上的网络监控软件，按照所设置的安全规则，对用户和应用程序的网络访问行为进行控制。

主机防火墙通常提供以下的网络访问行为功能。

(1) 安全规则设置：根据安全策略，设置主机的网络访问规则，对用户和应用程序的网络访问行为进行监控。

(2) 数据包检查：从应用层、传输层和网络层等不同的网络层次上，对数据包进行拦截和检查，并根据安全规则过滤数据包。从应用层可过滤掉用户访问特定网络服务（如 Web、邮件等服务）和特定网站的数据包；从传输层可过滤掉特定应用程序访问网络的数据包;从网络层可过滤掉所有特定 IP 地址的数据包。

(3) 日志记录和审计:对主机系统的网络访问操作进行记录和审计,包括正常和异常的网络访问操作,提供日志记录、审计和管理等功能。

1. 数据包拦截技术

在主机防火墙实现中,需要解决的问题是运行在操作系统用户模式上的监控程序如何拦截操作系统内核中的数据包发送和接收操作,进而实现对数据包的检查和过滤。这需要利用操作系统提供的应用编程接口(API)来实现。例如,在 Windows 操作系统中,提供了 Winsock2 服务提供者接口(SPI)、传输驱动程序接口(TDI)、网络驱动接口规范(NDIS)中间驱动接口,利用这些接口可实现对数据包的拦截和检查。

下面简单介绍这三个编程接口的基本特性和功能。

1) SPI:用户模式下数据包拦截技术

SPI 主要用于实现用户模式下对数据包的拦截。SPI 支持两种服务提供者:传输服务提供者和名字解析服务提供者,下面仅介绍传输服务提供者概念。

Winsock 2.0 中的传输服务提供者有两类:基础服务提供者和分层服务提供者。基础服务提供者和分层服务提供者都开放相同的 SPI,所不同的是基础服务提供者位于提供者的最低层。因此基础服务提供者和分层服务提供者程序的编写方法基本相同,但安装时却需要将基础服务提供者安装在服务提供者加载顺序链的最底端,而分层服务提供者则根据需求安装在加载顺序链的中间。

基础服务提供者承担着执行网络传输协议(如 TCP 协议)具体细节的工作,包括在网络上收发数据之类的核心功能。分层服务提供者只负责执行高级的自定义通信功能,并依靠下面的基础服务提供者,在网络上实现真正的数据交换。分层服务提供者可用来扩展基础服务提供者的功能。

2) TDI:内核模式下数据包拦截技术

TDI 是 Windows 系统网络协议栈的核心,通常用创建设备对象来代表特定的协议,上层的 TDI 客户能够获得一个代表协议的文件对象,并且通过 I/O 请求包(IRP)与协议进行网络输入输出,这些 IRP 在传输驱动程序的 Dispatch 例程中处理。因此,在 TDI 层面上拦截网络数据包可以采取 HOOK 技术,即通过一个驱动程序来 HOOK 传输驱动程序中的 Dispatch 例程。事实上,在 TDI 层面上拦截网络数据包,可以采用分层驱动程序技术,即将一个驱动程序挂接到 TDI 传输驱动程序之上,当 TDI 客户向协议发出请求时,这个驱动程序先于传输驱动程序得到这个请求,当协议向 TDI 客户传输数据时,这个驱动程序先于 TDI 客户得到数据。这种驱动程序通常被称为 TDI 过滤驱动程序。

3) NDIS 中间驱动:内核模式下数据包拦截技术

NDIS 允许在 TDI 传输驱动程序与 NDIS 驱动程序(小端口驱动程序)间插入分层驱动程序,这种分层驱动程序称为 NDIS 中间层驱动程序。中间层驱动程序在自己的上下两端分别开放一个 Miniport(小端口)接口和一个 Protocol 接口。对 NDIS 小端口驱动程序来说,中间层驱动程序就相当于传输驱动程序;对传输驱动程序来说,中间层驱动程序就相当于小端口驱动程序。系统中所有的网络通信都经过 NDIS 中间层驱动程序,因此可以用来对网络数据包进行拦截与检查。

NDIS 中间层驱动程序的 Miniport 和 Protocol 接口分别包括一组规定好的标准处理函数，需要分别对这些函数进行编码，以实现不同的功能。网络数据包的拦截和检查也是通过在这些函数中编写相应的代码实现的。当接收数据时，NDIS 小端口驱动程序调用中间层驱动处理数据接收的函数，在函数的实现中可编写代码来检查和过滤数据包，数据包检查实际上是一边解析数据包，一边与安全规则做比较，根据比较结果确定下一步动作：丢弃或放行，对于放行的数据包，需要调用相应的函数来指示上层的协议接收数据。当发送数据时，NDIS 协议驱动程序调用中间层驱动处理数据发送的函数，同样在函数的实现中可对数据包进行检查和过滤，对于通过检查的数据包，需要调用相应的函数向下层转发数据包。

2. 主机防火墙实现技术

主机防火墙可利用上述的编程接口来实现，例如利用 SPI 实现应用层数据内容过滤，利用 TDI 实现传输层访问请求控制，利用 NDIS 实现网络层数据包过滤，即

(1) 应用层数据内容过滤：主要针对应用层的应用协议，如 HTTP、SMTP、POP3 等。该层主要根据应用协议从数据包中提取信息内容，然后按照安全规则控制用户的 Web 访问行为和邮件访问行为。

(2) 传输层访问请求控制：主要针对主机上应用程序的访问网络请求，包括应用程序和系统服务程序打开本地网络端口请求、网络连接请求、发送 UDP 数据包请求等。该层的目标是控制进程访问网络的行为，任何一个进程都必须在安全策略的允许下才能访问网络。

(3) 网络驱动层数据包过滤：针对所有网络数据包的协议、端口地址、IP 地址进行过滤。该层能够从全局上控制网络访问，限制某些 IP 地址段的主机对本机的访问，禁止本机对某些 IP 地址段的访问，限制某些本地端口被访问，限制访问某些远程端口地址段，限制各种协议数据的进出等。

主机防火墙有两种实现方式：单机方式和分布式方式。在单机方式中，监控程序和管理程序均安装并运行在一台主机上，由用户自主地设置安全规则，对本机的网络访问行为进行控制，在 Windows 操作系统中集成了这类主机防火墙，有些防病毒软件也提供了这类主机防火墙。

在分布式方式中，主机防火墙分为两个部分：防火墙控制台和防火墙代理程序，防火墙代理程序安装并运行在每个受控主机上，按照安全规则执行网络访问控制。管理员在防火墙控制台上设置每个受控主机的安全规则，并通过网络下发给每个防火墙代理程序强制执行，以实现全局性安全策略，每个受控主机上产生的异常事件发送到控制台上集中存储、报警和审计，图 6.17 为一种分布式主机防火墙控制台管理界面。由于分布式方式采取全局性和强制性安全策略，保护范围大，一致性好，随意性低，可避免安全配置漏洞，与单机方式相比，安全性更高。图 6.18 为分布式主机防火墙应用示意图。

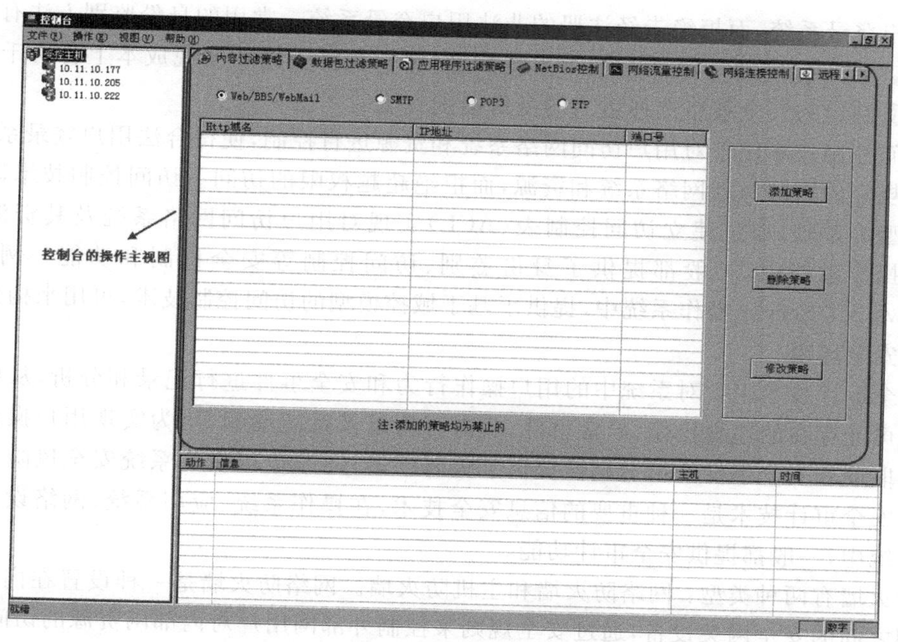

图 6.17　一种分布式主机防火墙控制台管理界面

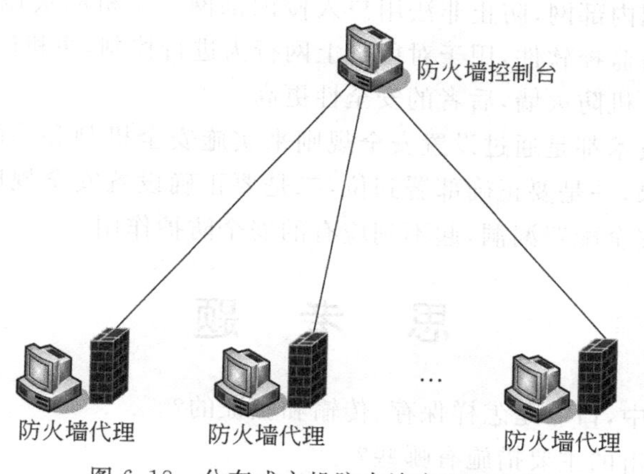

图 6.18　分布式主机防火墙应用示意图

6.6 本章总结

本章介绍了身份鉴别技术、访问控制技术、安全审计技术以及防火墙技术等主要的系统安全防护技术，通过这些系统安全防护技术，可建立起基本的网络安全环境，对网络系统和资源进行安全防护，防止非法用户入侵网络系统或者未经授权地访问网络系统和资源。

身份鉴别技术用于对请求登录系统的用户身份进行验证和鉴别，只允许经过注册的合法用户登录系统，而拒绝未经注册的非法用户登录系统。常用的身份鉴别方法有口令、一次性口令、UKey、数字证书以及个人特征等，它们在安全性和实现成本上各有千秋，需要根据所制定的安全策略选择适当的身份鉴别方法。

访问控制技术用于对用户访问网络系统和资源进行控制，使得合法用户登录系统后，只能以规定的权限访问网络系统和资源，而拒绝超越权限的访问。访问控制技术以访问控制模型为基础，通过建立访问控制表(ACL)实现对用户访问网络系统及其资源的控制。在操作系统中，一般都提供了身份鉴别、访问控制等安全机制和功能。例如，在Windows NT Server 操作系统中，提供了基于域控模型的访问控制技术，可用来构建基本的网络安全环境。

安全审计技术用于对系统中的用户操作行为和安全事件进行记录和分析，从中发现系统中可能存在的违规操作、异常事件、攻击行为以及系统漏洞等，为实现用户操作行为的电子取证和安全事件的可追溯性提供了重要手段，同时也可作为系统安全风险评估的依据。安全审计技术是一种重要的信息安全技术，在操作系统、应用系统、网络设备以及安全系统中，一般都提供安全审计功能。

防火墙有两种类型：网络防火墙和主机防火墙。网络防火墙是一种设置在内部网与外部网之间的安全网关设备，通过安全规则来控制外部网用户对内部网资源的访问，使外部网和内部网之间既保持连通性，又不直接交换信息，外来的数据包必须经过安全检查后才能确定是否转发到内部网，防止非法用户入侵内部网。主机防火墙是一种安装并运行在主机系统上的网络监控软件，用于对用户上网行为进行控制，主机防火墙又分为单机主机防火墙和分布式主机防火墙，后者的安全性更高。

系统安全防护技术都是通过设置安全规则来实施安全机制和功能的。在应用时，要达到预期的防护效果，一是要正确部署到位，二是要正确设置安全规则，防止因不正确的部署和设置而造成安全配置漏洞，起不到应有的安全防护作用。

思 考 题

1. 在一般系统中，口令是怎样保存、传输和验证的？
2. 防范口令攻击的主要措施有哪些？
3. 基于口令的身份鉴别方法的主要缺陷是什么？
4. 普通口令系统和一次性口令系统的主要差别是什么？
5. 分别使用 MD5 和 SHA 算法构造一次性口令系统，并给出系统工作流程。
6. 构造一个简单的基于数字证书的身份认证系统，并说明组成该系统的基本要素有哪些？
7. 在操作系统中，都设有日志文件。日志主要记录哪些信息？
8. 日志的作用是什么？日志文件是如何维护的？
9. 请论述访问控制模型的特点和性质，以及在 Windows 操作系统中的应用。
10. 请论述信息流模型的特点和性质，并举例说明其应用场合。
11. 请论述基于角色的访问控制模型的特点和性质，并运用基于角色的访问控制模型来构造一个应用系统，并说明其工作原理。

12. 请说明“角色继承”在 Windows 操作系统中的应用。

13. 在用户账户中，设置“时间限制”、“连接限制”和“登录限制”等，对系统安全有何意义？

14. Windows NT Server 的域控模型对系统安全有何意义？备份域控制器的用途是什么？

15. 当 Windows NT Server 采用 FAT 文件系统时，由哪些权限来实施访问控制？

16. 当 Windows NT Server 采用 NTFS 文件系统时，由哪些权限来实施访问控制？

17. 在 NTFS 文件系统中，标准权限与特殊权限之间的关系是什么？

18. 当 NT 网络存在多个域时，为什么要使用委托验证？是否可使用其他方法达到同样的目的？

19. 在什么样的网络环境下使用防火墙来保护网络系统？

20. 过滤型防火墙和代理型防火墙的工作机理有何不同？

21. 状态检测型防火墙是如何平衡安全性和性能损失之间的关系的？

22. 主机防火墙和网络防火墙有什么区别？防火墙能够防病毒吗？为什么？

第7章 网络安全检测技术

7.1 引言

在网络安全保障体系中，仅靠系统安全防护技术是不够的，还需要通过网络安全检测技术来检测和感知当前网络系统安全状态，其检测结果可作为评估网络系统安全风险、修补系统安全漏洞、加强网络安全管理的重要依据。

目前，网络安全检测技术主要有：

（1）安全漏洞扫描技术。用于检测一个网络系统潜在的安全漏洞，通过安装补丁程序及时修补安全漏洞，不给网络入侵、病毒传播提供可乘之机，建立健康的网络环境。

（2）网络入侵检测技术。用于检测一个网络系统可能存在的网络攻击、入侵行为以及异常操作等安全事件，为改进安全管理、优化安全配置、修补安全漏洞以及追查攻击者提供科学依据。

（3）恶意程序检测技术。用于检测和清除一个网络系统可能存在的病毒、木马及后门等恶意程序，防止恶意程序窃取信息或破坏系统。同时促进用户改变不良上网习惯，提高安全防范意识。

由此可见，网络安全检测技术是十分重要的，也是构建网络安全环境，提高网络安全管理水平必不可少的安全措施。

本章主要介绍安全漏洞扫描技术和网络入侵检测技术的基本概念、工作原理以及应用问题。

7.2 安全漏洞扫描技术

安全漏洞扫描技术是网络安全管理技术的一个重要组成部分，它主要用于对一个网络系统进行安全检查，寻找和发现其中可被攻击者利用的安全漏洞和隐患。安全漏洞扫描技术通常采用两种检测方法：基于主机的检测方法和基于网络的检测方法。基于主机的检测方法是对一个主机系统中不适当的系统设置、脆弱的口令、存在的安全漏洞以及其他安全弱点等进行检查。基于网络的检测方法是通过执行特定的脚本文件对网络系统进行渗透测试和仿真攻击，并根据系统的反应来判断是否存在安全漏洞。检测结果将指出系统所存在的安全漏洞以及危险级别。

7.2.1　系统安全漏洞分析

一个网络系统不仅包含了各种交换机、路由器、安全设备和服务器等硬件设备，还包含了各种操作系统平台、服务器软件、数据库系统以及应用软件等软件系统，系统结构十分复杂。从系统安全角度来看，任何一个部分要想做到万无一失都是非常困难的，而任何一个疏漏都有可能导致安全漏洞，给攻击者造成可乘之机，有可能带来严重的后果。然而，在大多数情况下，一个网络系统建成并运行后，往往不做系统安全性测试和检测，并不知道系统是否存在安全漏洞，只是在发生网络攻击事件，并造成严重的后果后，才意识到安全漏洞的危害性。根据美国联邦调查局的统计，世界上所发生的网络攻击事件中，80%以上是因为系统存在安全漏洞被内部或外部攻击者利用而造成的。

从网络攻击的角度来分类，常见的网络攻击方法可分成以下几种类型：扫描、探测、数据包窃听、拒绝服务、获取用户账户、获取超级用户权限、利用信任关系以及恶意代码等。攻击者入侵网络系统主要采用两种基本方法：社会工程和技术手段。基于社会工程的入侵方法是攻击者通过引诱、欺骗等各种手法来诱导用户，使用户在不经意间泄露他们的用户名和口令等身份信息，然后利用用户身份信息轻易地入侵网络系统。基于技术手段的入侵方法是攻击者利用系统设计、配置和管理中的漏洞来入侵系统，技术入侵手段主要有以下几种。

1. 潜在的安全漏洞

任何一种软件系统都或多或少地存在着安全漏洞。在当前的技术条件下，发现和修补一个系统中所有的潜在安全漏洞是十分困难的，也是不可能的。一个系统可能存在的安全漏洞主要集中在以下几个方面。

(1) 口令漏洞：通过破解操作系统口令来入侵系统是常用的攻击方法，使用一些口令破解工具可以扫描操作系统的口令文件。任何弱口令或不及时更新口令的系统，都容易受到攻击。

(2) 软件漏洞：在 Windows、Linux、UNIX 等操作系统以及各种应用软件中都可能存在某种安全缺陷和漏洞，如缓冲区溢出漏洞等，攻击者可以利用这些安全漏洞对系统进行攻击。

(3) 协议漏洞：某些网络协议的实现存在安全漏洞，例如，IMAP 和 POP3 协议必须在 Linux/UNIX 系统根目录下运行，攻击者可以利用这一安全漏洞对 IMAP 进行攻击，破坏系统的根目录，从而取得超级用户的特权。

(4) 拒绝服务：利用 TCP/IP 协议的特点和系统资源的有限性，通过产生大量虚假的数据包来耗尽目标系统的资源，如 CPU 周期、内存和磁盘空间、通信带宽等，使系统无法处理正常的服务，直到过载而崩溃。典型的拒绝服务攻击有 SYN flood、FIN flood、ICMP flood、UDP flood 等。虚假的数据包还会使一些基于失效开放策略的入侵检测系统产生拒绝服务。所谓失效开放是指系统在失效前不会拒绝访问。由于虚假的数据包会诱使这种失效开放系统去响应那些并未发生的攻击，结果阻塞了合法的请求或是断开合法的连接，最终导致系统拒绝服务。

2. 可利用的系统工具

很多系统都提供了用于改进系统管理和服务质量的系统工具，但这些系统工具同时也会被攻击者利用，非法收集信息，为攻击打开方便之门。

(1) Windows NT NBTSTAT 命令：系统管理员使用该命令来获取远程节点信息，但攻击者也可使用该命令来收集一些用户和系统信息，如管理员身份信息、NetBIOS 名、Web 服务器名、用户名等，这些信息有助于提高口令破解的成功率。

(2) Portscan 工具：系统管理员使用该工具检查系统的活动端口以及这些端口所提供的服务，攻击者也可出于同一目的而使用这一工具。

(3) 数据包探测器(Packet Sniffer)：系统管理员使用该工具监测和分析数据包，以便找出网络的潜在问题。攻击者也可利用该工具捕获网络数据包，从这些数据包中提取出可能包含明文口令和其他敏感信息，然后利用这些数据来攻击网络。

3. 不正确的系统设置

不正确的系统设置也是造成系统安全隐患的一个重要因素。当发现安全漏洞时，管理员应当及时采取补救措施，如对系统进行维护、对软件进行升级等，然而由于一些网络设备(如路由器、网关等)配置比较复杂，系统还可能会出现新的安全漏洞。

4. 不完善的系统设计

不完善的网络系统架构和设计是比较脆弱的，存在着较大的安全隐患，将会给攻击者可乘之机。例如，Web 应用系统架构不完善，存在服务器配置不当、安全防护缺失等漏洞，攻击者利用这些漏洞获取 Web 服务器的敏感信息，或者植入恶意程序。

攻击者在实施网络攻击前，首先需要寻找一个网络系统的各种安全漏洞，然后利用这些安全漏洞来入侵网络系统。系统安全漏洞大致可分成以下几类。

(1) 软件漏洞：任何一种软件系统都或多或少存在一定的脆弱性，安全漏洞可以看作已知的系统脆弱性。例如，一些程序只要接收到一些异常或者超长的数据和参数，就会引起缓冲区溢出。这是因为很多软件在设计时忽略或者很少考虑安全性问题，即使在软件设计中考虑了安全性，也往往因为开发人员缺乏安全培训或安全经验而造成了安全漏洞。这种安全漏洞可以分为两种：一是由于操作系统本身的设计缺陷所带来的安全漏洞；二是应用程序的安全漏洞，这种漏洞最常见，更需要引起高度的重视。

(2) 结构漏洞：在一些网络系统中忽略了网络安全问题，没有采取有效的网络安全措施，使网络系统处于不设防状态；在一些重要网段中，交换机等网络设备设置不当，造成网络流量被监听。

(3) 配置漏洞：在一些网络系统中忽略了安全策略的制定，即使采取了一定的网络安全措施，但由于系统的安全配置不合理或不完整，安全机制没有发挥作用；在网络系统发生变化后，由于没有及时更改系统的安全配置而造成安全漏洞。

(4) 管理漏洞：由于网络管理员的疏漏和麻痹造成的安全漏洞。例如，管理员口令太短或长期不更换，造成口令漏洞；两台服务器共用同一个用户名和口令，如果一个服务器被入侵，则另一个服务器也不能幸免。

从这些安全漏洞来看，既有技术因素，也有管理因素和人员因素。实际上，攻击者正是分析了与目标系统相关的技术因素、管理因素和人员因素后，寻找并利用其中的安全漏洞来入侵系统的。因此，必须从技术手段、管理制度和人员培训等方面采取有效的措施来防范和控制，只靠技术手段是不够的，还必须从制定安全管理制度、培养安全管理人员和加强安全防范意识教育等方面来提高网络系统的安全防范能力和水平。

7.2.2　安全漏洞检测技术

目前，安全漏洞检测技术主要有静态检测技术、动态检测技术以及漏洞扫描技术等。

1. 静态检测技术

静态检测技术属于白盒测试方法，通过分析程序执行流程来建立程序工作的数学模型，根据对数学模型的分析，发掘出程序中潜在的安全缺陷。静态检测的对象通常是源代码，常用的静态检测方法主要有词法分析、数据流分析、模型检验和污点传播分析等。

1）词法分析

词法分析方法是将源文件处理为 token 流，然后将 token 流与程序缺陷结构进行匹配，以查找不安全的函数调用。该方法的优点是能够快速地发现软件中的不安全函数，检测效率较高。缺点是由于没有考虑源代码的语义，不能理解程序的运行行为，因此漏报和误报率比较高。基于该方法的分析工具主要有 ITS4、Checkmar、RATS 等。

2）数据流分析

数据流分析方法是通过确定程序某点上变量的定义和取值情况来分析潜在的安全缺陷，首先将代码构造为抽象语法树和程序控制流图等模型，然后通过代数方法计算变量的定义和使用，描述程序运行时的行为，进而根据相应的规则发现程序中的安全漏洞。该方法的优点是分析能力比较强，适合于对内存访问越界、常数传播等问题进行分析检查。缺点是分析速度比较慢、检测效率比较低。基于该方法的分析工具主要有 Coverity、Klocworw、JLint 等。

3）模型检验

模型检验方法是通过状态迁移系统来判断程序的安全性质，首先将软件构造为状态机或者有向图等抽象模型，并使用模态或时序逻辑公式等形式化方法来描述安全属性，然后对模型进行遍历检查，以验证软件是否满足这些安全属性。该方法的优点是对于路径和状态的分析比较准确，缺点是处理开销较大，因为需要穷举所有的可能状态，特别是在数据密集度较大的情况下。基于该方法的分析工具主要有 MOPS、SLAM、JavaPathFinder 等。

4）污点传播分析

污点传播分析方法是通过静态跟踪不可信的输入数据来发现安全漏洞，首先通过对不可信的输入数据进行标记，静态跟踪和分析程序运行过程中污点数据的传播路径，发现污点数据的不安全使用方式，进而分析出由于敏感数据（如字符串参数）被改写而引发的输入验证类漏洞，如 SQL 注入、跨站点脚本等漏洞。该方法主要适用于输入验证类漏洞的分析，典型的分析工具是 Pixy，它是一种针对 PHP 语言的污点传播分析工具，用于发掘 PHP 应用中 SQL 注入、跨站点脚本等类型的安全漏洞，具有检测效率高、误报率低等优点。

综上所述，静态检测技术具有以下特点：

(1) 具有程序内部代码的高度可视性，可以对程序进行全面分析，能够保证程序的所有执行路径得到检测，而不局限于特定的执行路径。

(2) 可以在程序执行前检验程序的安全性，能够及时对所发现的安全漏洞进行修补。

(3) 不需要实际运行被测程序，不会产生程序运行开销，自动化程度高。

静态检测技术也存在以下缺点：

(1) 通用性较差，一般需要针对某种程序语言及其应用平台来设计特定的静态检测工具，具有一定的局限性。

(2) 静态检测的漏报率和误报率高，需要在两者之间寻求一种平衡。

(3) 分析对象通常是源代码。对于可执行代码，需要通过反汇编工具转换成汇编程序，然后对汇编程序进行分析，大大增加了工作量。

2. 动态检测技术

动态检测技术属于黑盒测试技术，通过运行具体程序并获取程序的输出或内部状态等信息，根据对这些信息的分析，检测出软件中潜在的安全漏洞。动态检测的对象通常是二进制可执行代码，常见的动态检测方法主要有渗透测试、模糊测试、错误注入和补丁比对等。

1) 渗透测试

渗透测试是经典的动态检测技术，测试人员通过模拟攻击方式对软件系统进行安全性测试，检测出软件系统中可能存在的代码缺陷、逻辑设计错误及安全漏洞等。

渗透测试最早用于操作系统安全性测试中，现在被广泛用于对Web应用系统的安全漏洞检测。通常，Web应用系统渗透测试分为被动阶段和主动阶段，在被动阶段，测试人员需要尽可能地去搜集被测Web应用系统的相关信息，如通过使用Web代理观察HTTP请求和响应等，了解该应用的逻辑结构和所有的注入点；在主动阶段，测试人员需要从各个角度、使用各种方法对被测系统进行渗透测试，主要包括配置管理测试、业务逻辑测试、认证测试、授权测试、会话管理测试、数据验证测试、拒绝服务测试、Web服务测试和AJAX测试等。

对Web应用系统进行渗透测试的基本步骤为

(1) 测试目标定义：确定测试范围，建立测试规则，明确测试对象和测试目的。

(2) 背景知识研究：搜集测试目标的所有背景资料，包括系统设计文档、源代码、用户手册、单元测试和集成测试的结果等。

(3) 漏洞猜测：测试人员根据对系统的了解和自己的测试经验猜测系统中可能存在的漏洞，形成漏洞列表，随后对漏洞列表进行分析和过滤，排列出待测漏洞的优先级。

(4) 漏洞测试：根据漏洞类型生成测试用例，使用测试工具对被测程序进行测试，确认漏洞是否存在。

(5) 推测新漏洞：根据所发现的漏洞类型推测系统中可能存在的其他类似漏洞，并进行测试。

(6) 修补漏洞：提出修改完善软件源代码的方法，对已发现的漏洞进行修补。

在Web应用系统安全性测试中，常用的渗透测试工具有Burp Suite、Paros、Nikto等。

2) 模糊测试

模糊测试技术的基本思想是自动产生大量的随机或经过变异的输入值，然后提交给软件系统，一旦软件系统发生失效或异常现象，说明软件系统中存在着薄弱环节和安全漏洞。与传统的黑盒测试方法相比，模糊测试技术主要侧重于任何可能引发未定义或者不安全行为的输入，其优点是简单、有效、自动化程度高以及可复用性强等，缺点是测试数据冗余度大、检测效率低、代码覆盖率不足等。

模糊测试技术是Web应用系统安全漏洞检测中常用的测试技术，它模拟攻击者行为，产生大量异常、非法、包含攻击载荷的模糊测试数据，提交给Web应用系统，同时监测Web应用系统的反应，检测Web应用系统中是否存在安全漏洞。在Web应用系统安全漏洞检测中，常用的模糊测试工具有WebScarab、WSFuzzer、SPIKE Proxy、WebFuzz、WebInspect等。

目前，模糊测试技术存在的主要问题有：

(1) 测试自动化程度低。大部分工具在模糊数据的生成以及对被测对象检测结果分析等过程都需要人工参与，自动化程度不高。例如Wfuzz等工具需要测试人员提供正常请求并对其中需要模糊化的变量进行标记才能生成一系列模糊数据。

(2) 检测的漏洞类型较少。一些工具只能对少数几种特定类型的安全漏洞进行模糊测试，例如Web Fuzz等工具只能检测Web应用系统中的SQL注入和跨站点脚本等类型的安全漏洞，漏洞发掘能力有限。

(3) 漏洞检测的漏报率和误报率高。一些工具的模糊数据生成以及漏洞检测方法较为简单，造成测试结果中漏洞的漏报率和误报率比较高。例如Web Fuzz等工具只是通过在原始请求中简单地插入攻击载荷的方式来生成模糊数据，在漏洞检测上也只是简单地查找返回的Web网页中是否存在特定的内容。

(4) 工具的可扩展性较差。例如WebFuzz等工具在设计上均存在耦合程度高、可扩展性差等问题，对新漏洞类型的扩展比较困难。

(5) 测试结果的展示不够直观。大部分工具在测试结果的展示上都不够直观，有的甚至仅提供模糊测试的执行日志，如WSFuzzer、Wfuzz等，需要人工对数百条记录进行分析来确定其中的哪些测试数据引发了被测对象的安全漏洞。

3) 错误注入

错误注入技术最早用于对硬件设备的可靠性测试，其基本思想是按照一定的错误模型，人为地生成错误数据，然后注入被测系统中，促使系统崩溃或失效的发生，通过观察系统在错误注入后的反应，对系统的可靠性进行验证和评价。

后来，错误注入技术被应用于软件测试，主要用于软件可靠性和安全性测试，既可以采用黑盒方法来实现，也可以采用白盒方法实现。例如，在应用软件测试中，采用一种称为环境-应用交互故障模型(EAI)的环境错误注入方法，EAI模型认为系统是由环境与应用软件组成的，并对环境错误进行分类。当环境出现错误而应用软件不能适应时，就可能产生安全问题。

错误注入技术的优点是易于形成系统化方法，有助于实现软件自动化测试。缺点是由于没有考虑应用系统内部的运行状态，仅注入环境错误并不能对应用系统安全漏洞进行全面的检测。

4）补丁比对

补丁比对技术的基本思想是通过对补丁前和补丁后两个二进制文件的对比分析，找出两个文件的差异点，定位其中的安全漏洞。目前常用的补丁比对方法主要有二进制文件比对、汇编程序比对和结构化比对等。

二进制文件比对方法是一种最简单的补丁比对方法，通过对两个二进制文件的直接对比，定位其中的安全漏洞。该方法的主要缺点是容易产生大量的误报情况，漏洞定位准确性较差，检测结果不容易理解，因此仅适用于文件中变化较少的情况。

汇编程序比对方法是首先将两个二进制文件反汇编成汇编程序，然后对两个汇编程序进行对比分析。该方法比二进制文件比对方法有所进步，但是仍然存在输出结果范围大，误报率高和漏洞定位不准确等缺点。另外，在反汇编时，很容易受编译器编译优化的影响，结果会变得非常复杂。

结构化比对方法的基本思想是给定两个待比对的文件 A1 和 A2，将 A1 和 A2 的所有函数用控制流图来表示，通过比对两个图是否同构来建立函数之间一对一的映射。该方法从逻辑结构的层次上对补丁文件进行了分析。但是，当待比对的两个二进制文件较大时，结构化比对的运算量和存储量都非常巨大，程序的执行效率比较低，并且漏洞定位准确性也不高。

综上所述，动态检测技术通常是在真实的运行环境中对被测对象进行测试，直接模拟攻击者的行为，因此其测试结果往往具有更高的准确性，漏报率和误报率相对比较低。此外，动态检测技术不需要源代码，具有较高的灵活性。通常，各种安全漏洞扫描系统都是采用动态检测技术实现的。

7.2.3 安全漏洞扫描系统

安全漏洞扫描系统主要采用动态检测技术对一个网络系统可能存在的各种安全漏洞进行远程检测，不同安全漏洞的检测方法是不同的，将各种安全漏洞检测方法集成起来，组成一个安全漏洞扫描系统。

通常，安全漏洞扫描系统有两种实现方式：主机方式和网络方式。主机漏洞扫描系统安装在一台计算机上，主要用于对该主机系统的安全漏洞扫描。

网络漏洞扫描系统采用客户/服务器架构，主要用于对一个网络系统，包括各种主机、服务器、网络设备以及软件平台（如 Web 服务系统、数据库管理系统等）的安全漏洞扫描。通常，网络漏洞扫描系统由客户端和服务器两个部分组成（参见图 7.1）。

（1）客户端：它是操纵安全漏洞扫描系统的用户界面，也称控制台。用户通过用户界面定义被扫描的目标系统、目标地址以及扫描任务等，然后提交给服务器执行扫描任务。当扫描结束后，服务器返回扫描结果，显示在客户端屏幕上。

（2）服务器：它是安全漏洞扫描系统的核心，主要由扫描引擎和漏洞库组成。

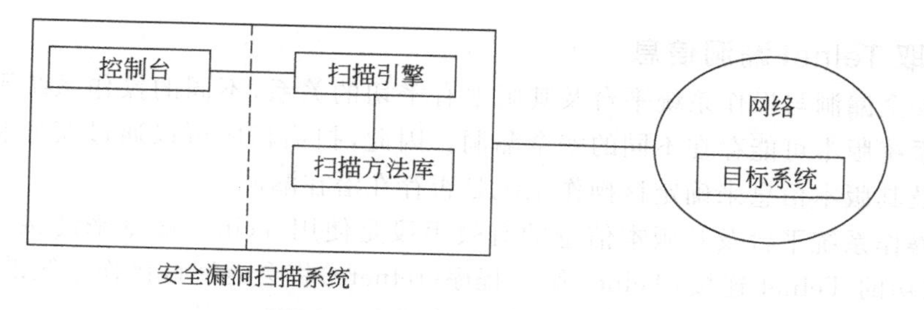

图7.1 安全漏洞扫描系统组成

① 扫描引擎：它是系统的主控程序。在接收到用户的扫描请求后，调用漏洞库中的各种漏洞检测方法对目标系统进行安全漏洞扫描，根据目标系统的反应来判断是否存在安全漏洞，然后将扫描结果返回给客户端。对于检测出的安全漏洞，给出漏洞名称、编号、类型、危险等级、漏洞描述及修复措施等信息。

② 漏洞库：使用特定编程语言编写的各种安全漏洞检测算法集合。通常，漏洞检测算法采用插件技术进行封装，一种漏洞检测算法对应一个插件，扫描引擎通过调用插件来执行漏洞扫描。对于新发现的安全漏洞及其检测算法，可以通过增加插件的方法加入漏洞库中，有利于漏洞库的维护和扩展。另外，一些安全漏洞扫描系统还提供了专用脚本语言来实现安全漏洞检测算法编程，这种脚本语言不仅功能强大，而且简单易学，往往使用十几行代码就可以实现一种安全漏洞的检测，大大简化了插件编程工作。

由于安全漏洞扫描系统基于已知的安全漏洞知识，因此漏洞库的扩展和维护显得十分重要。CERT(Computer Emergency Response Team)、CVE(Common Vulnerabilities and Exposures)等有关国际组织不定期在网上公布新发现的安全漏洞，包括漏洞名称、编号、类型、危险等级、漏洞描述及修复措施等，中国也建立了国家信息安全漏洞共享平台(CNVD)，规范了安全漏洞扫描插件开发和升级。

在实际应用中，不论是主机漏洞扫描系统还是网络漏洞扫描系统，及时更新漏洞库是十分重要的，以便漏洞扫描系统及时检测到新的安全漏洞。对于检测到安全漏洞，应当及时安装补丁程序或升级软件版本，消除安全漏洞对系统安全的威胁。

7.2.4 漏洞扫描方法举例

利用网络安全漏洞扫描系统可以对网络中任何系统或设备进行漏洞扫描，搜集目标系统相关信息，如各种端口的分配、所提供的服务、软件的版本、系统的配置以及匿名用户是否可以登录等，从而发现目标系统潜在的安全漏洞。下面是几种典型的安全漏洞扫描方法。

1. 获取主机名和IP地址

利用whois命令，可以获得目标网络上的主机列表，或者其他有关信息(如管理员名字信息等)。利用host命令可以获得目标网络中有关主机IP地址。进一步，利用目标网络的主机名和IP地址可以获得有关操作系统的信息，以便寻找这些系统上可能存在的安全漏洞。

2. 获取 Telnet 漏洞信息

很多安全漏洞与操作系统平台及其版本有密切的关系，不同的操作系统平台或者不同的操作系统版本可能存在不同的安全漏洞。因此，扫描程序可以通过获取和检查操作系统类型及其版本信息来确定该操作系统是否存在潜在漏洞。

获得操作系统平台及其版本信息的有效手段是使用 Telnet 命令来连接一个操作系统，对于成功的 Telnet 连接，Telnet 服务程序(telnetd)将会返回该操作系统的类型、内核版本号、厂商名、硬件平台等信息。类似的方法还有 FTP 命令等。

有些操作系统的 telnetd 程序本身还存在缓冲区溢出漏洞，在处理 telnetd 选项的函数中，没有对边界进行有效检查。当使用某些选项时，可能发生缓冲区溢出。例如，在 Linux 系统下，如果用户获取了对系统的本地访问权限，则可通过 telnetd 漏洞为/bin/login 设置环境变量。当环境变量重新分配内存时，便能改变任意内存中的值。这样，攻击者有可能从远程获得 Root 权限。

解决方案是更新 Telnet 软件版本，或者禁止不可信的用户访问 Telnet 服务。

3. 获取 FTP 漏洞信息

利用 FTP 命令连接一个操作系统，同样可以获得有关操作系统类型及其版本信息。

另外，扫描程序还可以通过匿名(anonymous)用户名登录 FTP 服务(ftpd)来测试该操作系统的匿名 FTP 是否可用。如果允许匿名登录，则检查 ftp 目录是否允许匿名用户进行写操作。对于允许写 ftp 目录的匿名 FTP，一旦受到 FTP 跳转(Bounce)攻击，就会引起系统停机。

FTP 跳转攻击是指攻击者利用一个 FTP 服务器获取对另一个主机系统的访问权，而该主机系统是拒绝攻击者直接连接的。典型的例子是目标主机被配置成拒绝使用特定的 IP 地址屏蔽码进行连接，而攻击者主机的 IP 地址恰好就在该屏蔽码内。处于屏蔽码内的主机是不能访问目标主机上的 ftp 目录的。为了绕过这个限制，攻击者可以使用另一台中间主机来访问目标主机，将一个包含连接目标主机和获取文件命令的文件放到中间主机的 ftp 目录中。当使用中间主机进行连接时，其 IP 地址是中间主机的，而不是攻击者主机的。目标主机便允许这次连接请求，并且向中间主机发送所请求的文件，从而实现对目标主机的间接访问。

解决方案是升级 FTP 软件版本，修改 ftpd 的登录提示信息，关闭不必要的匿名 FTP 服务等。

4. 获取 Sendmail 漏洞信息

UNIX 系统都是通过 Sendmail 程序提供 E-mail 服务的，通过 Sendmail 守护程序来监听 SMTP 端口，并响应远程系统的 SMTP 请求。在大多数的 UNIX 系统中，Sendmail 程序运行在 set-uid 根上，并且程序代码量较大，使 Sendmail 成为许多安全漏洞的根源和攻击者首选的攻击目标。

攻击者通过与 SMTP 端口建立直接的对话(TCP 端口号为 25)，向 Sendmail 守护进程发出询问，Sendmail 守护进程则会返回有关的系统信息，如 Sendmail 的名字、版本号以及配置文件版本等。由于 Sendmail 的老版本存在着一些广为人知的安全漏洞，所以通过版本号可以发现潜在的安全漏洞。最常见的Sendmail漏洞有调试函数缓冲区溢出、syslog命令缓冲区溢出、Sendmail跳转等。

解决方案是通过安装补丁程序或升级Sendmail的版本来修补这些安全漏洞。

5. TCP端口扫描

TCP端口扫描是指扫描程序试图与目标主机的每一个TCP端口建立远程连接，如果目标主机的某一TCP端口处于监听工作状态，则会进行响应。否则，这个端口是不可用的，没有提供服务。攻击者经常利用TCP端口扫描来获得目标主机中的/etc/inetd.conf文件，该文件包含由inetd提供的服务列表。

解决方案是关闭不必要的TCP端口。

6. 获取Finger漏洞信息

Finger服务用来提供网上用户信息查询服务，包括网上成员的用户名、最近的登录时间、登录地点等，也可以用来显示一个主机上当前登录的所有用户名。对于攻击者来说，获得一个主机上的有效登录名及其相关信息是很有价值的。

解决方案是关闭一个主机上的Finger服务。

7. 获取Portmap信息

通常，操作系统主要采用三种机制提供网络服务：由守护程序始终监听端口、由inetd程序监听端口并动态激活守护程序、由Portmap程序动态分配端口的RPC服务。攻击者可以通过rpcinfo命令向一个远程主机上的Portmap程序发出询问，探测该主机上提供了哪些可用的RPC服务。Portmap程序将会返回该主机上可用的RPC服务、相应的端口号、所使用的协议等信息。常见的RPC服务有rpc.mountd、rpc.statd、rpc.csmd、rpc.ttybd、amd、NIS和NFS等，它们都是被攻击的目标。

解决方案是关闭一个主机上的Portmap服务（TCP端口111）。

8. 获取Rusers信息

Rusers是一种RPC服务，如果远程主机上的Rusers服务被加载，可以使用rusers命令来获取该主机上的用户信息列表，包括用户名、主机名、登录的终端、登录的日期和时间等。这些信息看起来似乎无需保密，但对攻击者来说却是十分有用的。因为当攻击者收集到了某一系统上足够多的用户信息后，便可以通过口令尝试登录方式来试图推测出其中某些用户的口令。由于有些用户总喜欢使用简单的口令，如口令与用户名相同，或者口令是用户名后加三位或四位数字等。一旦这些用户的口令被猜中，获得该系统的Root权限只是一个时间问题。

解决方案是关闭一个主机上的Rusers服务。

9. 获取Rwho信息

Rwho服务是通过守护程序（rwhod）向其他rwhod程序定期地广播“谁在系统上”的信息。因此，Rwho服务存在着一定的安全隐患。另外，攻击者向rwhod进程发送某种格式的数据包后，将会导致rwhod的崩溃，引起拒绝服务。

解决方案是关闭一个主机上的Rwho服务。

10. 获取 NFS 漏洞信息

NFS(Network File System)提供了网络文件传送服务,并且还可以使用 MOUNT 协议来标识要访问的文件系统及其所在的远程主机。从网络文件传送的角度,NFS 有着良好的扩展性和透明性,并简化了网络文件管理操作。从网络安全的角度,NFS 却存在较大的安全隐患,主要表现在以下几个方面。

(1) 获取 NFS 输出信息:NFS 采用客户/服务器结构。客户端是一个使用远程目录的系统,通过远程目录来使用远程服务器上的文件系统,如同使用本地文件系统一样;服务器端为客户提供磁盘资源共享服务,允许客户访问服务器磁盘上的有关目录或文件。客户端需要将服务器的文件系统安装在本地文件系统上,由服务器端的 mountd 守护进程负责安装和连接文件系统,而 NFS 协议只负责文件传输工作。在一般的 UNIX 系统中,把远程共享目录安装到本地的过程称为安装(mountd)目录,这是客户端的功能。为客户机提供目录的过程称为输出(exporting)目录,这是服务器端的功能。客户端可以使用 showmount 命令来查询 NFS 服务器上的信息,例如 rpc. mounted 中的具体内容、通过 NFS 输出的文件系统以及这些系统的授权等信息。攻击者可以通过分析这些信息和输出目录的授权情况来寻找脆弱点。

(2) NFS 的用户认证问题:NFS 提供一种简单的用户认证机制,一个用户的标识信息有用户标识符(UID)和所属用户组标识符(GID),服务器端通过检查一个用户的 UID 和 GID 来确认用户身份。由于每个主机的 Root 用户都有权在自己的机器上设置一个 UID,而 NFS 服务器则不管这个 UID 来自何方,只要 UID 匹配,就允许这个用户访问文件系统。例如,服务器上的目录/home/frank 允许远程主机安装,但只能由 UID 为 501 的用户访问。如果一个主机的 root 用户新增一个 UID 为 501 的用户,然后通过这个用户登录并安装该目录,便可以通过 NFS 服务器的用户认证,获得对该目录的访问权限。另外,大多数 NFS 服务器可以接受 16 位的 UID,这是不安全的,容易产生 UID 欺骗问题。

解决方案是最好禁止 NFS 服务。如果一定要提供 NFS 服务,则必须采用有效的安全措施。例如,正确地配置输出目录,将输出的目录设置成只读属性,不要设置可执行属性,不要在输出的目录中包含 home 目录,禁止有 SUID 特性的程序执行,限制客户的主机地址,使用有安全保证的 NFS 实现系统等。

11. 获取 NIS 漏洞信息

NIS(Network Information Service)提供了黄页(Yellow Pages)服务,在一个单位或者组织中允许共享信息数据库,包括用户组、口令文件、主机名、别名、服务名等信息。通过 NIS 可以集中地管理和传送系统管理方面的文件,以保证整个网络管理信息的一致性。

NIS 也基于客户/服务器模式,并采用域模型来控制客户机对数据库的访问,数据库通常由几个标准的 UNIX 文件转换而成,称为 NIS 映像。一个 NIS 域中所有的计算机不但共享了 NIS 数据库文件,也共享着同一个 NIS 服务器。每个客户机都要使用一个域名来访问该域中的 NIS 数据库。所有的数据库文件都存放在 NIS 服务器上,ASCII 码文件一般保存在/var/yp/domainname 目录中。客户机可以使用 domainname 命令来检查和设置NIS域名。NIS服务器向NIS域中所有的系统分发数据库文件时，一般不做检查。这显然是一个潜在的安全漏洞。因为获得NIS域名的方法有很多，如猜测法等，一旦攻击者获得了NIS域名，就可以向NIS服务器请求任意的NIS映射，包括passwd映射、hosts映射以及aliases映射等，从而获取重要的信息。另外，攻击者还可以利用Finger服务向NIS服务器发动拒绝服务攻击。

解决方案是不要在不可信的网络环境中提供NIS服务，NIS域名应当是秘密的且不易被猜中。

12. 获取NNTP信息

NNTP(Network News Transport Protocol)是网络新闻传输协议，既可用于新闻组服务器之间交换新闻信息，也可用于新闻阅读器(newsreader)与新闻服务器之间交换新闻信息。攻击者利用NNTP服务可以获取目标主机中有关系统和用户的信息。NNTP还存在与SMTP相类似的脆弱性，但可以通过选择所连接的主机进行保护。

解决方案是关闭NNTP服务。

13. 收集路由信息

根据路由协议，每个路由器都要周期地向相邻的路由器广播路由信息，通过交换路由信息来建立、更新和维护路由器中的路由表。路由表信息可以使用netstat -nr命令来查询，通过路由表信息可以推测出目标主机所在网络的基本结构。因此，攻击者在攻击目标系统之前都要通过多种方法来收集目标系统所在网络的路由信息，从中推测出网络结构。

14. 获取SNMP漏洞信息

SNMP(Simple Network Management Protocol)是一种基于TCP/IP的网络管理协议，用于对网络设备的管理。它采用管理器/代理结构，代理程序(snmpd)驻留在网络设备(如路由器、交换机、服务器等)上，监听管理器的访问请求，执行相应的管理操作。管理器通过SNMP协议可以远程地监控和管理网络设备。SNMP请求有两种：一种是SNMP GetRequest，读取数据操作；另一种是SNMP SetRequest，写入数据操作。对于SNMP来说，主要存在以下安全漏洞。

(1) 身份认证漏洞：SNMP代理是通过SNMP请求中所包含的Community名来认证请求方身份的，并且是唯一的认证机制。大多数SNMP设备的默认Community名为public或private。在这种情况下，攻击者不仅可以获得远程网络设备中的敏感信息，而且还能通过远程执行指令关闭系统进程，重新配置或关闭网络设备。

(2) 管理信息获取漏洞：在SNMP代理与管理器之间的管理信息是以明文传输的，而管理信息中包含了网络系统的详细信息，如连入网络的系统和设备等。攻击者可以利用这些信息找出攻击目标并规划攻击。

解决方案是关闭SNMP服务，或者升级SNMP的版本(SNMP v3的安全性要优于SNMP v2)。

15. TFTP文件访问

TFTP服务主要用于局域网中，如无盘工作站启动时传输系统文件。TFTP的安全性极差，存在很多的安全漏洞。例如，在很多系统上的 TFTP 没有任何的身份认证机制，经常被攻击者用来窃取密码文件/etc/passwd；有些系统上的 TFTP 存在目录遍历漏洞（如 Cisco TFTP Server v1.1），攻击者可以通过 TFTP 服务器访问系统上的任意文件，造成信息泄露。

解决方案是关闭 TFTP 服务。

16. 远程 shell 访问

在 UNIX 系统中，有许多以 r 为前缀的命令，用于在远程主机上执行命令，如 rlogin，rsh 等。它们都在远程主机上生成一个 shell，并允许用户执行命令。这些服务是基于信任的访问机制，这种信任取决于主机名与初始登录名之间的匹配，主机名与登录名存放在 local.rhosts 或 hosts.equiv 文件中，并可以使用通配符。通配符允许一个系统中的任意用户获得访问权，或者允许任何系统中的任何用户获得访问权。这就给攻击者提供了很大的方便，rhosts 文件成为主要的攻击目标。因此，这种基于信任的访问机制是很危险的。

解决方案是使用防火墙屏蔽 shell 与 login 端口，防止外部用户获得对这些服务的直接访问。在防火墙上还要禁止使用 local.rhosts 或 hosts.equiv 文件。同时，在本地系统中应尽可能地禁止或严格地限制 rsh 和 rlogin 服务的使用。

17. 获取 Rexd 信息

Rexd 服务允许用户在远程服务器上执行命令，与 rsh 类似。但它是通过使用 NFS 将用户的本地文件系统安装在远程系统上来实现的，本地环境变量将输出到远程系统上。远程系统一般只确认用户的 UID 与 GID，而不做其他身份认证。用户使用 on 命令调用远程 Rexd 服务器上的命令，on 命令将继承用户当前的 UID。因此，它有可能被攻击者利用在一个远程系统上执行命令，存在较大的安全隐患。

解决方案是关闭该服务。

18. CGI 滥用

CGI（Common Gateway Interface）是外部网关程序与 HTTP 协议之间的接口标准，Web 服务器一般都支持 CGI，以便提供 Web 网页的交互功能。为了动态地交换信息，CGI 程序是动态执行的，并且以 Web 服务器相同的权限运行。攻击者可以利用有漏洞的 CGI 程序执行恶意代码，如篡改网页、盗窃信用卡信息、安装后门程序等。因此，CGI 是非常不安全的。

CGI 安全问题的解决方案是：

(1) 不要以 Root 身份运行 Web 服务器；

(2) 删除 bin 目录下的 CGI 脚本解释器；

(3) 删除不安全的 CGI 脚本；

(4) 编写安全的 CGI 脚本；

(5) 在不需要 CGI 的 Web 服务器上不要配置 CGI。

在安全漏洞扫描系统中，将各种扫描方法编写成插件程序，形成漏洞扫描方法库，在系统的统一调度下自动完成对一个目标系统的扫描和检测，并将扫描结果生成一个易于理解的检测报告。例如,使用安全漏洞扫描系统检测IP地址为119.20.67.45的主机上20～100号TCP端口的工作状态,其检测结果如下:

```
119.20.67.45  21  accepted.
119.20.67.45  23  accepted.
119.20.67.45  25  accepted.
119.20.67.45  80  accepted.
```

上述检测结果表明,这台主机上的21,23,25和80号TCP端口都被打开,正在提供相应的服务。在TCP/IP协议中,1024以下的端口都是周知的端口,与一个公共的服务相对应,例如21号端口对应于FTP服务,23号端口对应于Telnet服务、25号端口对应于E-mail服务、80号端口对应于Web服务等。如果发现该主机上打开的TCP端口与实际提供的服务不相符,或者打开了一些可疑的TCP端口,则说明该主机可能被安放了后门程序或存在安全隐患,应当及时采取措施封堵这些端口。

7.2.5　漏洞扫描系统实现

在网络漏洞扫描系统中,漏洞扫描程序通常采用插件技术来实现。一种漏洞扫描程序对应一个插件,扫描引擎通过调用插件的方法来执行漏洞扫描。插件可以采用两种方法来编写,一种是使用传统的高级语言,例如C语言,它需要事先使用相应的编译器对这类插件进行编译;另一种是使用专用的脚本语言,脚本语言是一种解释型语言,它需要使用专用的解释器,其语法简单易学,可以简化新插件的编程,使系统的扩展和维护更加容易。网络漏洞扫描系统应当支持这两种插件实现方法,并提倡使用脚本语言。

在网络漏洞扫描系统中,不仅要使用标准化名称来命名和描述漏洞,而且还要建立规范的插件编程环境。为此,系统必须提供一种规范化的插件编程和运行环境,这种环境采用插件框架结构,由一组函数和全局数据结构组成,其主要函数如下。

(1) 插件初始化函数:提供了插件初始化功能,一个插件应该包含这个函数。

(2) 插件运行函数:提供了插件运行功能,包含了该插件对应的漏洞扫描执行过程。

(3) 库函数:提供了插件可能使用的功能函数。

(4) 目标主机操作函数:提供了获取被扫描主机有关信息(如主机名、IP地址、开放端口号等)功能。

(5) 网络操作函数:提供了基于套接字(Socket)的网络操作机制。

(6) 插件间通信函数:提供了插件间共享检测结果的通信机制。

(7) 漏洞报告函数:提供了漏洞描述和报告功能。

(8) 插件库接口函数:提供了与共享插件库交互的接口功能,共享插件库就是上述的扫描程序库,一个插件必须进入共享插件库后才是可用的。

插件以文件形式存放在服务器端,服务器采用链表结构来管理所有的插件。在服务器启动时,首先加载和初始化所有的插件链表,然后根据客户请求调用相应的插件完成漏洞扫描工作。下面是插件的工作过程。

(1) 插件初始化。

服务器采用两级链表结构来管理所有的插件,参见图7.2,第一级链表是主链表,包含了所有插件链表的全局参数，如最大线程数、扫描端口范围、配置文件路径名、插件文件路径名等，在服务器启动时完成初始化设置；第二级链表是插件链表，每个插件都对应一个插件链表，存放相应插件的参数，如插件名、插件类型、插件功能描述等，通过调用插件内部的插件初始化函数完成初始化设置。

(2) 插件选择。

完成插件初始化后，在服务器主链表的插件链表中记录了所有插件信息。这时，服务器端向客户端发送一个插件列表，它包含了所有插件的插件名和插件功能描述等信息。用户可以在客户端上选择本次扫描所需的插件，然后将选择结果传送给服务器。服务器端将这些插件标记在相应的插件链表上。

(3) 插件调用。

主控程序首先检索插件链表，找到被选择的插件。然后直接调用该插件的插件运行函数执行漏洞扫描过程，它包括漏洞扫描和结果传送两部分。

(4) 结果处理。

插件运行函数将扫描结果写入该插件的插件链表中，扫描结果包括漏洞描述、危险性等级、端口号、修补建议等。所有指定的扫描全部完成后，服务器将所有扫描结果传送给客户端。

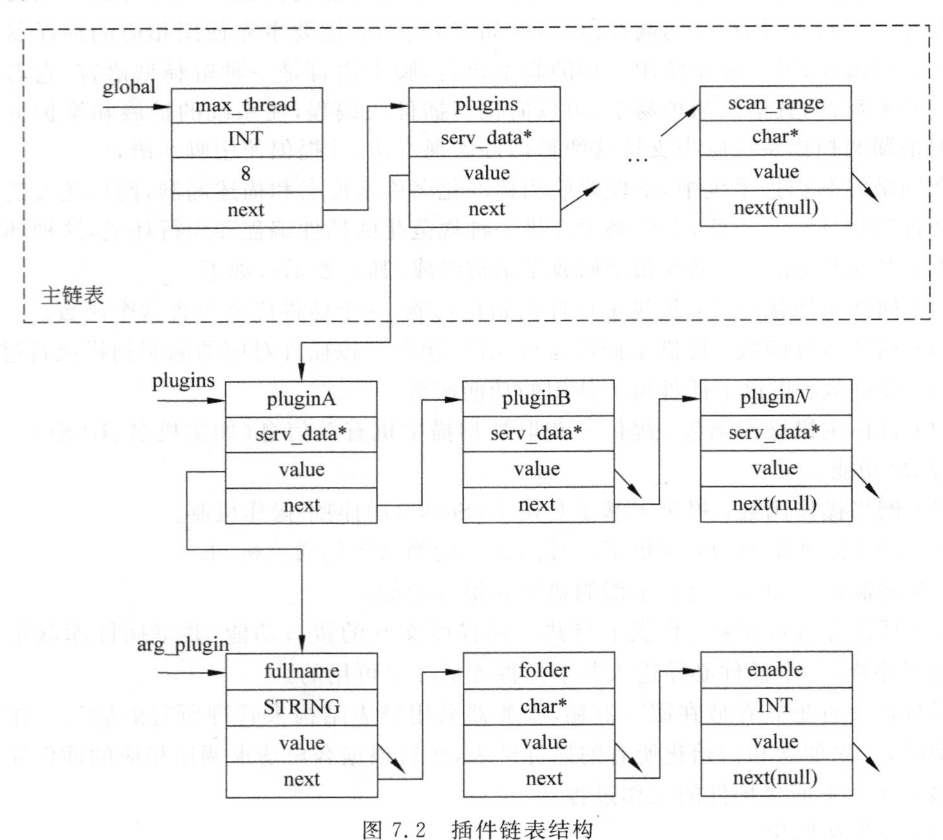

图 7.2 插件链表结构

插件库的更新和维护可以采取两种方法：一是下载标准的 CVE 插件；二是自行编写插件，然后将插件添加到插件库中。为了简化和规范插件的编写，可以采用插件生成器技术来指导和协助插件的编程。

7.2.6　漏洞扫描系统应用

在实际应用中，网络漏洞扫描系统通常连接在网络主干的核心交换机端口上，对全网的各种网络设备、服务器、主机进行安全漏洞扫描。在安全漏洞扫描时，所有的设备和计算机应处于开机状态，以便保证安全漏洞扫描的广度和深度。图 7.3 为一种网络漏洞扫描系统的管理界面，图 7.4 为漏洞扫描结果。

安全漏洞扫描系统

扫描管理　已有任务　新建任务　扫描配置　测试配置　扫描目标　凭据信息　报告格式　系统管理　用户管理　插件管理　系统设置　系统帮助　帮助　关于　注销

已有任务一览

新建　修改　删除　详情　开始　暂停　继续　停止　刷新

序号	任务名称	任务状态	首次扫描日期	最近扫描日期	风险级别	变化趋势
1	mytest03	Done	2011-12-19	2012-11-20		same
2	mytest04	Done	2011-12-19	2012-11-20		down
3	scan 418...	Done	2011-12-22	2011-12-22		
4	2k3_scan	Done	2011-12-22	2012-11-9		same
5	losttest	New				
6	yigexinr...	New				
7	eyruweirqw	New				
8	mk in win7	New				
9	mk in win72	New				
10	mktest i...	New				

已经登录到：10.13.32.72：9390　|登录用户：admin　|任务状态

图 7.3　一种网络漏洞扫描系统管理界面

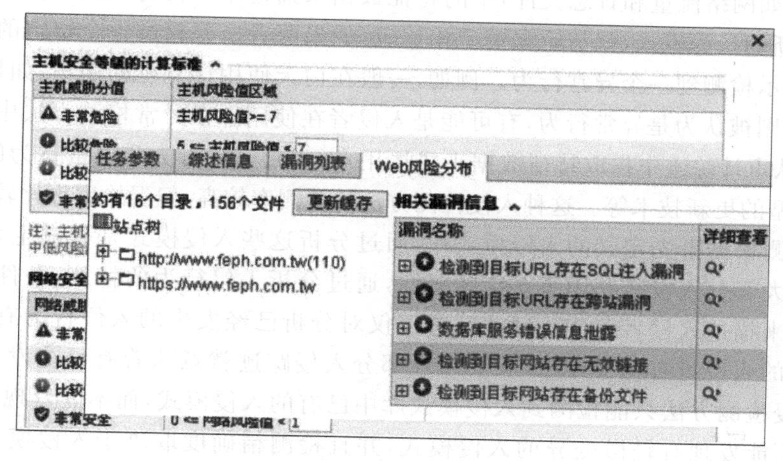

图 7.4　漏洞扫描结果显示

网络漏洞扫描系统是一种重要的网络安全管理工具，根据所制定的安全策略，定期对网络系统进行安全漏洞扫描，其扫描结果可作为评估网络安全风险的重要依据。网络漏洞扫描系统是一把双刃剑，攻击者也可以通过网络漏洞扫描系统寻找安全漏洞，并加以利用实施网络攻击。因此，定期对网络系统进行安全漏洞扫描是十分重要和必要的，一旦发现安全漏洞，应及时修补，并且要定期更新扫描方法库（亦称漏洞库），使网络漏洞扫描系统能够检测到新的安全漏洞并及时修补。

7.3 网络入侵检测技术

网络入侵检测是一种动态的安全检测技术，能够在网络系统运行过程中发现入侵者的攻击行为和踪迹，一旦发现网络攻击现象，则发出报警信息，还可以与防火墙联动，对网络攻击进行阻断。

入侵检测系统（Intrusion Detection System，IDS）被认为是防火墙之后的第二道安全防线，与防火墙组合起来，构成比较完整的网络安全防护体系，共同对付网络攻击，进一步增强网络系统的安全性，扩展网络安全管理能力。IDS将在网络系统中设置若干检测点，并实时地监测和收集信息，通过分析这些信息来判断网络中是否发生违反安全策略的行为和被入侵的迹象。如果发现网络攻击现象，则会做出适当的反应，发出报警信息并记录日志，为追查攻击者提供证据。

7.3.1 入侵检测基本原理

从入侵检测方法上，入侵检测技术可分为异常检测（Anomaly Detection）和误用检测（Misuse Detection）两大类。

异常检测是通过建立典型网络活动的轮廓（Profile）模型来实现入侵检测的。它通过提取审计踪迹（如网络流量和日志文件）中的特征数据来描述用户行为，建立轮廓模型。每当检测到一个新的行为模式，就与轮廓模型相比较，如果两者之差超过一个给定的阈值，将会引发报警，表示检测到一个异常行为。例如，一般在白天使用计算机的用户，如果突然在午夜注册登录，则被认为是异常行为，有可能是入侵者在使用。在异常检测方法中，需要解决的问题是：从审计踪迹中提取特征数据来描述用户行为、正常行为和异常行为的分类方法以及轮廓模型的更新技术等。这种入侵检测方法的检测率较高，但误检率也比较高。

误用检测根据事先定义的入侵模式库，通过分析这些入侵模式是否发生来检测入侵行为。由于大部分入侵是利用了系统脆弱性，通过分析入侵行为的特征、条件、排列以及事件间关系来描述入侵者踪迹。这些踪迹不仅对分析已经发生的入侵行为有帮助，而且对即将发生的入侵也有预警作用，只要出现部分入侵踪迹就意味着有可能发生入侵。通常，这种入侵检测方法只能检测到入侵模式库中已有的入侵模式，而不能发现未知的入侵模式，甚至不能发现有轻微变异的入侵模式，并且检测精确度取决于入侵模式库的完整性。这种检测方法的检测率比较低，但误检率也比较低。大多数的商用入侵检测系统都属于这类系统。

从分析数据来源的角度来划分，入侵检测系统可分为基于日志的和基于数据包的两种。

基于日志的入侵检测是指通过分析系统日志信息的方法来检测入侵行为。由于操作系统和重要应用系统的日志文件中包含详细的用户行为信息和系统调用信息，从中可以分析出系统是否被入侵以及入侵者所留下的踪迹等。

基于数据包的入侵检测是指通过捕获和分析网络数据包来检测入侵行为，因为数据包中同样也含有用户行为信息。例如，对于一个TCP连接，与用户连接行为有关的特征数据如下。

(1) 建立TCP连接时的信息：在建立TCP连接时是否经历了完整的三次握手过程，可能的错误信息有：被拒绝的连接、有连接请求但连接没有建立起来(发起主机没有接收到SYN应答包)、无连接请求却接收到了SYN应答包等；

(2) 在TCP连接上传送的数据包、应答(ACK)包以及统计数据：统计数据包括数据重发率、错误重发率、两次ACK包比率、错误包尺寸比率、双方所发送的数据字节数、数据包尺寸比率和控制包尺寸比率等；

(3) 关闭TCP连接时的信息：一个TCP连接以何种方式被终止的信息，如正常终止(双方都发送和接收了FIN包)、异常中断(一方发送了RST包，并所有的数据包都被应答)、半关闭(只有一方发送了FIN包)和断开连接等。

因此，每个TCP连接将形成一个连接记录，包含以下属性信息：开始时间、持续时间、参与主机地址、端口号、连接统计值(双方发送的字节数、重发率等)、状态信息(正常的或被终止的连接)和协议号(TCP或UDP)等。这些属性信息构成了一个用户连接行为的基本特征。

通过分析网络数据包可以将入侵检测的范围扩大到整个网络，并且可以实现实时入侵检测。而基于日志分析的入侵检测则局限于本地用户和主机系统上。

总之，入侵检测系统提供了对网络入侵事件的检测和响应功能。具体地，一个入侵检测系统应提供下列主要功能：

(1) 用户和系统活动的监视与分析；

(2) 系统配置及其脆弱性的分析和审计；

(3) 异常行为模式的统计分析；

(4) 重要系统和数据文件的完整性监测和评估；

(5) 操作系统的安全审计和管理；

(6) 入侵模式的识别与响应，如记录事件和报警等。

入侵检测系统通常由信息采集、信息分析和攻击响应等部分组成，参见图7.5。

1. 信息采集

入侵检测的第一步是信息采集，主要是系统、网络及用户活动的状态和行为等信息。这就需要在计算机网络系统中的关键点(不同网段和不同主机)设置若干个检测器来采集信息，其目的是尽可能地扩大检测范围，提高检测精度。因为来自一个检测点的信息可能不足以判别入侵行为，而通过比较多个检测点的信息一致性便容易辨识可疑行为或入侵活动。

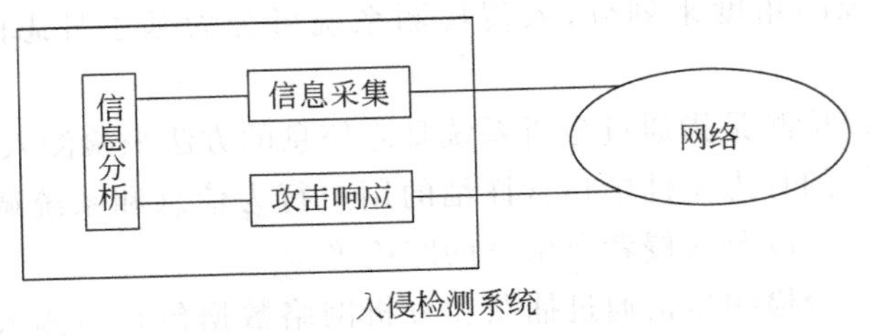

图 7.5　入侵检测系统组成

由于入侵检测很大程度上依赖于所采集信息的可靠性和正确性，因此入侵检测系统本身应当具有很强的健壮性，并且具有保证检测器软件安全性的措施。入侵检测主要基于以下 4 类信息。

(1) 系统日志文件信息：攻击者在攻击系统时，不管成功与否，都会在系统日志文件中留下踪迹和记录。因此，系统日志文件是入侵检测系统主要的信息来源。通常，每个操作系统以及重要应用系统都会建立相应的日志文件，系统自动把网络和系统中所发生的异常事件、违规操作以及系统错误记录在日志文件中，作为事后安全审计和事件分析的依据。通过查看和分析日志文件信息，可以发现系统是否发生被入侵的迹象、系统是否发生过入侵事件、系统是否正在被入侵等，根据分析结果，激活入侵应急响应程序，采取适当的措施，如发出报警信息、切断网络连接等。在日志文件中，记录有各种行为类型，每种类型又包含了多种信息。例如，在"用户活动"类型的日志记录中，包含了系统登录、用户 ID 的改变、用户访问的文件、违反权限的操作和身份认证等信息内容。对用户活动来说，重复的系统登录失败、企图访问未经授权的文件以及登录到未经授权的网络资源上等都被认为是异常的或不期望的行为。

(2) 目录和文件的完整性信息：在网络文件系统中，存储了大量的程序文件和数据文件，其中包含重要的系统文件和用户数据文件，它们往往成为攻击者破坏或篡改的目标。如果在目录和文件中发生了不期望的改变(包括修改、创建和删除)，则意味着可能发生了入侵事件。攻击者经常使用的攻击手法是获得系统访问权；安放后门程序或恶意程序，甚至破坏或篡改系统重要文件；修改系统日志文件，清除入侵活动的痕迹。对这类入侵事件的检测可以通过检查目录和文件的完整性信息来实现。

(3) 程序执行中的异常行为：网络系统中的程序一般包括网络操作系统、网络服务和特定的网络应用(例如数据库服务器)等，系统中的每个程序通常由一个或多个进程来实现，每个进程可能在具有不同权限的环境中执行，这种环境控制着进程可访问的系统资源、程序和数据文件等。一个进程的执行表现为执行某种具体的操作，如数学计算、文件传输、操纵设备、进程通信和其他处理等。不同操作的执行方式，所需的系统资源也不同。如果在一个进程中出现了异常的或不期望的行为，则表明系统可能被非法入侵。攻击者可能会分解和扰乱程序的正常执行，导致系统异常或失败。例如，攻击者使用恶意程序来干扰程序的正常执行，出现用户不期望的操作行为，或者通过恶意程序创建大量的非法进程，抢占有限的系统资源，导致系统产生拒绝服务。

(4) 物理形式的入侵信息：这类信息包含两个方面的内容。一是网络硬件连接；二是未经授权的物理资源访问。攻击者经常使用物理方法来突破网络系统的安全防线，从而达到网络攻击的目的。例如，现在的计算机都支持无线上网，如果用户在访问远程网络时没有采取有效的保护(如身份认证、信息加密等)，则攻击者有可能利用无线监听工具进行非法获取，导致无线上网成为一种威胁网络安全的后门。攻击者就会利用这个后门来访问内部网，从而绕过内部网的防护措施，达到攻击系统、窃取信息等目的。

在系统日志文件中，有些日志信息并非用于信息安全目的，需要花费大量的时间进行筛选处理。因此，一般的入侵检测系统都自带信息采集器或过滤器，有针对性地采集和筛选审计追踪信息。同时，还要充分利用来自其他信息源的信息。例如，有些入侵检测系统采用了三级审计追踪：一级是用于审计操作系统核心调用行为的；二级是用于审计用户和操作系统界面级行为的；三级是用于审计应用程序内部行为的。

2. 信息分析

对于所采集到的信息，主要通过三种分析方法进行信息分析：模式识别、统计分析和完整性分析。模式识别可用于实时入侵检测，而统计分析方法和完整性分析方法则用于事后分析和安全审计。

(1) 模式识别方法：在模式识别方法中，必须预先建立一个入侵模式库，将已知的网络入侵模式存放在该库中。在系统运行时，将采集到的信息与入侵模式库中已知的网络入侵模式和特征进行比较，从而识别出违反安全策略的行为。模式识别精度和执行效率取决于模式识别算法。通常，一种入侵模式可以用一个过程(如执行一条指令)或一个输出(如获得权限)来表示。这种方法的主要优点是只需要收集相关的数据集合，可以显著地减少系统负担，并且具有较高的识别精度和执行效率。由于这种方法以已知的网络入侵模式为基础，不能检测到新的未知入侵模式，因此需要不断地升级和维护入侵模式库。然而，未知入侵模式的发现可能以系统被攻击为代价。

(2) 统计分析方法。在统计分析方法中，首先为用户、文件、目录和设备等对象创建一个统计描述，统计正常使用时的一些测量平均值，如访问次数、操作失败次数和延迟时间等。在系统运行时，将采集到的行为信息与测量平均值进行比较，如果超出正常值范围，则认为发生了入侵事件。例如，使用统计分析来标识一个用户的行为，如果发现一个只能在早6点至晚8点登录的用户却在凌晨2点试图登录，则被认为发生了入侵事件。这种方法的优点是可检测到未知的和复杂的入侵行为。它的缺点是误报率和漏报率比较高，并且不适应用户正常行为的突然改变。在统计分析方法中，有基于常规活动的分析方法、基于神经网络的分析方法、基于专家系统的分析方法、基于模型推理的方法和基于数据挖掘的分析方法等。

① 基于常规活动的分析方法：对用户常规活动的分析是实现入侵检测的基础，通过对用户历史行为的分析来建立用户行为模型，生成每个用户的历史行为记录库，甚至能够学习被检测系统中每个用户的行为习惯。当一个用户行为习惯发生改变时，这种异常行为就会被检测出来，并确定用户当前行为是否合法。例如，入侵检测系统可以对CPU的使用、I/O的使用、目录的建立与删除、文件的读写与修改、网络的访问操作以及应用系统的启动与调用等进行分析和检测。

通过对用户行为习惯的分析可以判断被检测系统是否处于正常使用状态。例如，一个用户通常在正常的上班时间使用机器，根据这个知识，系统很容易地判断机器是否被合法地使用。这种检测方法同样适用于检测程序执行行为和文件访问行为。

② 基于神经网络的分析方法：由于一个用户的行为是非常复杂的，所以实现一个用户的历史行为和当前行为的完全匹配是十分困难的。虚假的入侵报警通常是由统计分析算法所基于的无效假设而引起的。为了提高入侵检测的准确率，在入侵检测系统中引入神经网络技术，用于解决以下几个问题。

a. 建立精确的统计分布：统计方法往往依赖于对用户行为的某种假设，如关于偏差的高斯分布等，这种假设常常导致大量的假报警。而神经网络技术则不依赖于这种假设。

b. 入侵检测方法的适用性：某种统计方法可能适用于检测某一类用户行为，但并不一定适用于另一类用户。神经网络技术不存在这个问题，实现成本比较低。

c. 系统可伸缩性：统计方法在检测具有大量用户的计算机系统时，需要保留大量的用户行为信息。而神经网络技术则可根据当前的用户行为来检测。

神经网络技术也有一定的局限性，并不能完全取代传统的统计方法。

③ 基于专家系统的分析方法：根据安全专家对系统安全漏洞和用户异常行为的分析形成一套推理规则，并基于规则推理来判别用户行为是正常行为还是入侵行为。例如，如果一个用户在5min之内使用同一用户名连续登录失败超过三次，则可认为是一种入侵行为。

这种方法是基于规则推理的，即根据用户历史行为知识来建立相应的规则，以此来推理出有关行为的合法性。当一个入侵行为不触发任何一个规则时，系统就会检测不到这个入侵行为。因此，这种方法只能发现那些已知安全漏洞所导致的入侵，而不能发现新的入侵模式。另外，某些非法用户行为也可能由于难以监测而被漏检。

④ 基于模型推理的分析方法：在很多情况下，攻击者是使用某个已知的程序来入侵一个系统的，如口令猜测程序等。基于模型推理的方法通过为某些行为建立特定的攻击模型来监测某些活动，并根据设定的入侵脚本来检测出非法的用户行为。在理想情况下，应当为不同的攻击者和不同的系统建立特定的入侵脚本。当用户行为触发某种特定的攻击模型时，系统应当收集其他证据来证实或否定这个攻击的存在，尽可能地避免虚假的报警。

(3) 完整性分析方法。在完整性分析方法中，首先使用MD5，SHA等单向散列函数计算被检测对象(如文件或目录内容和属性)的检验值。在系统运行时，将采集到的完整性信息与检验值进行比较，如果两者不一致，则表明被检测对象的内容和属性发生了变化，被认为发生了入侵事件。这种方法能够识别被检测对象的微小变化或修改，如应用程序或网页内容被篡改等。由于该方法一般采用批处理方式来实现，因此不能实时地做出响应。完整性分析方法是一种重要的网络安全管理手段，管理员可以每天在某一特定时段内启动完整性分析模块，对网络系统的完整性进行全面检查。

可见，任何一种分析方法都有一定的局限性，应当综合运用各种分析方法来增强入侵检测系统的检测精度和准确率。

3. 攻击响应

攻击响应是指入侵检测系统在检测出入侵事件时所做的处理。通常，攻击响应方法主要是发出报警信息，报警信息发送到入侵检测系统管理控制台上，也可以通过 E-mail 发送到有关人员的邮箱中，具体取决于一个入侵检测系统产品所支持的报警方式和配置。同时，还要将报警信息记录在入侵检测系统的日志文件中，作为追查攻击者的证据。

一些入侵检测系统产品支持与防火墙的联动功能，当入侵检测系统检测到正在进行的网络攻击时，向防火墙发出信号，由防火墙来阻断网络攻击行为。

7.3.2 入侵检测主要方法

目前，入侵检测技术的研究重点是针对未知攻击模式的检测方法及其相关技术，并提出了一些检测方法，如数据挖掘、遗传算法、免疫系统等。其中，基于数据挖掘的检测方法通过分类、连接分析和顺序分析等数据分析方法来建立检测模型，提高对未知攻击模式的检测能力。

在数据挖掘中，采用分类方法对审计数据进行分析，建立相应的检测模型，并依据检测模型从当前和今后的审计数据中检测出已知的和未知的入侵行为，其检测模型的精确度依赖于大量的训练数据和正确的特性数据集。关联规则和频繁事件算法主要用于计算审计数据的一致模式，这些模式组成了一个审计追踪的轮廓，可用于指导审计数据的收集、系统特性的选择以及入侵模式的发现等。

1. 数据预处理

在基于数据挖掘的入侵检测方法中，首先需要采集大量的审计数据，其中应当包含代表"正常"行为和"异常"行为的两类数据。然后对数据进行预处理，构造两个样本数据集：训练数据集和测试数据集。也可以先构造一个较大的样本数据集，然后将样本数据集分成训练数据集和测试数据集两部分，两者的比例大致为6∶4。

样本数据集主要自来于每个主机上的日志文件或实时采集的网络数据包。为了描述一个程序或用户的行为，需要从样本数据集中提取有关的特征数据，如使用 TCP 连接数据来描述用户连接行为。

2. 数据分类

分类是数据挖掘中常用的数据分析方法，通过分类算法将一个数据项映射到预定义的某种数据类上，并生成相应的模型或分类器输出。分类一般分为两个阶段。

第一阶段是使用一种分类算法建立模型或分类器，描述预定的数据类集合。分类算法首先在一个由样本数据组成的训练数据集上进行学习，然后根据数据特征和描述将一个数据项映射到预定义的某一数据类中，并建立分类器模型。分类算法可以采用分类规则、判定树或数学公式等。

第二阶段是在测试数据集上应用分类器进行数据分类测试，对分类器的精确度和效率进行评估。

将分类方法应用于入侵检测时，首先需要采集大量的审计数据，其中包含"正常"和"异常"两类数据，经过数据预处理后，构造一个训练数据集和一个测试数据集。然后在训练数据集上应用一种分类算法，建立分类器模型，分类器中的每个模式分别描述了一种系统行为样式。最后将分类器应用于测试数据集，评估分类器的精确度。一个良好的分类器应当具有高检测率和低误检率，检测率是指正确检测到异常行为的概率，误检率是指错误地将正常行为当作异常行为的概率，它也称为假肯定率。一个良好的分类器可以用于今后对未知恶意行为的检测。

为了提高检测精确度，可以采用基于多个检测模型联合的分类模型，将多个分类器输出的不同证据组合成一个联合证据，以便产生一个更为精确的断言。这种联合分类模型可以采用一种层次化检测模型来实现。它定义了两种分类器：基础分类器和中心分类器，并按两层结构来组织这些分类器。底层是多个基础分类器，基础分类器的每个模式对应于一种系统行为样式，其作用是根据训练数据中的特征数据来判断一种系统行为是否符合该模型，然后作为证据提交给中心分类器进行最后的决策；高层是中心分类器，它根据各个基础分类器提交的证据产生最终的断言。这种层次化检测模型的基本学习方法如下。

(1) 构造基础分类器：每个模型对应于不同的系统行为样式；

(2) 表达学习任务：训练数据中的一个记录可以看作一个基础分类器所采集的证据，基础分类器将根据一个记录中的每个属性值来判定该系统行为是属于“正常”还是属于“异常”，即它是否符合该模型；

(3) 建立中心分类器：使用一种学习算法来建立中心分类器，并输出最终的断言。

基于不同系统行为模式的多个证据进行综合决策，显然可以提高分类模型的精确度。这种层次化检测模型可以映射成一种分布式系统结构，不仅有利于提高检测精确度，并且还有利于分散检测任务负载，提高分类模型的执行效率。

3. 关联规则

关联规则主要用于从大量数据中发现数据项之间的相关性。数据形式是数据记录集合，每个记录由多个数据项组成。

一个关联规则可以表示成：$X \rightarrow Y$、置信度(confidence)和支持度(support)。其中，X 和 Y 是一个记录中的项目子集，支持度是包含 $X+Y$ 记录的百分比，置信度是 support$(X+Y)$/support(X)比率。

在入侵检测中，关联规则主要用于分析和发现日志数据之间的相关性，为正确地选择入侵检测系统特性集合提供决策依据。

日志数据被表示成格式化的数据库表，其中每一行是一个日志记录，每一列是一个日志记录的属性字段，以表示系统特性。在这些系统特性中，明显存在着用户行为的频繁相关性。例如，为了检测出一个已知的恶意程序行为，可以将一个特权程序的访问权描述为一种程序策略，它应当与读写某些目录或文件的特定权限相一致，通过关联规则可以捕获这些行为的一致性。

例如，将一个用户使用 shell 命令的历史记录表示成一个关联规则：trn→rec.log；[0.4, 0.15]。其中，置信度为 0.4，支持度为 0.15，它表示该用户调用 trn 时，40%的时间是在读取 rec.log 中的信息，并且这种行为占该用户命令历史记录中所有行为的 15%。

4. 频繁事件

频繁事件是指频繁发生在一个滑动时间窗口内的事件集，这些事件必须以特定的最小频率同时发生在一个滑动时间窗口内。频繁事件分为顺序频繁事件和并行频繁事件，一个顺序频繁事件必须按局部时间顺序地发生，而一个并行频繁事件则没有这样的约束。

对于 X 和 Y，$X+Y$ 则是一个频繁事件，而 $X\rightarrow Y$，confidence＝frequency($X+Y$)/frequency(X)和 support＝frequency($X+Y$)称为一个频繁事件规则。例如，在一个 Web 网站日志文件中，一个顺序频繁事件规则可以表示为 home，research→security；[0.3，0.1]，[30s]。它表示当用户访问该网页(home)和研究项目简介(research)时，在 30s 时间内随后访问信息安全组(security)网页的情况为 30%，并且发生这个访问顺序的置信度为 0.3，支持度为 0.1。

由于程序执行和用户命令中明显存在着顺序信息，使用频繁事件算法可以发现日志记录中的顺序信息以及它们之间的内在联系。这些信息可用于构造异常行为轮廓。

5. 模式发现和评价

使用关联规则和频繁事件算法可以从审计踪迹中生成一个规则集，它们由关联规则和频繁事件组成，可用于指导审计处理。为了从审计踪迹中发现新的模式(规则)，可以多次以不同的设置来运行一个程序，以便生成新的审计踪迹。对于每次程序运行所发现的新规则，可以通过合并处理加入现有的规则集中，并使用匹配计数器(match_count)来统计在规则集中规则的匹配情况。

在规则集稳定(即无新规则的加入)后，便产生一个基本的审计数据集。然后通过修剪规则集，去除那些 match_count 值低于某一阈值的规则，其中阈值是基于 match_count 值占审计踪迹总量的比率来确定的，通常由用户指定。

从日志数据中发现的模式可以直接用于异常检测。首先使用关联规则和频繁事件算法从一个新的审计踪迹中生成规则集，然后与已建立的轮廓规则集进行比较，通过评分(scoring)功能进行模式评估。通常，它可以识别出未知的新规则、支持度发生改变的规则以及与支持度/置信度相悖的规则等。

为了评估分类器的精确度，通常使用一个测试数据集对分类器进行测试。根据有关的研究和实验，基于数据挖掘的入侵检测方法具有较高的检测率和较低的误检率，具体的与所采用挖掘算法、训练数据集以及系统构成等因素有关。

7.3.3 入侵检测系统分类

从系统结构和检测方法上，入侵检测系统主要分成两类：基于主机的入侵检测系统(Host-based IDS，HIDS)和基于网络的入侵检测系统(Network-based IDS，NIDS)。

1. 基于主机的入侵检测系统

HIDS 是通过分析用户行为的合法性来检测入侵事件的。在 HIDS 中，可以把入侵事件分为三类：外部入侵、内部入侵和行为滥用。

(1) 外部入侵：它是指入侵者来自于计算机系统外部，可以通过审计企图登录系统的失败记录来发现外部入侵者。

(2) 内部入侵：它是指入侵者来自于计算机系统内部，主要是由那些有权使用计算机，但无权访问某些特定网络资源的用户或程序发起的攻击，包括假冒用户和恶意程序。

可以通过分析企图连接特定文件、程序和其他资源的失败记录来发现它们，例如，可以通过比较每个用户的行为模型和特定的行为来发现假冒用户；可以通过监测系统范围内的某些特定活动（如CPU、内存和磁盘等活动），并与通常情况下这些活动的历史记录相比较来发现恶意程序。

（3）行为滥用：它是指计算机系统的合法用户有意或无意地滥用他们的特权，只靠审计信息来发现他们往往是比较困难的。

HIDS采用审计分析机制，首先从主机系统的各种日志中提取有关信息，如哪些用户登录了系统、运行了哪些程序、哪些文件何时被访问或修改过、使用了多少内存和磁盘空间等。由于信息量比较大，必须采用专用检测算法和自动分析工具对日志信息进行审计分析，从中发现一些可疑事件或入侵行为。系统实现方法有两种：脱机分析和联机分析。脱机分析是指入侵检测系统离线对日志信息进行处理，分析和判别计算机系统是否遭受过入侵，如果系统被入侵过，则提供有关攻击者的信息。联机分析是指入侵检测系统在线对日志信息进行处理，当发现有可疑的入侵行为时，系统立刻发出报警，以便管理员对所发生的入侵事件做出适当的处理。

审计分析机制不仅提供了对入侵行为的检测功能，而且还提供了用户行为的证明功能，可以用来证明一个受到怀疑的人是否有违法行为。因此，这种审计分析机制不仅是一种技术手段，还具有行为约束能力，促使用户为自己的行为负责，增强用户的责任感。进一步，审计分析机制可以用来发现那些合法用户滥用特权或者来自内部的攻击。

HIDS是一种基于日志的事后审计分析技术，并非实时监测网络流量，因此对入侵事件反应比较迟钝，不能提供实时入侵检测功能。另外，HIDS产品与操作系统平台密切相关，只局限于少数几种操作系统。

2. 基于网络的入侵检测系统

NIDS采用实时监测网络数据包的方法进行动态入侵检测，NIDS一般部署在网络交换机的镜像端口上，实时采集和检查数据包头和内容，并与入侵模式库中已知的入侵模式相比较。如果检测到恶意的网络攻击，则采取适当的方法进行响应。通常，NIDS由检测器、分析器和响应器组成。

（1）检测器：用于采集和捕获网络中的数据包，并将异常的数据包发送给分析器。根据安全策略，可以部署在多个网络关键位置上。如果要检测来自互联网的攻击，则应当将检测器部署在防火墙的外面。如果要检测来自内部网的攻击，则应当将检测器部署在被监测系统的前端。

（2）分析器：接收来自检测器的异常报告，根据数据库中已知的入侵模式进行分析比较，以确定是否发生了入侵行为。对于不同的入侵行为，通知响应器做出适当的反应。其中，模式库用于存放已知的入侵模式，为分析器提供决策依据。

（3）响应器：根据分析器的决策结果，响应器做出适当的反应，包括发出报警、记录日志、与防火墙联动阻断等。

入侵检测系统捕获一个数据包后，首先检查数据包所使用的网络协议、数据包的签名以及其他特征信息，分析和推断数据包的用途和行为。如果数据包的行为特征与已知的攻击模式相吻合，则说明该数据包是攻击数据包，必须采用应急措施进行处理。

NIDS能够有效地检测出已知的DDoS攻击、IP欺骗等，对于未知的网络攻击，仍存在检测盲点问题。这需要不断地更新和维护入侵模式库，开发具有自学习功能的智能检测方法来解决。另外，NIDS目前还不能对加密的数据包进行分析和识别，这是一个潜在的隐患，因为密码技术已广泛应用于网络通信系统中。

NIDS通常作为一个独立的网络安全设备来应用，与操作系统平台无关，部署和应用相对比较容易。

对于NIDS来说，检测准确率主要取决于入侵模式库中的入侵模式多少和检测算法的优劣，因此需要定期地更新入侵模式库和升级软件版本，使NIDS能够检测到新的入侵模式和攻击行为。

另外，NIDS检测准确率还与数据采集的完整性有关，数据采集和处理速度应与网络系统的传输速率相匹配，以避免因速率不匹配而造成数据丢失，影响到检测准确率。目前，NIDS产品有100Mb/s(百兆)、1000Mb/s(千兆)、10 000Mb/s(万兆)产品，分别适合应用在对应速率的网络环境中。当然，它们的价格也相差较大。

7.3.4 入侵检测系统应用

在实际应用中，通常将入侵检测系统连接在被监测网络的核心交换机镜像端口上，通过核心交换机镜像端口采集全网的数据流量进行分析，从中检测出所发生的入侵行为和攻击事件。

下面是几个入侵检测的例子，通过这些入侵检测例子可以体会到怎样来识别网络攻击。

1. 网络路由探测攻击

网络路由探测攻击是指攻击者对目标系统的网络路由进行探测和追踪，收集有关网络系统结构方面的信息，寻找适当的网络攻击点。如果该网络系统受到防火墙的保护而难以攻破，则攻击者至少探测到该网络系统与外部网络的连接点或出口，攻击者可以对该网络系统发起拒绝服务攻击，造成该网络系统的出口处被阻塞。因此，网络路由探测是发动网络攻击的第一步。

检测网络路由探测攻击的方法比较简单，查找若干个主机2s之内的路由追踪记录，在这些记录中找出相同和相似名字的主机。如图7.6所示的例子是4个来自于不同网络的主机对同一个目标的探测，该目标是一个DNS服务器。

网络路由探测也可以作为一种网络管理手段来使用。例如，ISP(Internet服务提供商)可以用它来计算到达客户端最短的路由，以优化Web服务器的应答，提高服务质量。

2. TCP SYN flood 攻击

TCP SYN flood攻击是一种分布拒绝服务攻击(DDoS)，一个网络服务器在短时间内接收到大量的TCP SYN(建立TCP连接)请求，导致该服务器的连接队列被阻塞，拒绝响应任何的服务请求。如图7.7所示的例子是一个典型的TCP SYN flood攻击。可见，在短短几分钟内，一个网络服务器在端口510上接收到大量的TCP SYN请求，导致该端口

时间	源主机.源端口	>	目的主机.目的端口:	协议名	数据包大小	[生存期 步数]
12:29:30.01	proberA.39964	>	target.33500	: UDP	12	[ttl 1]
12:29:30.13	proberA.39964	>	target.33501	: UDP	12	[ttl 1]
12:29:30.25	proberA.39964	>	target.33502	: UDP	12	[ttl 1]
12:29:30.35	proberA.39964	>	target.33503	: UDP	12	[ttl 1]
12:27:55.10	proberB.46164	>	target.33485	: UDP	12	[ttl 1]
12:27:55.12	proberB.46164	>	target.33487	: UDP	12	[ttl 1]
12:27:55.16	proberB.46164	>	target.33488	: UDP	12	[ttl 1]
12:27:55.18	proberB.46164	>	target.33489	: UDP	12	[ttl 1]
12:27:26.13	proberC.43327	>	target.33491	: UDP	12	[ttl 1]
12:27:26.24	proberC.43327	>	target.33492	: UDP	12	[ttl 1]
12:27:26.37	proberC.43327	>	target.33493	: UDP	12	[ttl 1]
12:27:26.48	proberC.43327	>	target.33494	: UDP	12	[ttl 1]
12:27:32.96	proberD.55528	>	target.33485	: UDP	12	[ttl 1]
12:27:33.07	proberD.55528	>	target.33486	: UDP	12	[ttl 1]
12:27:33.17	proberD.55528	>	target.33487	: UDP	12	[ttl 1]
12:27:33.29	proberD.55528	>	target.33488	: UDP	12	[ttl 1]

图 7.6　网络路由探测攻击

上的连接队列被阻塞,无法响应任何服务请求,导致拒绝服务。类似的 DDoS 攻击还有 FIN flood,ICMP flood,UDP flood 等。

时间	源主机.源端口	>	目的主机.目的端口:	控制位	序列号: 确认号	窗口大小
00:56:22	5660 flooder.601	>	server.510	: S	14300151:14300151 (0)	win 8192
00:56:22	7447 flooder.602	>	server.510	: S	14300152:14300152 (0)	win 8192
00:56:22	8311 flooder.603	>	server.510	: S	14300153:14300153 (0)	win 8192
00:56:22	8660 flooder.604	>	server.510	: S	14300154:14300154 (0)	win 8192
00:56:22	5900 flooder.605	>	server.510	: S	14300155:14300155 (0)	win 8192
00:56:23	0660 flooder.606	>	server.510	: S	14300156:14300156 (0)	win 8192
00:56:23	8860 flooder.607	>	server.510	: S	14300157:14300157 (0)	win 8192
00:56:23	4560 flooder.608	>	server.510	: S	14300158:14300158 (0)	win 8192
00:56:23	8790 flooder.609	>	server.510	: S	14300159:14300159 (0)	win 8192
00:56:23	9050 flooder.610	>	server.510	: S	14300160:14300160 (0)	win 8192
00:56:23	3460 flooder.611	>	server.510	: S	14300161:14300161 (0)	win 8192
00:56:23	2360 flooder.612	>	server.510	: S	14300162:14300162 (0)	win 8192
00:56:23	9760 flooder.613	>	server.510	: S	14300163:14300163 (0)	win 8192
00:56:24	8690 flooder.614	>	server.510	: S	14300164:14300164 (0)	win 8192

图 7.7　TCP SYN flood 攻击

3. 事件查看

通常,在网络操作系统中都设有各种日志文件,并提供日志查看工具。用户可以使用日志查看工具来查看日志信息,观察用户行为或系统事件。例如,在 Windows 操作系统中，提供了事件日志和事件查看器工具，管理员可以使用事件查看器工具来查看系统发生错误和安全事件。在 Windows 操作系统中，主要有三种事件日志。

(1) 系统日志：与 Windows NT Server 系统组件相关的事件，如系统启动时所加载的系统组件名；加载驱动程序时发生的错误或失败等。

(2) 安全日志：与系统登录和资源访问相关的事件，如有效或无效的登录企图和次数；创建、打开、删除文件或其他对象等。

(3) 应用程序日志：与应用程序相关的事件，如应用程序加载、操作错误等。

使用事件查看器工具可以查看这些事件日志信息，一般的用户可以查看系统日志和应用程序日志，而只有系统管理员才能查看安全日志。通常，每种事件日志都由事件头、事件说明以及附加信息组成。通过“事件查看器”可以查看指定的事件日志，每一行显示一个事件，包括日期、时间、来源、事件类型、分类、事件 ID、用户账号以及计算机名等，参见图 7.8。

应用程序　2 162 个事件

类型	日期	时间	来源	分类	事件	用户	计算机
警告	2013-06-05	16:43:33	Userenv	无	1517	SYSTEM	NPU-6E02EF703E2
错误	2013-06-03	11:46:46	Microsoft Office 11	无	1000	N/A	NPU-6E02EF703E2
错误	2013-06-03	8:09:22	crypt32	无	8	N/A	NPU-6E02EF703E2
错误	2013-06-03	8:09:22	crypt32	无	8	N/A	NPU-6E02EF703E2
错误	2013-06-03	8:09:22	crypt32	无	8	N/A	NPU-6E02EF703E2
警告	2013-05-31	16:42:05	Userenv	无	1517	SYSTEM	NPU-6E02EF703E2
错误	2013-05-31	16:38:05	Microsoft Office 11	无	1000	N/A	NPU-6E02EF703E2
警告	2013-05-30	16:40:20	Userenv	无	1517	SYSTEM	NPU-6E02EF703E2
警告	2013-05-29	16:47:43	Userenv	无	1517	SYSTEM	NPU-6E02EF703E2
警告	2013-05-28	16:31:47	Userenv	无	1517	SYSTEM	NPU-6E02EF703E2
警告	2013-05-22	16:42:08	Userenv	无	1517	SYSTEM	NPU-6E02EF703E2
信息	2013-05-22	14:06:28	crypt32	无	2	N/A	NPU-6E02EF703E2
信息	2013-05-22	14:06:28	crypt32	无	7	N/A	NPU-6E02EF703E2
警告	2013-05-17	15:41:06	Userenv	无	1517	SYSTEM	NPU-6E02EF703E2
警告	2013-05-15	15:40:30	Userenv	无	1517	SYSTEM	NPU-6E02EF703E2
信息	2013-05-15	14:22:16	MsiInstaller	无	11728	caiwd	NPU-6E02EF703E2
信息	2013-05-15	14:22:16	MsiInstaller	无	1022	caiwd	NPU-6E02EF703E2
信息	2013-05-10	8:20:11	MsiInstaller	无	11728	caiwd	NPU-6E02EF703E2
信息	2013-05-10	8:20:11	MsiInstaller	无	1022	caiwd	NPU-6E02EF703E2
警告	2013-05-09	15:39:57	Userenv	无	1517	SYSTEM	NPU-6E02EF703E2
信息	2013-05-09	8:17:26	MsiInstaller	无	11728	caiwd	NPU-6E02EF703E2
信息	2013-05-09	8:17:26	MsiInstaller	无	1022	caiwd	NPU-6E02EF703E2
信息	2013-05-09	8:04:37	Winlogon	无	1001	N/A	NPU-6E02EF703E2

图 7.8　系统日志

在 Windows 操作系统中，定义了错误、警告、信息、审核成功和审核失败等事件类型，用一个图标(第 1 行)来表示。事件说明是日志信息中最有用的部分，它说明了事件内容或重要性，其格式和内容与事件类型相关，并且各不相同。

7.4　本章总结

本章介绍了两种网络检测技术：安全漏洞扫描技术和网络入侵检测技术，它们分别用于检测系统潜在的安全漏洞和攻击者的入侵行为，为提高网络安全管理能力提供了重要手段。

对于一个复杂的网络系统，难免存在着各种安全漏洞和隐患，如果这些漏洞被攻击者利用，则会带来严重的后果。安全漏洞扫描技术提供了一种系统安全漏洞检测方法，可以帮助管理员科学地评估网络系统安全风险，达到防患于未然的目的。安全漏洞扫描技术主要采用两种检查方法：一种是基于主机的检测，主要对系统中不适当的系统设置、脆弱的口令以及其他违反安全规则的对象进行检查；另一种是基于网络的检测，通过执行一些脚本文件对系统进行非破坏性攻击，并根据系统的反应来确定是否存在漏洞。由于安全漏洞扫描技术是基于已有的漏洞知识，无法检测出未知的安全漏洞。因此，需要定期更新漏洞库，使安全漏洞扫描系统能够检测到新发现的安全漏洞并及时修补。

网络入侵检测是一种动态的入侵检测技术，用于在网络系统运行过程中对用户行为的检测和分析，一旦发现网络入侵行为和踪迹，则立即发出报警信息并记录日志，还可以与防火墙联动，对网络攻击实施阻断。入侵检测技术分为异常检测和误用检测两种。异常检测是通过建立典型网络活动轮廓模型来实现入侵检测的；误用检测是根据已知的入侵模式库来检测入侵行为。两者相比，异常检测能够检测出已知的和未知的入侵行为，而误用检测只能检测出已知的入侵行为的。入侵检测系统主要有 HIDS 和 NIDS 两种结构，在实际中广泛应用的是 NIDS 结构。为了提高检测准确率，需要定期地更新入侵模式库和升级软件版本。

思 考 题

1. 为什么在使用了防火墙后还要使用网络安全检测技术？

2. 静态分析技术和动态检测技术各自有什么特点？分别在什么场合下使用？

3. 为什么说安全漏洞扫描技术具有双刃性？

4. 有人认为使用经过认证的网络产品构建起来的网络系统不存在安全漏洞。这种看法正确吗？为什么？

5. 安全漏洞扫描技术主要采用哪些方法来检查系统是否存在安全漏洞？

6. 修复安全漏洞的主要措施是什么？

7. 为什么要定期更新安全漏洞扫描系统的漏洞库？

8. 什么是误检率和漏检率？两者反映了什么问题？

9. 在入侵检测方法上，异常检测和误用检测有什么区别？

10. 安全审计系统与入侵检测系统有什么关系？

11. 在入侵检测系统中，统计分析数据主要源于哪些信息？常用的统计分析方法有哪些？

12. 在基于异常检测和基于误用检测的入侵检测系统中，判断是否发生入侵事件的依据各是什么？

13. 入侵检测系统一般部署在网络系统的什么位置上？

14. 检测到入侵事件后，入侵检测系统将采取哪些措施进行响应？

15. 入侵检测系统能够检测到病毒吗？为什么？

16. 为什么要定期更新入侵检测系统的入侵模式库？

第8章 系统容错容灾技术

8.1 引言

随着互联网的发展，越来越显示出计算机网络在社会信息化中的巨大作用，已经成为社会经济运行的必要条件和基础设施。由于网络系统的开放性和各种天灾人祸因素的客观存在，使任何的网络系统都可能面临着自然灾害、恐怖事件、物理故障、黑客攻击、病毒破坏等各种灾难事件的威胁和挑战。一旦网络系统发生灾难事件，不仅导致系统中断服务，而且还会破坏网络系统中所存储的大量业务数据，而业务数据是一个企业不可再生的宝贵资源，一旦被毁坏，就会造成不可预料的灾难性后果。例如，美国9·11恐怖事件摧毁了世贸大厦，同时也摧毁了大厦里所部署的网络信息系统以及系统中所存储的业务数据，给很多的企业带来灭顶之灾，导致了这些企业的倒闭。然而，美国金融界巨头Morgan Stanley公司却在9·11恐怖事件发生的第二天就恢复了营业，其主要原因是该公司配备了一套先进的网络容灾系统，不仅在本地系统中对业务数据进行实时备份，而且还定时地将数据复制到异地的远程系统中保存，从而确保了数据的安全。

可见，作为一个完整的网络安全体系，仅有“防范”和“检测”措施是不够的，还必须具有系统容错容灾能力。因为任何一种网络安全设施都不可能做到万无一失，一旦发生重大安全事件，其后果将是极其严重的。并且，天灾人祸等方面灾难事件也会对信息系统造成毁灭性破坏。因此，对于重要的网络信息系统必须采用系统容错容灾技术来提高系统的健壮性和可用性，即使发生系统故障和灾难事件，也能快速地恢复系统和数据。只有这样，才能有效地保障网络信息系统安全。

本章主要介绍几种系统容错容灾技术。

8.2 数据备份技术

数据备份是保护数据、恢复系统的重要手段。当发生网络攻击、病毒感染、磁盘失效、供电中断以及其他潜在的系统故障而引起的数据丢失和数据损坏时，可以利用数据备份来恢复系统，将系统损失减少到最低程度，避免因数据永久性丢失而造成的灾难性后果。因此，一般的网络操作系统和数据库管理系统都提供了数据备份和恢复工具，用户可以根据所制定的数据备份策略定期地将数据备份到适当的存储介质上。

在网络系统设计时，必须要考虑数据备份问题，制定数据备份策略，选择可靠的备份存储设备,确保在发生系统灾难时能够最大化地恢复数据。

在数据备份方案设计时,首先根据网络环境和应用需求制定适合的备份策略,包括需要备份哪些系统中的数据、选择什么样的备份存储设备、备份存储介质存放在什么地方、采用何种备份方式等。

最常见的备份存储设备是磁带机。用于备份的磁带机主要有 1/4in 盒式磁带机(QIC)、数字音响磁带机(DAT)以及 8mm 磁带机等。磁带备份的优点是容量大、可靠性高、价格低,缺点是备份速度慢。近年来,随着硬盘容量的增大和价格的下降,很多系统采用硬盘作为备份存储设备,提高了数据备份的效率。

数据备份有 5 种方式:正常备份、复制备份、增量备份、差量备份和日常备份。最常用的是正常备份、增量备份和差量备份。

(1) 正常备份:复制所有选定的文件,每个被备份的文件标记为已备份。备份存储介质上最后的文件是最新的。正常备份可以快速地还原文件。

(2) 复制备份:复制所有选定的文件,被备份的文件不做已备份标记。这种方式不会影响其他备份操作,用户可以在正常备份和增量备份之间使用复制备份来备份文件。

(3) 增量备份:复制上次正常备份或增量备份后所创建和更改的文件,每个被备份的文件标记为已备份。如果用户同时使用了正常备份和增量备份,则在数据恢复时必须恢复上一次正常备份以及所有的增量备份。

(4) 差量备份:复制自上次正常或增量备份以来所创建和更改的文件,被备份的文件不做已备份标记。如果用户同时使用了正常备份和差量备份,则在数据恢复时只需恢复上一次正常备份和上一次差量备份。

(5) 日常备份:复制在执行日常备份当天更改的所有选定文件,被备份的文件不做已备份标记。

在执行数据备份时,最好选择在网络用户最少的时间,如夜晚、节假日等,以保证数据备份的完整性。

数据备份的周期主要取决于数据的价值和更新的快慢,可以采用每周备份、每月备份以及存档备份。存档备份是简单的复制而不是完全备份。应当妥善保管备份存储介质,并定期检查数据备份的完好性,防止因保管不当而引起数据备份损坏或失效。

数据备份技术是一种传统的静态数据保护技术,通常按一定的时间间隔对磁盘上的数据进行备份,在发生数据被损坏时,通过数据备份来恢复已有备份的数据。由于数据是定时备份,而不是实时备份,因此,通过数据备份不能恢复自最后一次备份以来所产生的数据。这些数据一旦被破坏,将会永久性丢失,并且在数据恢复时必须中断系统服务,降低了系统的服务质量。

8.3 磁盘容错技术

系统容错是指系统在某一部件发生故障时仍能不停机地继续工作和运行,这种容错能力是通过相应的硬件和软件措施来保证的,可以在应用级、系统级以及部件级实现容错，主要取决于容错对象对系统影响的重要程度。例如，在一个系统中，磁盘子系统、供电子系统等都是关键的部件，如果这些部件发生故障，则会引起整个系统的瘫痪。因此，这些关键部件实行容错可以提高整个系统的可靠性。

系统容错属于系统可靠性措施，似乎与网络安全关系不大。其实不然，系统故障可以分成硬故障和软故障。硬故障是指因机械和电路部件发生故障而引起系统失效，一般通过更换硬件的方法来解决。软故障是指因数据丢失或程序异常而引起系统失效，一般通过恢复数据或程序的方法来解决。例如，磁盘上数据丢失或损坏属于软故障，同样会引起系统失效，甚至造成比硬故障更严重的后果。因此，系统可靠性和安全性是相互联系的，其目的都是为了保证系统正常地工作，只是侧重点不同而已。

众所周知，磁盘子系统是一个计算机系统的关键部件，一些重要的系统通常都要采取磁盘容错技术来保护数据。因此，从保护数据的角度，磁盘容错系统既是一种可靠性措施，也是一种安全性措施，可以防止因磁盘故障或数据丢失而引起整个系统的瘫痪。

8.3.1　磁盘容错技术

磁盘容错技术是一种动态的保护措施，与数据备份技术有所不同，不是数据备份的替换手段。磁盘容错的目的是解决系统运行过程中因磁盘故障、病毒感染以及网络攻击等而引起的磁盘文件丢失或损坏问题，避免系统死机或服务中断现象。

磁盘容错通常采用廉价磁盘冗余阵列（Redundant Array of Inexpensive Disk，RAID）技术来实现，RAID 磁盘分为 6 级，即 RAID 0～RAID 5，参见表 8.1。

表 8.1　RAID 级别

RAID 级别	描　述	存取速度	容错性能
RAID 0	磁盘分段	磁盘并行输入输出	无
RAID 1	磁盘镜像	没有提高	有（允许单个磁盘出错）
RAID 2	磁盘分段加海明码纠错	没有提高	有（允许单个磁盘出错）
RAID 3	磁盘分段加专用奇偶校验盘	磁盘并行输入输出	有（允许单个磁盘出错）
RAID 4	磁盘分段加专用奇偶校验盘，需异步磁盘	磁盘并行输入输出	有（允许单个磁盘出错）
RAID 5	磁盘分段加奇偶校验	比 RAID 0 略慢	有（允许单个磁盘出错）

RAID 磁盘系统由控制器和多个磁盘驱动器组成，控制器对各个磁盘驱动器进行协调和管理。根据所使用的 RAID 级别，一个数据文件将写入多个磁盘，以提高系统性能和可靠性。一个磁盘发生错误或故障后，自动切换到镜像盘，使用冗余信息来恢复被损数据。在恢复数据时，无须使用备份磁带或手工更新操作。创建冗余信息和恢复数据可以采用硬件方法，由磁盘控制器来控制；也可以采用软件方法，由主机系统上管理程序来控制。硬件方法的性能要优于软件方法。

1. RAID 0

在 RAID 0 中，数据以段（Segment）为单位顺序写入多个磁盘，例如，数据段 1 写入磁盘1、数据段2写入磁盘2、数据段3写入磁盘3、数据段4写入磁盘4、数据段5写入磁盘5等，依次写入最后一个磁盘后，又回到磁盘1的下一可用段开始写入，并以此类推，参见图8.1。

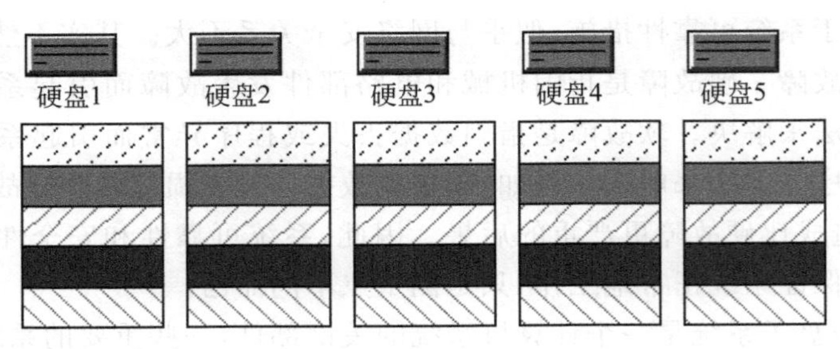

图8.1 RAID 0

由于RAID 0将数据并行写入多个磁盘，因此具有较高的存取速度。但RAID 0不提供任何容错功能，如果磁盘分区出现故障，则引起数据丢失。

2. RAID 1

在RAID 1中，将两个磁盘连接到一个磁盘控制器上，一个磁盘作为工作盘，称为主盘；另一个磁盘作为工作盘的镜像盘，称为副盘。所有写入主盘的数据都要写入副盘中，使副盘成为主盘的一个完全备份，参见图8.2。由于两个磁盘上的内容是完全相同的，可以互为镜像，无论哪个磁盘出现故障都无关紧要，任何一个磁盘都可以作为工作盘。当一个磁盘发生故障时，系统可以使用另一个磁盘上的数据继续工作，从而提高了系统可靠性和容错能力。然而，RAID 1提供的容错能力是以增加硬件冗余和系统开销为代价的。

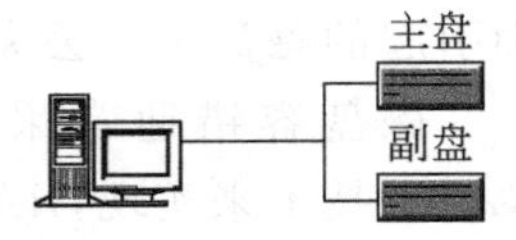

图8.2 RAID 1

3. RAID 2～RAID 5

磁盘分段改善了磁盘子系统的数据存取速度，存取速度将随磁盘子系统中磁盘数量的增加而成比例地增加。它的缺点是磁盘子系统中任何一个磁盘发生故障都会引起计算机系统的失效。镜像方法可以解决单个磁盘失效问题，但成本太高。RAID 2～RAID 5采用基于非镜像的数据冗余方法来解决系统容错问题，它们分别采用了不同的数据冗余方法，如海明码纠错、奇偶校验等。其中，常用的是RAID 5。

RAID 5是在数据分段存储的基础上通过对数据的奇偶校验来实现系统容错的。在写入数据时，由控制器对数据进行奇偶校验计算，通常采用异或(XOR)布尔运算，并将生成的校验信息存储到所有的磁盘上。与RAID 3不同的是，RAID 5是将校验信息均匀地分布到所有的磁盘上，而不是建立专用的校验盘，并且被校验数据和校验信息不能存储在同一磁盘中，参见图8.3。

RAID 5的写入性能较低，因为写入数据时要进行奇偶校验计算。RAID 5的读取性能要优于RAID 1。当磁盘阵列中某一磁盘发生故障时，控制器将会根据校验信息来恢复数据。这时，RAID 5的读取性能便受到一定的影响。因此，RAID 5比较适合于以读取操作为主，并需要提供一定容错能力的应用场合。

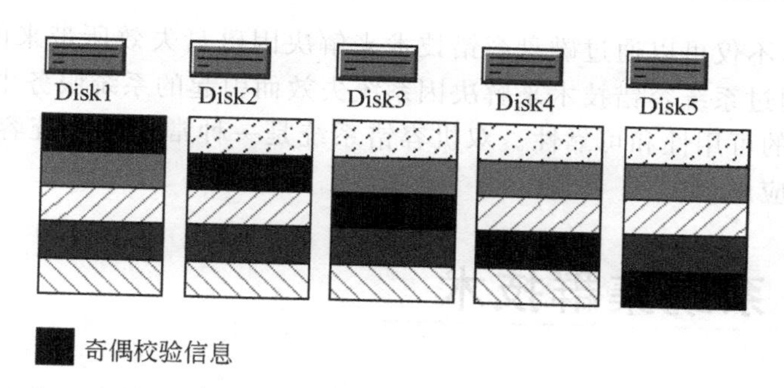

图 8.3　RAID 5

8.3.2　磁盘容错应用

磁盘容错技术主要有两种应用模式：单机容错系统和双机容错系统。

1. 单机容错系统

在单机容错系统中，采用磁盘容错技术来解决因磁盘失效而引起的系统灾难问题。通常，网络操作系统，如 Windows NT Server 等都支持磁盘镜像功能，可以直接用来构建具有磁盘容错能力的网络服务器，只是在硬件上要配置两个完全相同的硬盘，并将它们连接在同一磁盘控制器上。当工作磁盘失效时，镜像磁盘将立即接替工作，保持服务器系统的正常运行，而不会引起系统瘫痪和灾难性后果。

2. 双机容错系统

在双机容错系统中，采用两个计算机共享一个 RAID 磁盘的系统结构，一个计算机为工作机，另一个计算机为备份机，参见图 8.4。

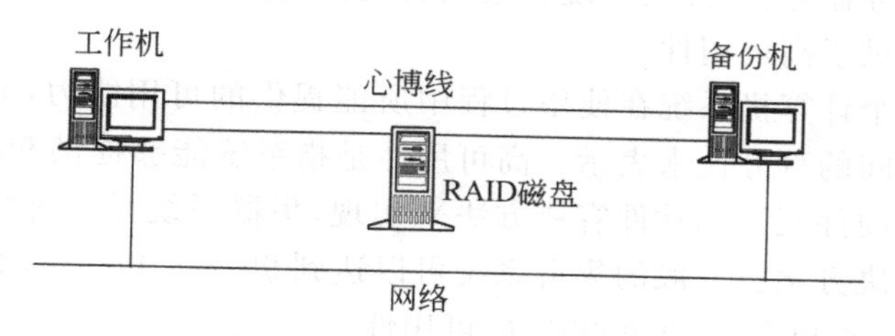

图 8.4　双机容错系统基本结构

在双机容错系统中，两个计算机都要挂接在网络上，同时双机之间通过内部连线连接起来。备份机通过内部连线周期地检测工作机的“心搏(Heartbeat)”，如果发现工作机的“心搏”处于静止状态，则说明工作机发生了异常，备份机将立即切换成工作机，仍可保持系统的正常运行，继续为客户提供网络服务，不会引起网络服务中断或系统停机。由于双机共享一个 RAID 磁盘，简化了磁盘数据管理和系统切换工作，比较容易解决因系统切换而产生的数据不一致问题。

这种双机容错系统也称为双机热备份系统，主要用于解决因单一系统失效而引起的系统服务中断和停机问题。系统失效可能是系统硬件故障引起的，也可能是受到 DDoS 之类的网络攻击而引起的系统崩溃，从而产生拒绝服务现象。因此，双机容错系统是单机容错系统的扩展，不仅可以通过磁盘容错技术来解决因磁盘失效所带来的数据丢失或损坏问题，还可以通过系统容错技术来解决因系统失效而引起的系统服务中断和停机问题，提高了整个系统的可用性和可靠性。双机容错系统是一种常用的系统容错手段，在实际中得到较广泛的应用。

8.4 系统集群技术

集群(Cluster)系统是一种由多台独立的计算机相互连接而成的并行计算机系统，并作为单一的高性能服务器或计算机系统来应用。集群系统的核心技术是负载平衡和系统容错，主要目的是提高系统的性能和可用性，为客户提供24×7不停机的高质量服务。与双机容错系统相比，集群系统不仅具有更强的系统容错功能，并且还具有负载平衡功能，使系统能够提供更高的性能和可用性。

集群系统主要有两种组成方式。一是使用局域网技术将多台计算机连接成一个专用网络，由集群软件管理该网络中各个节点，节点的加入和删除对用户完全透明；二是使用对称多处理器(SMP)技术构成的多处理机系统，如刀片式服务器等，各个处理机之间通过高速I/O通道进行通信，数据交换速度较快，但可伸缩性较差。不论哪种组成方式，对于客户应用来说，集群系统都是单一的计算机系统。

在集群系统中，负载平衡功能将客户请求均匀地分配到多台服务器上进行处理和响应，由于每台服务器只处理一部分客户请求，加快了整个系统的处理速度和响应时间，从而提高了整个系统的吞吐能力。同时，系统容错功能将周期地检测集群系统中各个服务器工作状态，当发现某一服务器出现故障时，立即将该服务器挂起，不再分配客户请求，将负载转嫁给其他服务器分担，并向系统管理人员发出报警。可见，集群系统通过负载平衡和系统容错功能提供了高可用性。

可用性是指一个计算机系统在使用过程中所能提供的可用能力，通常用总的运行时间与平均无故障时间的百分比来表示。高可用性是指系统能够提供99%以上的可用性，高可用性一般采用硬件冗余和软件容错方法来实现，集群系统是一种将硬件冗余和软件容错有机结合的解决方案。一般的集群系统可以达到99%～99.9%的可用性，有些集群系统甚至可以达到99.99%～99.9999%的可用性。

高容灾性是在高可用性的基础上提供更高的可用性和抗灾能力。高可用性系统一般将集群系统的计算机放置在同一个地理位置上或一个机房里，计算机之间分布距离有限。高容灾系统将计算机放置在不同的地理位置上或至少两个机房里，计算机之间分布距离较远，如两个机房之间的距离可以达到几百或者上千公里。一旦出现天灾人祸等灾难时，处于不同地理位置的集群系统之间可以互为容灾，从而保证了整个网络系统的正常运行。高可用性系统的投资比较适中，容易被用户接受。而高容灾性系统的投入非常大，立足于长远的战略目的，一些发达国家比较重视高容灾性系统。

目前，很多的网络服务系统，如Web服务器、E-mail服务器、数据库服务器等都广泛采用了集群技术，使这些网络服务系统的性能和可用性有了很大的提高。在网络安全领域中，集群技术可作为一种灾难恢复手段来应用。

8.4.1 集群服务器技术

集群系统是一种分布并行计算系统，可以用于多种并行计算目的。例如，科学与工程计算、网络服务器等。近年来，随着互联网的发展，在一些大型网站的 Web 服务器和 E-mail 服务器中越来越多地采用了集群技术，以满足可用性、可伸缩和可管理的需求。

传统的网络服务器通常采用 SMP 技术来提高系统的处理能力。SMP 系统是一种紧耦合的多处理机系统，系统中所有的 CPU 都要共享系统资源，包括共享系统总线、内存、I/O 系统和网络接口，CPU 之间通过内部连线实现相互连接，并利用共享内存进行通信。随着系统中 CPU 数量的增加，加剧了对系统资源的争夺，增加了 CPU 之间的通信量，影响了系统的吞吐量，使系统总体性能并未随 CPU 数量的增加而呈线性增长。SMP 系统只是扩展了系统计算能力，并未提供系统容错和抗灾能力，并且，SMP 系统在可扩展性、可伸缩性和系统费用等方面都存在一定的缺陷。

基于网络技术的集群服务器是一种松耦合的网络系统，也称为服务器网络，网络中的各个节点都是具有独立处理能力的计算机系统，它们之间通过网络交换信息。集群服务器通常采用集中资源管理方式，即系统设有一个资源管理器，由管理器统一管理网络中所有的服务器。管理器上运行负载平衡和系统容错软件，根据服务器处理能力等因素来确定负载分配策略和方法（如平均分配、加权分配等），并基于负载分配策略将客户请求分配到各个服务器上进行处理和响应，增加了整个系统的吞吐量和性能。同时，管理器将周期地检测各个服务器节点的“心搏”，如果发现集群中某一服务器没有“心搏”，则说明该服务器处于异常状态，并实施故障隔离，不给它分配任何负载。如果该服务器重新出现“心搏”，则管理器自动将该服务器加入集群中。由于管理器是整个集群服务器的关键部件，所以可以采用双机热备份的方法对管理器实施保护和容错。集群服务器的系统结构如图 8.5 所示。

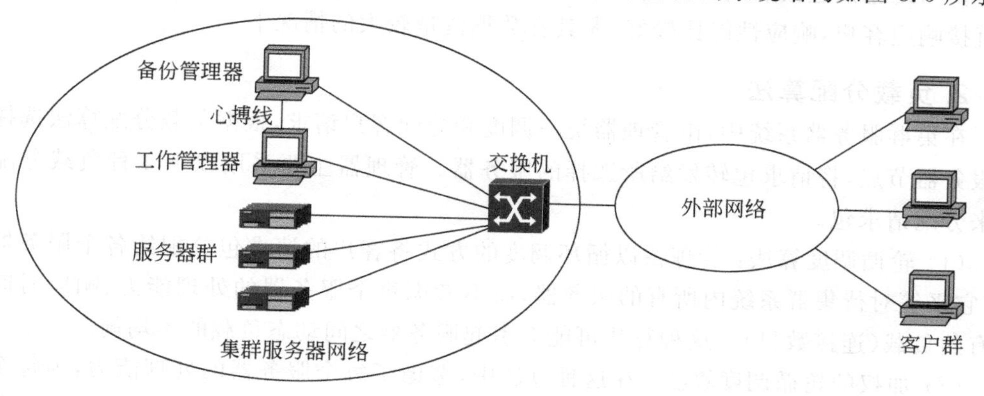

图 8.5 集群服务器系统基本结构

8.4.2 集群管理技术

1. 流量转发方式

在集群服务器系统中，由管理器统一调度和管理客户请求。对于客户来说，集群服务器系统是一个单一的服务器，使用一个指定的 IP 地址就可以访问该服务器。对于集群服务器系统来说，管理器使用的是客户可见的实际 IP 地址，而内部服务器使用的是客户不可见的内部 IP 地址。客户发出的、首先由管理器接收，管理器根据负载分配算法选择一个服务器节点，然后再将请求包转发给所选择的服务器。管理器主要采用以下两种方式来转发请求包。

（1）网络地址转换（NAT）方式：管理器接收到请求包后，首先选择一个可用的服务器节点，将请求包中的目的 IP 地址和端口号转换成该服务器节点的 IP 地址和端口号，并将这个连接记录在一个连接表中，然后将请求包转发给该服务器。以后，管理器接收到该客户的请求包后，可以直接从连接表中找到这个服务器，然后执行网络地址转换和转发请求包等操作。对于服务器的应答包，管理器也要进行网络地址转换，将应答包中的源 IP 地址和端口号转换成管理器的 IP 地址和端口号，然后将应答包转发给客户。终止该连接后，从连接表中删除相应的连接记录。这种转发方法的优点是服务器可以不受使用操作系统平台的限制，可以是任何支持 TCP/IP 的操作系统。由于数据包的输入和输出都要经过管理器转发，因而对管理器的性能和可靠性提出较高的要求，在数据流量较大的情况下，管理器可能成为通信瓶颈。

（2）直接路由（DR）方式：管理器将在数据链路层上转发数据帧，要求管理器和所有的服务器节点必须处于同一个物理网段上。管理器接收到包含请求包的数据帧后，首先选择一个可用的服务器节点，将数据帧中的目的 MAC 地址转换成该服务器节点的 MAC 地址，并将这个连接记录在一个连接表中，然后将数据帧转发给该服务器。以后，管理器接收到该客户的数据帧后，可以直接从连接表中找到这个服务器，然后执行 MAC 地址转换和转发数据帧等操作。对于服务器的应答包，由服务器直接发送给客户，而无须经过管理器。当终止该连接后，从连接表中删除相应的连接记录。这种转发方法的优点是服务器直接响应客户，响应性能比较好，尤其在数据流量较大的情况下。

2. 负载分配算法

在集群服务器系统中，由管理器统一调度和分配客户请求，根据负载分配算法选择一个服务器节点，将请求包转发给所选择的服务器。管理器主要采用以下 4 种负载分配算法来分配请求包。

（1）轮循调度算法：管理器以循环调度的方式将客户的请求包分配给各个服务器节点，它平等对待集群系统内所有的服务器，而不考虑每个服务器的处理能力、响应时间和已有的负载（连接数目）。这种算法可能会引起服务器之间动态负载的不均衡。

（2）加权的轮循调度算法：在这种算法中，考虑了每个服务器的处理能力，为每个服务器设置一个权值，处理能力越强，权值就越高，并根据每个服务器的权值建立一个调度序列。管理器将根据这个调度序列来分配客户连接。例如，A，B，C 三台服务器的权值分别设置为 4，3，2，那么在一个调度周期内的调度序列就是 ABCABCABA。轮循调度算法是该算法的一个特例，即所有服务器的权值均为 1。这两种算法都属于静态调度算法，虽然加权的轮循调度算法考虑了服务器的处理能力，但仍然存在动态负载不平衡问题。例如，在负载发生剧烈变化时，所有的重负载（连接时间长的客户请求）可能会分配到同一台服务器上，引起该服务器的超载。

(3) 最少连接调度算法：这是一种动态调度算法，它考虑了每个服务器的当前负载情况，动态地计算当前每个服务器上已有的连接数，并将客户请求分配给当前已有连接数最少的服务器。如果每个服务器具有相似的处理能力，即使在负载情况变化很大的情况下，这种算法也能很平滑地将负载分配到不同的服务器上。

(4) 加权的最少连接调度算法：在最少连接调度算法的基础上，考虑了每个服务器的处理能力，为每个服务器设置一个权值。管理器将根据每个服务器已有的连接数和权值的计算结果来选择服务器分配负载。最少连接调度算法是该算法的一个特例，即所有服务器的权值均为1。

动态调度算法提供了负载动态平衡特性，但增加了计算时间，系统开销较大。

3. 系统容错技术

在集群服务器系统中，存在着两类节点的容错问题，一个是管理器节点；另一个是服务器节点。

管理器节点的容错问题主要采用双机热备份方法来解决。具体地，系统设置两个管理器节点，一个是主管理器，另一个是备份管理器。两者之间通过检测对方的"心搏"来协同工作，实现系统容错。"心搏"检测的工作机制如下：

(1) 主管理器和备份管理器之间每隔一定的时间间隔互相发送"心搏"信号，向对方报告自身的状态，从而实现彼此相互监测。

(2) 当一个管理器发现对方状态异常时，将根据不同的情况进行相应的操作：

① 当主管理器检测到备份管理器出现故障且已不能正常工作时，会发出警告信息。

② 当备份管理器检测到主管理器出现故障且已不能正常工作时，除了发出警告信息外，还会立即接管主管理器的工作。接管过程对用户完全透明。

③ 当原来的主管理器重新恢复正常工作状态时，备份管理器将会自动放弃管理，主管理器重新进入管理状态，而备份管理器则回到监控状态。

服务器节点的容错问题主要通过管理器的节点失效管理功能来解决，在管理器中，设置一个可用节点池，用于记录集群系统中可用的服务器节点。管理器以周期轮询的方式来实时监测服务节点的工作状态，如果被轮询的服务器节点没有响应，则说明该节点处于不可用状态，管理器将从可用节点池中删除失效的节点，避免向失效的节点分配负载。该节点恢复正常工作后，管理器将该节点重新添加到可用节点池中，从而实现一定程度的节点故障重构功能。

由此可见，集群服务器系统使服务器系统的可用性有了很大的提高。同时也提高了系统抗攻击和抗灾难能力，因为系统吞吐能力的提高可以增强抗DDoS攻击能力，系统容错能力的提高可以避免因单点失效而引起的系统崩溃。

8.4.3　CRR容错技术

在现代军事、航天、航空、气象和石油等领域中，广泛使用高性能并行计算系统进行复杂的科学计算和大量的数据处理。基于网络的集群系统也是一种并行计算系统，完全可以应用于科学计算和数据处理等并行计算场合。通常，大规模的科学和工程计算任务执行时间都比较长,一旦某个计算节点发生某种异常事件而导致系统运行失败,不得不从头开始执行程序,浪费了大量的时间和计算资源。随着集群系统规模的扩大,在计算过程中发生故障的概率将会呈指数增长,系统发生任何异常或故障都会导致本次并行计算的彻底失败,此前所进行的大量计算不再可用。因此,对于在上述领域应用的集群系统必须具有一定的容错能力。

实现系统容错的方法有很多种,不同的系统容错方法适用于不同的计算系统。在集群计算系统中,主要采用基于检查点与卷回恢复(Checkpointing and Rollback Recovery, CRR)技术的系统容错方案。CRR 是一种后向恢复技术,它在系统正常运行过程中设置若干个检查点,保存系统当时的一致性状态,并对各个进程进行相关性跟踪和记录。系统发生故障后,将相关进程卷回到故障前的系统一致性状态(检查点),经过状态恢复后从该检查点处重新执行程序,而不是从开始执行程序,从而实现对系统故障的恢复,节省了大量重复计算时间,保证了集群计算系统的并行性和可用性。

CRR 技术不仅可以对系统瞬时/间歇性故障进行自动恢复,而且通过检查点文件镜像和进程迁移技术也可以容忍节点的永久故障。CRR 技术也是恢复未知故障的重要手段,所谓未知故障是指在程序设计时未预料的故障。同时,检查点机制也是实现负载平衡、作业交换、并行调试和开发程序并行性的基础。

为了正确地执行检查点设置和卷回恢复,CRR 机制要求在检查点设置时保存进程状态中决定程序运行正确性的关键内容,并且各个进程检查点信息与当时的各个通信通道状态应能够保持一致的全局状态。卷回恢复时,CRR 机制需要对丢失消息和重复消息进行处理,保证卷回恢复的正确性,避免多米诺骨牌效应和活锁现象。实现 CRR 机制的关键技术有以下几方面。

1. 检查点信息的保存与恢复

实现正确的卷回恢复,必须保证各个进程保存完备的信息。决定进程行为的要素有进程状态和进程环境。进程状态又分为易失状态和持久状态,前者是指进程上下文,包括进程正文段、数据段、操作系统核心态结构等,后者是指与进程执行有关的外存空间内容。进程环境是指进程面临的操作系统环境,包括进程通过操作系统访问的各种资源,如交换区、文件系统、通信通道等。

进程上下文是进程执行活动全过程的静态描述,因此检查点信息应包含进程上下文中决定程序运行正确性的关键内容。检查点应保存的进程上下文内容有:

(1) 进程数据段和用户栈内容;

(2) 与上下文切换有关的项,包括程序计数器(PC)、处理机状态字寄存器(PSW)、栈指针(SP)等;

(3) 活动文件信息,包括文件描述符、访问方式、文件大小和读写指针等;

(4) 有关信号信息,包括信号量屏蔽码、信号量栈指针、信号量处理函数句柄以及被挂起的信号量等。

同时,还应该保存与进程相关的外存空间内容,即用户文件内容,因为在以读写方式打开文件,并交替读写文件的情况下,只保存活动文件信息将可能导致卷回恢复后文件内容与全局状态不一致，产生不易觉察的执行错误。

2. 检查点镜像与节点永久故障恢复

通过改变检查点存放的位置可以实现不同的容错模式。如果将检查点保存在本地磁盘上，则只能容忍瞬时故障或间歇故障。如果采用磁盘镜像技术来保存检查点，则可以恢复节点永久故障。这就要求各个节点除了将本节点的检查点保存到本地磁盘上外，还要利用后台进程将这些检查点文件信息均衡地复制到其他节点的磁盘上。这样，如果某节点发生永久故障，其他正在执行的各个进程检查点信息可以从其他正常节点上获得，并从检查点处重新加载后继续运行。不仅保证了系统对节点永久故障的恢复，而且还避免了恢复后引起的负载不均衡现象。

3. 动态系统重构

集群计算系统的重构可分为降级重构、同级重构和升级重构三种。

(1) 降级重构：当某一节点因发生硬件永久故障或其他致命故障而导致不可用时，系统将触发卷回恢复操作。正常节点上运行的进程将卷回到各自最近一个检查点，而在其他节点上可以得到该故障节点上进程检查点文件的一个镜像。这样，系统可以在正常节点上重新派生这些进程，并将其恢复到检查点所保存的状态，使系统能够卷回到出错前的正常状态，系统降级运行。

(2) 同级重构：当某一节点发生硬件瞬时故障和软件错误时，经过卷回恢复过程得到恢复。这一处理过程称为系统的同级重构。

(3) 升级重构：在系统正常运行过程中可以增加节点。当系统检测到有节点加入时，自动重新配置资源，通过任务迁移实现负载的再分配。这一处理过程叫做系统的升级重构。

总之，集群系统将多台独立的计算机构架成一个单一的整体进行工作，以保证应用程序、系统资源和数据的可用性。当一个节点出现故障时，它的工作负载将被分配到集群系统中其他的服务器上。集群技术主要采用硬件冗余方法来获得高可用性，其代价是增加了系统硬件费用。同时，由于集群技术是在服务器操作系统的顶层实现的，因此存在两个问题：一是难于管理，增加了管理和维护集群系统的复杂性；二是不能自动共享节点之间的资源，而节点资源共享是增强集群性能的特性之一。

集群技术朝着集群操作系统方向发展，也就是将集群技术集成到操作系统内核中，作为系统的一个功能组件，管理员可以像管理其他系统组件那样有效、方便地管理集群组件，以消除集群管理的复杂性。这种集群系统采用集群文件系统(CFS)实现对系统中所有文件、设备和网络资源的全局访问，并生成一个完整的单一系统的映像。一个应用程序无论在集群中哪台服务器上，CFS都允许任何远程的或本地的用户对这个应用程序进行访问。同时，任何应用程序都可以访问集群中任何节点上的任何文件，即使在应用程序从一个节点转移到了另一个节点的情况下，无须做任何改动就可以访问系统上的文件。除了全局文件访问外，所有的设备在集群上都是可见的，并可以被访问。不管设备在物理上连接在何处，I/O子系统均允许从任何节点上访问该设备，从而实现了全局设备访问的高可用性。

全局文件和设备访问进一步简化了系统管理工作,在全局网络服务的支持下,网络管理员可以在集群系统的任何节点上登录和使用系统管理工具,对集群系统进行全局性监控、维护和管理,如同管理一台计算机那样简单。此外,集群系统的单一系统映像还增加了系统的灵活性和可伸缩性,可以根据需要随时增加节点数量来提高系统的性能和可用性。

8.5 数据灾备技术

数据灾备是指本地网络系统所产生的重要数据通过通信线路实时备份到异地的数据备份系统上,以同步或异步方式实现异地数据备份,保持了数据备份的完整性,提高了系统抵御灾难能力和数据可恢复性。

网络存储系统构建技术对数据存储和备份质量产生重要的影响。传统的网络存储系统主要采用分布式存储技术来构建,由各个服务器直接连接和管理存储设备,每个服务器都要花费很多的 CPU 时间去处理数据存储,并且网络数据备份要占用很大的网络带宽,加重了网络交通的拥塞。

现在的网络存储系统一般采用集中式存储技术来构建,其核心技术是存储域网络(Storage Area Network,SAN),它采用集中式存储策略,对存储设备和数据实行集中式管理,在服务器与存储设备之间通过 SAN 进行连接,由 SAN 取代各个服务器对网络存储过程进行控制和管理,而服务器只承担监督工作。这样就减少了对服务器处理时间的占用,服务器可以腾出更多的 CPU 时间去处理客户的服务请求,提高了服务器的吞吐能力。并且 SAN 中的存储设备之间可以不通过服务器进行相互备份,减少了因网络备份而对网络带宽的占用,提高了整个网络系统的工作效率。另外,SAN 主要采用基于光纤通道(Fibre Channel,FC)技术来构建,FC 可以提供高达 1Gb/s 的传输速率和长达 10km 的传输距离,使 SAN 具有良好的网络性能,为大容量数据存储和备份提供了良好的网络支撑环境,在实际得到广泛应用。例如,美国某出版公司采用 SAN 技术来处理每天高达 200GB 的数据备份;一家银行采用 SAN 技术在两个相隔数英里的数据处理中心之间进行快速的大数据量备份,有效地保证了数据安全。

SAN 技术得到很多国际著名计算机和存储设备厂商的重视,并成立了专门研究和制定有关 SAN 标准的国际组织——存储网络产业协会(SNIA),Compag、Dell、EMC、HP、IBM、Sun、SGI、StorageTek、Quantum 以及 Sequent 等国际著名 IT 公司都是该协会的成员,并开发了各种 SAN 产品。

SAN 可以提供比传统网络存储模式更好的高可用性、高容灾性、可扩展性以及可管理性等品质,将成为大数据量的快速网络备份、海量数据存储、数据仓库以及电子商务等应用领域中较理想的存储介质。

8.5.1 光纤通道技术

SAN 主要有两种网络构建技术: FC 存储技术和 IP 存储技术,FC 存储技术采用 FC

技术来构建SAN，而IP存储技术采用TCP/IP协议、iSCSI协议以及LAN交换机来构建SAN。两者相比，FC存储技术的系统性能比较高，适合于构建高档的SAN，而IP存储技术的系统成本比较低，适合于构建中低档的SAN。

这里主要介绍FC技术。

FC是由美国标准化协会ANSI下属的X3T9.3委员会制定的有关计算机之间以及计算机与I/O设备之间进行高速数据传输的接口标准，FC的基本技术特性是：

(1) 传输介质以光纤为主，可支持1Gb/s传输速率，单模光纤长达10km；

(2) 采用已标准化的小型连接器，并且FC构件在市场上都能买到；

(3) FC的互操作性要优于其他多点通信通道技术；

(4) FC可支持各类计算机系统，以及IP、SCSI、IPI、HIPPI-FP等多种网络协议和通道接口。

FC集通道和网络的优点为一体，既具备互操作性、传输距离长以及支持多种通信协议的网络功能，又表现出单一、重现性强以及传输速率高的通道特性。

1. FC功能定义

FC的功能采用层次结构定义，共有5层。

(1) FC-0层功能：定义了FC的物理链路及特性。FC物理链路可以是光纤、屏蔽双绞线或同轴电缆，并可根据所使用的通信协议和介质选择相应的传输速率。

(2) FC-1层功能：定义了字节同步和编码体系。FC采用交直流平衡的8B10T编码器，这种编码方法具有时钟恢复容易、传输效率高、误码纠错能力强以及编码/解码器电路简单等优点。

(3) FC-2层功能：FC-2层定义了FC中使用的传输机制。在FC中，一个链接由两个节点构成，每个节点必须要有一个节点端口，它既作为计算机和外围设备节点上的硬件实体，又是网络链接的终端。节点端口具有发送和接收数据的能力，可作为发送站或响应站。在网络中，每个节点端口通过赋予一个标识符来唯一地标识。FC-2层提供了以下的功能：

① 在电路交换、帧交换以及光纤交换网上提供数据报传输服务以及数据传输服务管理；

② 提供32位CRC校验、流量控制以及保证转发等功能；

③ 协助链接操作管理，控制FC结构，并保持链接和节点端口的状态信息。

(4) FC-3层功能：FC-3层主要定义了点对多点的多播通信功能，而FC-2层只定义了单一节点端口的单播通信功能。如果高层应用涉及多播通信，则FC-3层将对带宽进行频率分片，从而实现向多个通信对象发送消息。

(5) FC-4层功能：FC-4层定义了各种高层协议向低层映射的方法。由于FC将网络信息和通道信息同等地传送，因此高层的网络和通道协议可以规定各自的FC-4。已规定FC-4的网络协议和通道接口有：IEEE 802.2，IP以及SCSI，LE，SBCS等。通过FC-4层的转换协议，可以在特定的FC-4之间处理高层协议的信息。这样，FC就可支持网络和通道两类信息的传送，并且还可实现SCSI、HIPPI、IPI等不同通道的混合应用。

2. FC 交换机

在 FC 中,可以采用一种叫做 Fabric 的 FC 交换机来实现各个计算机或 I/O 设备之间的连接。Fabric 是中间节点,具有路由选择、流量控制、差错处理以及节点端口管理等功能,它与端设备之间采用点到点的连接,其传输距离主要取决于所选用的传输介质。

3. FC 服务功能

为了适应广泛的通信需求,FC 规定 Fabric 应提供三种服务功能。

(1) Class 1 是面向线路连接的服务:两个端设备进行数据交换之前,必须首先通过 Fabric 建立线路连接。在该连接拆除之前,其他设备不能在该连接上再建立通信关系。

(2) Class 2 是有确认的无连接服务:两个端设备之间无须建立线路连接,由 Fabric 保证信息的可靠传送。Fabric 必须收到接收端的确认应答消息后,才能进行信息传送。如果线路处于繁忙状态,Fabric 则向发送端返回 Busy 消息,发送端可尝试再次发送信息。这种服务适用于多个工作站和主存储器之间的数据传送。

(3) Class 3 是无确认的无连接服务:Fabric 传送信息时无需等待接收端的确认应答消息。这种服务强调实时性,低传送延迟,但不保证信息的可靠传送。它适用于 Fabric 向多个设备发送紧急消息。

在 Class 1 服务中,可以与 Class 2/3 服务混合使用,发挥各自的优势。

4. FC 拓扑结构

根据应用需要,FC 中各个端设备之间可采用以下两种拓扑结构来连接:

(1) 以 Fabric 为中心的星型结构:FC 中的各个端设备都要与 Fabric 进行连接,形成以 Fabric 为中心的星型结构。Fabric 负责路由选择、流量控制、差错处理以及节点端口管理等功能,并提供专用的网络带宽。这种结构适用于大多数的应用场合。

(2) FC 仲裁环(FC-AL)结构:FC 中各个端设备通过点对点连接形成环型结构,各个端设备使用仲裁环协议实现通信,而无须 Fabric。FC-AL 是一种共享带宽的访问机制,最多可连接 126 个端设备。这种结构的典型应用是大容量文件服务器,采用 FC-AL 来连接多个磁盘阵列,有利于降低系统成本。

5. FC 网络产品

FC 网络产品主要有 FC 交换机和 FC 网卡。

1) FC 交换机

FC 交换机是构建 SAN 的核心设备,通常 FC 交换机提供以下的功能特性。

(1) 拓扑结构:由于 FC 是 SAN 的基础,因此大多数 FC 交换机都支持点-点、Fabric 和 FC-AL 的 FC 连接。

(2) 传输介质:FC 定义了铜线、多模光纤和单模光纤等三种传输介质,其距离限制分别为铜线 30m,多模光纤 500m,单模光纤 10km。一般的 FC 交换机都支持多模光纤,高档的 FC 交换机支持所有 FC 定义的介质。

(3) 传输速率:大多数 FC 交换机都提供了专用的 1Gb/s 传输带宽。FC 交换机内部底板主要有两种结构:交换矩阵和时分多路复用总线,FC 交换机的性能和容量与其底板结构有关。

① 服务级别：大多数FC交换机都支持FC所定义的三种服务级别：Class 1,Class 2和Class 3,有些FC交换机还提供一种混合服务模式，允许Class 1与Class 2或Class 3一起工作，其中Class 1主要用于传输数据流，而Class 2或Class 3则用于传输控制消息。

② 可扩展性：大多数FC交换机都提供多个FC端口（如8,16或32个），用于连接FC设备，并且还提供上行级联交换机的功能，以扩展交换机的连接能力。

③ 多播特性：这是FC交换机提供的一种增值功能，它允许FC交换机同时将数据流复制到多个输出端口。FC交换机通过一个内置的别名服务器提供多播组的建立和删除功能，而多播组中的成员是使用FC物理地址定义的。在批量数据备份应用中，使用多播功能可节省传输时间。

④ 管理特性：大多数FC交换机都提供SNMP代理，可以使用专用的网络管理软件进行远程管理。

2）FC网卡

FC网卡插入服务器和存储设备上，这些设备便可以与FC交换机进行FC连接，构成SAN。

8.5.2　SAN构造技术

一个SAN可采用三种方法来构造：基于交换机的交换式SAN、基于集线器的共享式SAN以及以交换机为主干的混合SAN，参见图8.6。

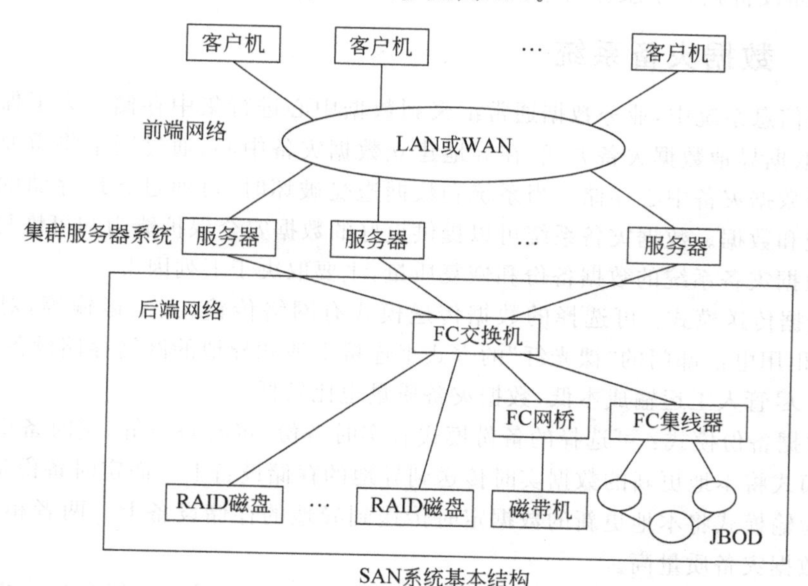

图8.6　SAN系统基本结构

采用何种结构来构造一个SAN，不仅要考虑数据存储量大小，还要考虑其他功能需求，如数据重要性，存储设备的分布距离、可有性和可管理性，系统抗灾难能力，数据拷贝的可用性以及系统价格等。围绕交换机来构造SAN可以最大限度地满足上述功能需求。

例如，在一个大型的网络存储环境中，有多个服务器和多个RAID磁盘阵列、磁带机、JBOD磁盘等存储设备，可以采用以FC交换机为中心的混合式SAN来连接这些设备。服务器和RAID磁盘阵列可直接连接到FC交换机上，JBOD采用FC-AL环连接，磁带机则通过FC网桥连接到FC交换机上。其中FC-AL环可以直接连接到FC交换机上，也可以通过FC集线器再连接到FC交换机上，每个FC-AL环可连接126个设备，并共享1Gb/s带宽。这种混合式SAN结构可以提供失效隔离、多级服务、多播传输以及可管理性等优良的网络性能，并且可以在可用性和系统价格之间找到一个最佳平衡点。

这样，整个企业网络由前端网络和后端网络组成。前端网络是由客户和服务器组成的LAN或WAN，服务器面向客户提供网络服务和数据传送。后端网络是由服务器、FC交换机和存储设备组成的SAN，通过集中存储管理机制对数据进行存储和备份。由服务器来桥接前端网络和后端网络，前端网络的所有客户都可透明地访问后端网络中所有的存储设备。这种企业网络具有以下的优点：

(1) 将服务器的数据传送和存储相分离，提高了服务器的吞吐能力。

(2) 提高了网络存储系统的可扩展性和可伸缩性，易于实现海量存储。

(3) 提高了网络存储系统的可用性，易于实现系统容错和数据安全性。

(4) 网络数据备份和恢复不占用网络带宽，改善了网络传输的拥挤现象。

(5) 统一使用存储设备，避免了各个服务器单独使用存储设备的负载不均衡现象。

(6) 存储设备独立于服务器平台，易于实现不同服务器平台之间的数据共享。

8.5.3 数据灾备系统

在大型信息系统中，业务数据通常汇聚到数据中心进行集中存储。为了保证数据安全，一般采取据异地数据灾备方式，在异地建立数据灾备中心，通过网络将重要业务数据远程备份到数据灾备中心存储。当系统和数据遭受破坏时，可通过异地存储的数据备份来恢复系统和数据。数据灾备系统可以提供更好的数据安全保护能力和可恢复性能。

一个数据灾备系统的数据备份和恢复质量，主要取决于下列因素。

(1) 数据传送模式：可选择的数据传送模式有网络传输、人工运输等，对于网络传输，可选择租用电信部门的“裸光纤”的方式来连接本地和异地的网络存储设备，实现网上数据传输。尽管人工运输成本低，数据灾备质量也比较低。

(2) 数据备份模式：可选择的备份模式有实时备份、定时备份等，实时备份是指通过网络传输模式将本地更新的数据实时传送到异地的存储设备上。而定时备份是指采用网络或人工运输模式将本地更新的数据定时传送到异地的存储设备上。两者相比，实时备份模式的数据灾备质量高。

(3) 数据更新模式：在实时备份模式中，又进一步分为同步更新和异步更新等数据更新模式。同步更新是指在执行数据写入操作时，系统必须等到本地和异地的数据更新都完成后，才向用户发出写入成功的应答，由于本地和异地存在一定的时间差，因此在数据更新时用户等待的时间比较长。异步更新是指在执行数据写入操作时，只要本地数据更新完成后，便可向用户发出写入成功的应答，而不必等到异地数据更新完成，虽然响应速度比较快，但存在着异地数据更新可能失效的问题，需要采取一定的措施来弥补。

建设数据灾备中心需要投入较大的建设资金和运维成本。国际上通常将数据灾备质量分成不同的等级，每个等级的灾备质量与系统费用成正比，用户可根据应用需求选择适合的灾备等级，建设与此相对应的数据灾备系统。

根据系统规模大小以及灾备质量，数据灾备中心大致可分成企业级、城市级、区域级和国家级。

下面是一个企业级数据灾备系统的实例，参见图 8.7。

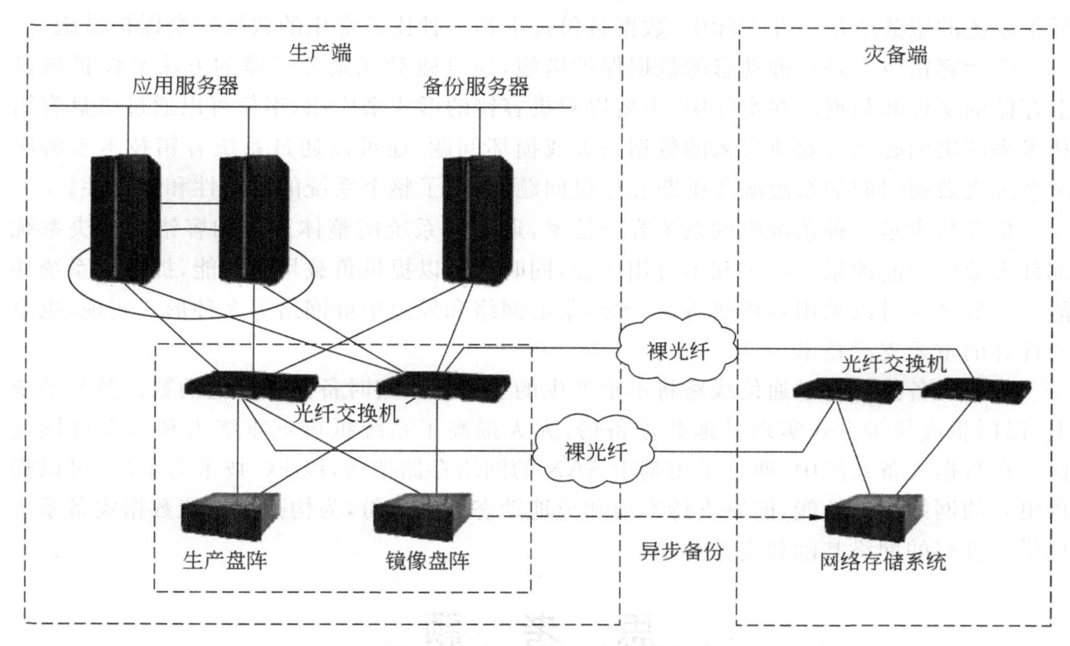

图 8.7　企业级数据灾备系统

(1) 系统服务容错：本地通过两台高性能服务器实现双机热备系统，如果一台服务器发生故障，则另一台服务器会接管所有的业务，保证了业务连续性。

(2) 本地同步数据备份：本地通过 FC 光纤交换机和两台磁盘阵列实现同步数据备份(亦称数据镜像)功能。当生产磁盘阵列发生故障时，将自动切换到镜像磁盘阵列，确保了生产数据的高可靠性以及业务系统的高可用性。

(3) 异地异步数据备份：通过两条光纤链路(裸光纤)将本地 FC 光纤交换机和异地 FC 光纤交换机连接起来，实现异地异步数据备份和数据灾备功能。当本地存储系统被破坏时，可以利用异地存储的数据备份来恢复系统和数据。

8.6　本章总结

由于网络系统的开放性和各种天灾人祸因素的客观存在，使任何的网络系统都可能面临着自然灾害、恐怖事件、物理故障、黑客攻击、病毒破坏等各种灾难事件的威胁和挑战。一旦网络系统发生灾难事件，不仅导致系统中断服务，而且还会破坏网络系统中所存储的大量业务数据，而业务数据是一个企业不可再生的宝贵资源，一旦被毁坏，就会造成不可预料的灾难性后果。因此，系统容错容灾技术是非常重要的。

数据备份技术是一种传统的静态数据保护技术，通常按一定的时间间隔对磁盘上的数据进行备份，在发生数据被损坏时，通过数据备份来恢复已做备份的数据。由于数据是定时备份，而不是实时备份，因此，通过数据备份不能恢复自最后一次备份以来所产生的数据。这些数据一旦被破坏，将会永久性丢失，并且在数据恢复时必须中断系统服务，降低了系统的服务质量。在实际中，数据备份技术是一种比较常用的数据安全保护措施。

磁盘容错技术是一种动态的数据保护措施，通过磁盘冗余和镜像的方法来保护磁盘上存储的文件和数据。在实际中，主要以双机容错的形式来应用，不仅可以通过磁盘容错技术来解决因磁盘失效所带来的数据丢失或损坏问题，还可以通过系统容错技术来解决因系统失效而引起的系统服务中断和停机问题，提高了整个系统的可用性和可靠性。

集群技术是一种系统级的系统容错技术，通过对系统的整体冗余和容错来解决系统部件失效而引起的系统死机和不可用问题，同时还可以提供负载均衡功能，提升了系统性能。集群系统可以采用双机热备份、本地集群网络和异地集群网络等多种形式实现，也是云计算的重要支撑技术。

数据灾备技术通过通信线路将本地产生的业务数据实时备份到异地的数据备份系统上，以同步或异步方式实现异地数据备份，大大提高了系统抵御灾难能力和数据可恢复性。在数据灾备系统中，通常采用基于 SAN 的网络存储架构，以 FC 技术为基础，可以提供更好的网络存储性能，能够支持本地和异地动态数据备份，为构架高性能数据灾备系统提供了良好的网络基础和支撑环境。

思　考　题

1. 常用的数据备份方法和介质有哪些？
2. 一旦发生系统灾难后，数据备份方法能够恢复系统和所有数据吗？为什么？
3. 系统容错技术和数据备份技术有什么区别？
4. 系统容错技术和系统容灾技术有什么区别？
5. 磁盘容错技术主要用于解决什么问题？
6. RAID 磁盘与普通磁盘相比有什么优点？
7. 双机容错系统主要用于解决什么问题？怎样解决双机上数据更新一致性问题？
8. 集群服务器系统主要用于解决什么问题？怎样解决流量管理器的系统瓶颈问题？
9. 在集群服务器系统中，各个服务器主机资源和处理能力都不尽相同，采用哪种负载调度算法能够才能达到各个服务器的负载均衡？
10. 在集群服务器系统中，各个服务器节点的容错问题也是采用心搏技术来解决吗？
11. 在集群服务器系统中，怎样解决数据更新一致性问题？
12. CRR 技术主要用于哪种集群系统？
13. 什么是动态系统重构？有哪些重构方法？

14. 什么是网络存储？网络存储有哪些优点？
15. SAN 主要用于支持哪些网络应用？
16. FC 网络存储和 IP 网络各有什么特点？
17. 数据灾备的主要特点是什么？
18. 同步更新和异步更新各有什么特点？

第9章 信息安全标准

9.1 引言

为了推动和规范信息安全技术及产品的开发和应用，信息安全技术标准化工作非常重要。相关的国际组织和各个国家都制定了大量的信息安全标准和法规。

为了确保信息安全产品在开放的网络环境中能够互操作，一些国际组织制定了有关信息安全技术的国际标准，例如国际标准化组织(ISO)和国际电工委员会(IEC)有关开放系统互连(OSI)环境的安全标准、国际电信联合会(ITU)有关数据通信网的安全标准、国际电气电子工程师协会(IEEE)有关局域网(LAN)的安全标准、IETF(The Internet Engineering Task Force)有关互联网的安全规范等。

信息安全产品不同于其他的信息产品，必须经过权威认证机构的评估和认证后才能进入市场，被用户所接受。权威认证机构在评估和认证信息安全产品时必须遵循被广泛认可的评估标准或准则，以实现产品评估的公正性和一致性。因此，世界各国根据本国安全政策制定了有关信息安全标准和法规，规范了对信息安全技术及产品的开发、评估和认证，推动了信息安全技术的发展和应用。由于各国对信息安全产品等级划分和评定标准存在认识上的差异，使这些标准之间存在兼容性问题。为了实现信息安全产品评估和认证的标准化和互认性，一些发达国家联合制定了信息技术安全评估公共准则(CC)，并获得ISO的批准，成为信息技术安全评估的国际标准。

对于信息安全产品来说，其信任度评估非常重要，它直接关系到用户对信息安全产品的信任度。国际上提出一种面向工程过程的信任度评估方法，即采用系统安全工程能力成熟度模型(SSE-CMM)来评估一个组织或企业从事信息安全工程或开发信息安全产品的能力，从而建立对该组织所开发信息安全产品的信任度，以简化对信息安全产品的认证实践，加快了信息安全产品的测评过程。

本章主要介绍国内外信息安全标准、信息技术安全评估准则以及系统安全工程能力成熟度模型等。

9.2 国内外信息安全标准

为了规范信息安全技术及产品的开发，使信息安全产品之间能够互操作，一些国际组织制定了信息安全技术标准和规范。世界各国根据本国的国情也制定了一些信息安全标准和法规,体现了各国的信息安全方针和政策。

9.2.1 国外信息安全标准

国际性的标准化组织主要有ISO、IEC及ITU的电信标准化组(ITU-TS)。ISO是一个总体标准化组织,IEC在电工与电子技术领域里相当于ISO的位置,ITU-TS是一个联合缔约组织。这些组织在安全需求服务分析指导、安全技术机制开发、安全评估标准等方面制定了一些标准草案,但尚未正式执行。另外,还有众多的标准化组织也制定了一些安全标准,如IETF就有9个功能组:认证防火墙测试组(AFT)、公共认证技术组(CAT)、域名安全组(DNSSec)、IP安全协议组(IPSec)、一次性口令认证组(OTP)、公开密钥结构组(PKIX)、安全界面组(SECSH)、简单公开密钥结构组(SPKI)、传输层安全组(TLS)和Web安全组(WTS),它们都制定了有关的标准。

目前,国外的信息安全评价准则主要有以下几种。

(1) 美国TCSEC(桔皮书)。该标准是美国国防部制定的,它将安全分为4个方面:安全政策、可说明性、安全保障和文档。在美国国防部彩虹系列(Rainbow Series)标准中有详细的描述。该标准将以上4个方面分为7个安全级别,从低到高依次为D、C1、C2、B1、B2、B3和A级。

(2) 欧洲ITSEC。ITSEC与TCSEC不同,它并不把保密措施直接与计算机功能相联系,而是只叙述技术安全的要求,把保密性作为安全增强功能。另外,TCSEC把保密性作为安全保护的重点,而ITSEC则把完整性、可用性与保密性作为同等重要的因素。ITSEC定义了7个安全等级:E0~E6级。对于每个系统,安全功能可以分别定义。ITSEC预定义了10种安全功能,其中前5种与TCSEC中的C1~B3级非常相似。

(3) 加拿大CTCPEC。该标准将安全需求分为4个层次:保密性、完整性、可靠性和可说明性。

(4) 美国联邦准则(FC)。该标准参照了CTCPEC及TCSEC,其目的是提供TCSEC的升级版本,同时保护已有投资。但FC有很多缺陷,只是一个过渡性标准,后来与ITSEC结合,成为公共准则(CC)的基础。

(5) 公共准则(CC):其目的是把已有的各种信息安全准则综合成一个统一的标准。该计划从1993年开始执行,1996年推出第一版,但目前仍未付诸实施。CC结合了FC及ITSEC的主要特征,强调将信息安全功能与保障分离开,将功能需求分为9类63族,将保障分为7类29族。

1. 国际组织制定的信息安全标准

1) ISO信息安全标准

ISO和IEC制定了一系列有关信息安全、网络安全和安全评估等方面的标准。下面列出一些有代表性的信息安全标准。

(1) 信息安全标准。

① ISO/IEC 10118—1。单向散列函数部分1:通用模型。

② ISO/IEC 10118—2。单向散列函数部分2:使用n位块密码算法的单向散列

函数。

③ ISO/IEC 10118—3。单向散列函数部分3：专用的单向散列函数。

④ ISO/IEC 10116。n位块密码算法的操作模式(加密机制)。

⑤ ISO/IEC 9798—1～9798—5。实体认证的通用模型和使用各种认证算法的认证机制(实体认证机制)。

⑥ ISO/IEC 9797。使用加密检查功能的数据完整性机制(完整性机制)。

⑦ ISO/IEC 14888—1～14888—3。数字签名的通用模型、基于身份的机制和基于证书的机制(数字签名机制)。

⑧ ISO/IEC 13888—1～13888—3。抗抵赖的通用模型、基于对称的和非对称密码算法的机制(抗抵赖机制)。

⑨ ISO /IEC 9594—8。认证框架，定义了各种强制性的认证机制和框架结构。

⑩ ISO/IEC 11770—1～11770—3。密钥管理框架、使用对称和非对称密码算法的密钥管理机制。

(2) 网络安全标准。

① ISO/IEC 7498—2。OSI安全结构，定义了基于OSI层次结构的安全机制和安全服务。

② ISO/IEC 10181—1～10181—7。OSI安全框架、实体认证框架、访问控制框架、抗抵赖框架、完整性框架、保密性结构和安全审计框架等。

(3) 安全评估标准。

ISO/IEC 15408。信息技术安全评估公共准则(CC)，为相互独立的机构对相同信息安全产品的评估提供了可比性。

2) ITU网络安全标准

ITU针对数据通信网安全问题制定了有关网络安全标准，它与ISO信息安全标准是相对应的，例如：

① ITU X.800，安全结构，与ISO 7498—2相对应；

② ITU X.509，认证框架，与ISO 9594—8相对应；

③ ITU X.816，安全框架，与ISO 10181相对应。

3) IETF网络安全标准

IETF针对互联网安全问题制定了一系列有关网络安全标准，并以RFC文档形式公布，例如：

① IETF RFC 1825，IP协议安全结构。

② IETF RFC 2401～RFC 2412，IP安全协议(IPSec)。

③ IETF RFC 2246，传输层安全协议(SSL)。

④ IETF RFC 2246，有关安全电子邮件协议(S/MIME)。

⑤ IETF RFC 2659～RFC 2660，有关安全HTTP协议(S-HTTP)。

⑥ IETF RFC 2559，Internet X.509公钥基础结构操作协议。

4) IEEE局域网安全标准

IEEE针对局域网安全问题制定了有关互操作局域网的安全规范，并作为IEEE 802.10标准。该标准包括数据安全交换、密钥管理以及有关网络安全管理等规范。IEEE还制定了有关公钥密码算法的标准(IEEE P1363)。

2. 各个国家制定的信息安全标准

世界各国对信息和网络安全问题给予高度的重视,并根据本国的国情制定了有关信息安全标准,规范了信息安全产品的评估和认证,推动了信息安全技术的应用和发展。在信息安全标准中,大致可分成两大类：信息安全技术标准和信息系统安全评价标准。

1) 信息安全技术标准

信息安全技术标准主要涉及数据加密、数字签名以及实体认证等标准。美国是开展信息安全技术研究最早的国家,并处于领先水平。美国国家标准技术协会(NIST)、美国国家标准协会(ANSI)、美国国防部(DoD)和美国安全局(NSA)都从不同的角度制定了本国有关信息安全的标准。

NIST 在信息处理标准(FIPS)中公布的有关信息安全标准作为美国联邦政府标准,供美国联邦政府各个部门使用。标准号以 FIPS 为标志头,主要有数据加密、数据认证、密钥管理、数字签名以及实体认证等标准。

ANSI 所制定的信息安全标准主要有信息加密标准和银行业务安全标准等,ANSI 作为 ISO 的美国政府代表,参与 ISO 有关信息安全标准的制定工作。因此,很多 ISO 标准都来源于 ANSI 标准。

其他国家的信息安全标准基本上是参照 ISO 标准和美国标准而制定的,只是在细节上略有不同。

在实施信息安全的政策上,各个国家有所不同。美国对密码实施严格控制,密码产品的输出必须得到美国国防部的批准,并且国内使用的密码不能输出。欧洲各国对密码控制比较宽松,允许公开讨论和自由交易,但具体密码算法不公开。中国将密码分成两类：学术密码和实用密码,前者可自由讨论;后者属于国家机密,由国家密码管理部门来管理。

2) 系统安全评价标准

信息安全产品不同于其他的信息产品,必须经过权威认证机构的测评和认证后才能进入市场,被用户所接受。权威认证机构在测评和认证信息安全产品时必须遵循被广泛认可的评估标准或准则,以实现产品评估的公正性和一致性。因此,一个能被广泛接受的评估标准是极为重要的。

美国国防部首先意识到这个问题,并提出了一组计算机系统评估标准。这组标准包含了二十多个文件,每个文件使用了不同颜色的封皮,被称为“彩虹系列”。其中,最核心的是可信计算机系统评价标准(TCSEC),按其封皮颜色被称为橙皮书。

TCSEC 主要提供一种量度标准,用于评估处理敏感信息的计算机系统的可信度和安全性。TCSEC 主要有两个部分。第一部分描述了划分计算机系统安全等级的标准,这种划分建立在人们对敏感信息保护所持有的全部信心的基础上;第二部分描述了该标准开发的基本目标、基本原理以及美国政府的政策等。TCSEC 定义了 4 个安全等级：A、B、C 和 D。A 级表示计算机系统提供了最强的安全性,D 级表示计算机系统提供了最弱的安全性。B 级划分成 B1、B2 和 B3 三个子类,C 级划分成 C1 和 C2 两个子类。这样,总共划分为 7 个安全等级。

(1) D级(最小保护):所有系统都能满足的最低安全级,不具备更高级的安全特性。

(2) C级(自主保护):提供自主接入控制(DAC)和目标重用,支持识别、认证和审计。它划分成C1和C2两个子类。

C1级(自主访问保护):通过将用户和数据相分离来满足自主保护的要求,它将各种控制集为一体,对每个实体独立地提供DAC、识别和认证。

C2级(受控访问保护):它比C1级控制更加严格,要求对用户也要实施DAC、识别、认证和审计,并要求目标重用。

(3) B级(受控保护):利用受控接入控制(MAC)和数据敏感标记实现多级安全性,并提供一些保证要求。它划分成B1、B2和B3三个子类。

B1级(带有标记的保护):系统必须对主要数据结构加敏感度标记,必须给出有关安全策略模型、数据标记以及对主体和客体的强制访问控制的非正规表述。

B2级(结构化保护):基于一种形式化的安全策略模型,B1级系统中所采用的自主访问控制和强制访问控制都被扩展到B2级系统中的所有主体和客体。B2级特别强调了隐蔽通道的概念,必须构造TCB,强化认证机制,提供严格配置管理控制能力。

B3级(安全域):所有主体对客体的访问必须通过TCB中介,并且必须是防篡改的。它要求系统必须提供安全管理功能、安全审计机制和可信系统恢复程序。

(4) A级(可验证保护):采用可验证的形式化安全策略模型。A1级是最高的安全级,功能上等价于B3级。它要求对安全策略模型进行形式化验证,并且形式化验证要贯穿于整个系统开发过程。

例如,Windows NT 4.0操作系统于1999年11月通过了美国国防部TCSEC C2级安全认证,表明该系统具有身份认证、自主访问控制、客体重用和安全审计等安全特性,这些安全特性主要由Windows NT 4.0的安全子系统来提供。

为了将TCSEC中确立的原则应用于网络环境,DoD对TCSEC进行了增补,公布了可信网络注释TNI(红皮书)。红皮书有两个主要部分,第一部分对橙皮书的相应部分进行了扩充,建立了网络系统安全等级的划分标准;第二部分描述了网络环境中的一些特有业务,如认证、抗抵赖以及网络安全管理等。因此,红皮书是对局域网和广域网环境中网络系统和产品划分安全等级的基础。

在美国的橙皮书公布后,欧洲各国相继提出了各自的信息安全评价标准。如德国的信息安全标准ZSIEC、英国的商用安全产品分级标准(绿皮书)、法国的信息安全标准SCSSI、加拿大的可信任计算机产品评估标准TCPEC以及欧共体的信息技术安全评价标准ITSEC等。

德国的信息安全标准ZSIEC(绿皮书)是由德国信息安全局制定的。在ZSIEC中,定义了信息安全政策所需的8种基本安全功能。与TCSEC不同的是,ZSIEC在基本安全功能中增加了对系统可用性(不间断服务)和数据完整性的要求。在评定级别方面,ZSIEC规定了10个功能级别(F1~F10)和8个质量级别(Q1~Q7),其中F1~F5大致与TCSEC的C1~B3相对应,Q1~Q7对应于近似TCSEC的信任度级别D~A1。

英国的商用安全产品分级标准(绿皮书)是由英国国防部和商业部共同制定的。英国标准主要定义一种规范的产品功能说明语言,使用这种语言描述的产品,其安全功能可以由评审人员用规范方法加以验证。英国标准定义了 6 个信任度级别：L1～L6，大致对应于 TCSEC 的 C1～A1 或德国绿皮书的 Q1～Q6。同时，英国政府还建立了一个商用许可评定体制，以促进该标准的商业化应用。

加拿大、澳大利亚和法国也制定了本国的标准。由于各国对信息安全产品等级划分和评定存在着认识上的差异，使这些标准之间存在较严重的兼容性问题。在一个国家获得某一安全级别评定和认证的信息安全产品在另一个国家得不到承认，需要重新评定和认证，影响了产品进入市场的时间和商机。为了协调欧共体国家的安全产品评价标准，在欧洲共同体的支持下，英、德、法、荷四国联合制定了信息技术安全评定标准（ITSEC），作为欧共体成员国的共同标准。ITSEC 保留了德国标准中 10 个功能级别和 8 个质量级别（改称有效性级别 E0～E7）的内容，同时也吸取了英国标准中的功能描述语言的思想。安全产品的评定将由 TCSEC 式的政府行为转变为由市场驱使的行业行为，首先由厂商提出其安全产品的评价目标和所期望的级别，然后由评定人员通过对产品的测评来确定是否同意厂商对产品安全功能的描述，以及是否给予厂商所要求的有效性级别。ITSEC 要比美国橙皮书宽松一些，目的在于提供一种统一的安全系统评价方法，以满足各种产品、应用和环境的需要。

9.2.2 中国信息安全标准

为推动和规范信息安全技术及产品研究、开发、测评以及应用，国家已制定了八十余个信息安全技术标准，参见表 9.1。这些标准主要分为以下几类。

（1）系统安全标准：包括操作系统、数据库管理系统、服务器、网络交换机、路由器、网络基础、信息系统、网上银行系统、网上证券交易系统、电子政务、应用软件系统等系统的安全技术要求、评估准则、实施指南等方面的标准。

（2）信息安全技术标准：包括防火墙系统、入侵检测系统、网络脆弱性扫描产品、网络和终端设备隔离部件、虹膜识别系统、信息系统灾难恢复、信息安全应急响应、信息安全风险管理、安全审计产品、证书认证系统、访问控制模型等安全技术及产品的技术要求、测评方法、技术规范等方面的标准。

（3）安全评估标准：包括信息系统安全保障评估的一般模型、技术保障、管理保障、工程保障、风险评估规范、信息安全事件分类分级等方面的标准。

（4）公钥基础设施标准：包括公钥基础设施的数字证书、特定权限管理中心、时间戳、PKI 系统、安全支撑平台、电子签名卡、简易在线证书、X.509 数字证书、XML 数字签名、电子签名、签名生成应用程序、证书策略与认证业务等技术要求、评估准则、技术规范等方面的标准。

（5）系统等级保护标准：是指信息系统安全等级保护系列标准，由等级划分准则、基本要求、定级指南、实施指南、安全设计技术要求、测评要求、测评过程指南等标准组成。

（6）系统分级保护标准：是指涉密信息系统分级保护系列标准，由技术要求、管理规范、测评指南、方案设计指南等标准组成。

另外，一些行业根据本行业的特殊要求制定了各个行业的信息安全技术标准和规范，例如，金融业、证券业、民航业、电子商务业等。

表 9.1　信息安全相关国家标准

序号	标准号	标准名称	实施日期
(1) 系统安全标准			
1/1	GB/T 20008—2005	信息安全技术　操作系统安全评估准则	2006年5月1日
2/2	GB/T 20272—2006	信息安全技术　操作系统安全技术要求	2006年12月1日
3/3	GB/T 20009—2005	信息安全技术　数据库管理系统安全评估准则	2006年5月1日
4/4	GB/T 20273—2006	信息安全技术　数据库管理系统安全技术要求	2006年12月1日
5/5	GB/T 21028—2007	信息安全技术　服务器安全技术要求	2007年12月1日
6/6	GB/T 25063—2010	信息安全技术　服务器安全测评要求	2011年2月1日
7/7	GB/T 21050—2007	信息安全技术　网络交换机安全技术要求(评估保证级3)	2008年1月1日
8/8	GB/T 20011—2005	信息安全技术　路由器安全评估准则	2006年5月1日
9/9	GB/T 18018—2007	信息安全技术　路由器安全技术要求	2007年12月1日
10/10	GB/T 20270—2006	信息安全技术　网络基础安全技术要求	2006年12月1日
11/11	GB/T 20271—2006	信息安全技术　信息系统通用安全技术要求	2006年12月1日
12/12	GB/Z 20269—2006	信息安全技术　信息系统安全管理要求	2006年12月1日
13/13	GB/T 20282—2006	信息安全技术　信息系统安全工程管理要求	2006年12月1日
14/14	GB/T 20276—2006	信息安全技术　智能卡嵌入式软件安全技术要求(EAL4增强级)	2006年12月1日
15/15	GB/T 21052—2007	信息安全技术　信息系统物理安全技术要求	2008年1月1日
16/16	GB/T 20983—2007	信息安全技术　网上银行系统信息安全保障评估准则	2007年11月1日
17/17	GB/T 20987—2007	信息安全技术　网上证券交易系统信息安全保障评估准则	2007年11月1日
18/18	GB/Z 24294—2009	信息安全技术　基于互联网电子政务信息安全实施指南	2010年2月1日
19/19	GB/T 28452—2012	信息安全技术　应用软件系统通用安全技术要求	2012年10月1日
20/20	GB/T 28450—2012	信息安全技术　信息安全管理体系审核指南	2012年10月1日
21/21	GB/T 28453—2012	信息安全技术　信息系统安全管理评估要求	2012年10月1日
22/22	GB/Z 28828—2012	信息安全技术　公共及商用服务信息系统个人信息保护指南	2013年2月1日
(2) 信息安全技术标准			
23/1	GB/T 20010—2005	信息安全技术　包过滤防火墙评估准则	2006年5月1日
24/2	GB/T 20281—2006	信息安全技术　防火墙技术要求和测试评价方法	2006年12月1日

续表

序号	标 准 号	标 准 名 称	实 施 日 期
25/3	GB/T 20275—2006	信息安全技术 入侵检测系统技术要求和测试评价方法	2006 年 12 月 1 日
26/4	GB/T 20278—2006	信息安全技术 网络脆弱性扫描产品技术要求	2006 年 12 月 1 日
27/5	GB/T 20280—2006	信息安全技术 网络脆弱性扫描产品测试评价方法	2006 年 12 月 1 日
28/6	GB/T 20277—2006	信息安全技术 网络和终端设备隔离部件测试评价方法	2006 年 12 月 1 日
29/7	GB/T 20279—2006	信息安全技术 网络和终端设备隔离部件安全技术要求	2006 年 12 月 1 日
30/8	GB/T 20979—2007	信息安全技术 虹膜识别系统技术要求	2007 年 11 月 1 日
31/9	GB/T 20988—2007	信息安全技术 信息系统灾难恢复规范	2007 年 11 月 1 日
32/10	GB/T 20945—2007	信息安全技术 信息系统安全审计产品技术要求和测试评价方法	2007 年 12 月 1 日
33/11	GB/T 17964—2008	信息安全技术 分组密码算法的工作模式	2008 年 11 月 1 日
34/12	GB/T 22186—2008	信息安全技术 具有中央处理器的集成电路(IC)卡芯片安全技术要求(评估保证级 4 增强级)	2008 年 12 月 1 日
35/13	GB/T 24363—2009	信息安全技术 信息安全应急响应计划规范	2009 年 12 月 1 日
36/14	GB/Z 24364—2009	信息安全技术 信息安全风险管理指南	2009 年 12 月 1 日
37/15	GB/T 25056—2010	信息安全技术 证书认证系统密码及其相关安全技术规范	2011 年 2 月 1 日
38/16	GB/T 25062—2010	信息安全技术 鉴别与授权 基于角色的访问控制模型与管理规范	2011 年 2 月 1 日
39/17	GB/T 25066—2010	信息安全技术 信息安全产品类别与代码	2011 年 2 月 1 日
40/18	GB/T 25069—2010	信息安全技术 术语	2011 年 2 月 1 日
41/19	GB/T 28451—2012	信息安全技术 网络型入侵防御产品技术要求和测试评价方法	2012 年 10 月 1 日
42/20	GB/T 28455—2012	信息安全技术 引入可信第三方的实体鉴别及接入架构规范	2012 年 10 月 1 日
43/21	GB/T 28458—2012	信息安全技术 安全漏洞标识与描述规范	2012 年 10 月 1 日
44/22	GB/T 28447—2012	信息安全技术 电子认证服务机构运营管理规范	2012 年 10 月 1 日
45/23	GB/T 29240—2012	信息安全技术 终端计算机通用安全技术要求与测试评价方法	2013 年 6 月 1 日
46/24	GB/T 29242—2012	信息安全技术 鉴别与授权 安全断言标记语言	2013 年 6 月 1 日
47/25	GB/T 29243—2012	信息安全技术 数字证书代理认证路径构造和代理验证规范	2013 年 6 月 1 日
48/26	GB/T 29244—2012	信息安全技术 办公设备基本安全要求	2013 年 6 月 1 日

续表

序号	标准号	标准名称	实施日期
49/27	GB/T 29245—2012	信息安全技术　政府部门信息安全管理基本要求	2013年6月1日
50/28	GB/T 29765—2013	信息安全技术　数据备份与恢复产品技术要求与测试评价方法	2014年5月1日
51/29	GB/T 29766—2013	信息安全技术　网站数据恢复产品技术要求与测试评价方法	2014年5月1日
(3) 安全评估标准			
52/1	GB/T 20274.1—2006	信息安全技术　信息系统安全保障评估框架　第1部分:简介和一般模型	2006年12月1日
53/2	GB/T 20274.2—2008	信息安全技术　信息系统安全保障评估框架　第2部分:技术保障	2008年12月1日
54/3	GB/T 20274.3—2008	信息安全技术　信息系统安全保障评估框架　第3部分:管理保障	2008年12月1日
55/4	GB/T 20274.4—2008	信息安全技术　信息系统安全保障评估框架　第4部分:工程保障	2008年12月1日
56/5	GB/T 20283—2006	信息安全技术　保护轮廓和安全目标的产生指南	2006年12月1日
57/6	GB/T 20984—2007	信息安全技术　信息安全风险评估规范	2007年11月1日
58/7	GB/T 20986—2007	信息安全技术　信息安全事件分类分级指南	2007年11月1日
(4) 公钥基础设施标准			
59/1	GB/T 20518—2006	信息安全技术　公钥基础设施 数字证书格式	2007年2月1日
60/2	GB/T 20519—2006	信息安全技术　公钥基础设施 特定权限管理中心技术规范	2007年2月1日
61/3	GB/T 20520—2006	信息安全技术　公钥基础设施 时间戳规范	2007年2月1日
62/4	GB/T 21053—2007	信息安全技术　公钥基础设施 PKI系统安全等级保护技术要求	2008年1月1日
63/5	GB/T 21054—2007	信息安全技术　公钥基础设施 PKI系统安全等级保护评估准则	2008年1月1日
64/6	GB/T 25055—2010	信息安全技术　公钥基础设施 安全支撑平台技术框架	2011年2月1日
65/7	GB/T 25057—2010	信息安全技术　公钥基础设施 电子签名卡应用接口基本要求	2011年2月1日
66/8	GB/T 25059—2010	信息安全技术　公钥基础设施 简易在线证书状态协议	2011年2月1日
67/9	GB/T 25060—2010	信息安全技术　公钥基础设施 X.509数字证书应用接口规范	2011年2月1日
68/10	GB/T 25061—2010	信息安全技术　公钥基础设施 XML数字签名语法与处理规范	2011年2月1日

续表

序号	标 准 号	标 准 名 称	实 施 日 期
69/11	GB/T 25064—2010	信息安全技术　公钥基础设施 电子签名格式规范	2011 年 2 月 1 日
70/12	GB/T 25065—2010	信息安全技术　公钥基础设施 签名生成应用程序的安全要求	2011 年 2 月 1 日
71/13	GB/T 26855—2011	信息安全技术　公钥基础设施 证书策略与认证业务声明框架	2011 年 11 月 1 日
72/14	GB/T 29241—2012	信息安全技术　公钥基础设施 PKI 互操作性评估准则	2013 年 6 月 1 日
73/15	GB/T 29767—2013	信息安全技术　公钥基础设施 桥 CA 体系证书分级规范	2014 年 5 月 1 日
(5) 系统等级保护标准			
74/1	GB 17859—1999	信息安全技术　计算机信息系统安全保护等级划分准则	2000 年 1 月 1 日
75/2	GB/T 22239—2008	信息安全技术　信息系统安全等级保护基本要求	2008 年 11 月 1 日
76/3	GB/T 22240—2008	信息安全技术　信息系统安全等级保护定级指南	2008 年 11 月 1 日
77/4	GB/T 25058—2010	信息安全技术　信息系统安全等级保护实施指南	2011 年 2 月 1 日
78/5	GB/T 25070—2010	信息安全技术　信息系统等级保护安全设计技术要求	2011 年 2 月 1 日
79/6	GB/T 28448—2012	信息安全技术　信息系统安全等级保护测评要求	2012 年 10 月 1 日
80/7	GB/T 28449—2012	信息安全技术　信息系统安全等级保护测评过程指南	2012 年 10 月 1 日
(6) 系统分级保护标准			
81/1	BMB17—2006	涉及国家秘密的信息系统分级保护技术要求	2006 年 1 月 1 日
82/2	BMB20—2007	涉及国家秘密的信息系统分级保护管理规范	2007 年 4 月 5 日
83/3	BMB22—2007	涉及国家秘密的信息系统分级保护测评指南	2007 年 6 月 20 日
84/4	BMB23—2007	涉及国家秘密的信息系统分级保护方案设计指南	2008 年 5 月 29 日

注：在序号中，X/Y 表示 X 为总序号，Y 为各部分的分序号。

9.3 信息技术安全评估公共准则

在综合了美国的 TCSEC 和 FC、加拿大的 CTCPEC 和欧洲的 ITSEC 等标准的基础上，CC 建立了一个更全面的框架，可以广泛适用于信息系统的用户、开发者和评估者。用户可以用来确定对各种信息产品的安全需求；开发者可以用来描述其安全产品的安全特性;评估者可以用来对产品安全性的可信度进行评估。CC并不涉及管理细节和信息安全的具体实现、算法和评估方法等,也不作为安全协议、安全鉴定等,CC的目的是形成单一的信息安全国际标准,为相同信息安全产品的评价提供了可比性,从而使信息安全开发者和信息安全产品能够在全世界范围内得到认可。CC是安全准则的集合,也是构建安全要求的工具,对于信息系统的用户、开发者和评估者来说都有重要的意义。

CC本身由两个部分组成:一部分是一组信息技术产品的安全功能需求定义;另一部分是对安全保证需求的定义。CC的一般使用方法是由用户按照安全功能需求来定义产品的保护框架(PP)。这里的用户是广义的。例如,可以由某一组织负责定义政府各个机构所使用防火墙产品的PP,厂家根据PP文件制定其产品的安全目标文件(ST),然后根据产品规格和安全目标文件来开发产品。开发出的产品将作为测评对象(TOE)进行安全功能和安全可信度的测评。为了保证产品安全机制的有效性,CC特别要求对PP和ST进行评价,以检查这两个文件是否满足要求。以下分别描述CC的安全功能需求部分和安全保证需求部分。

1. 安全功能需求

安全功能需求部分是按结构化方式来定义安全功能的,分为类(Class)、簇(Family)和组件(Component)三个层次。每个类侧重一个安全主题,例如安全审计类、安全管理类或通信类等。CC共包括11个类,基本上覆盖了目前安全功能的所有方面。

每个类包含了一个或多个簇,每个簇基于相同的安全目标,但侧重点或保护强度有所不同。例如,通信类包含了两个簇,分别涉及信息源的防抵赖和信息接收的防抵赖。

每个簇包含了一个或多个组件。一个组件确定了一组最小可选择的安全需求集合,从CC中选择安全功能时,不能对组件再做拆分。一个簇中的组件排列顺序代表强度和能力的不同级别。通信类信息源的防抵赖和信息接收的防抵赖均包含了两个顺序的组件。第一个组件是选择性可靠证明;第二个组件是强制性可靠证明。有的组件与其他组件有依赖性关系。在这种情况下,一旦选择了其中一个,就必须选择其他相关项。在制定PP或ST时,可通过4种对组件的操作来满足安全政策的要求。这4种操作是:反复(Iteration)、赋值(Assignment)、选择(Selection)和求精细化(Refinement)。

2. 安全保证需求

安全保证需求的组织方式与安全功能需求相同,即按"类—簇—组件"结构化方式定义各种安全保证的需求,共包括10个类。其中针对PP和ST各1个,对安全保护认证后进行维护的1个,其余7个则是对TOE安全可信度保证的具体需求。为了能够有效地使用安全功能需求和安全保证需求,CC还引入了"包(Package)"的概念,以提高已定义结果的可重用性。在安全保证需求中,特别以包的概念定义了7个安全保证级别(EAL)。这7个级别定义如下。

EAL1:功能性测试级,证明TOE与功能规格的一致性。

EAL2:结构性测试级,证明TOE与系统层次设计概念的一致性。

EAL3:工程方法上的测试和校验级,证明TOE在设计上采用了积极安全工程方法。

EAL4:工程方法上的方法设计、测试和评审级,证明TOE采用了基于良好开发过程的安全工程方法。

EAL5：半形式化设计和测试级，证明 TOE 采用了基于严格过程的安全工程方法并适度应用了专家安全工程技术。

EAL6：半形式化地验证设计和测试级，证明 TOE 通过将安全工程技术应用到严格的开发环境中来达到消除高风险、保护高价值资产的目的。

EAL7：形式化地验证设计和测试级，证明 TOE 所有安全功能都经得起全面的形式化分析。

安全保证级别测试并未增加产品的任何安全性，仅仅是告诉用户，产品在多大程度上是可信的。一般而言，安全要求越高、威胁越大的环境，应采用更可信的安全产品。

3. 基于 CC 的认证

为了保证测评结果的可比性，所有基于 CC 的测评都应当在一个统一的框架下设立标准，监督测评质量和管理测评规范。CC 本身并不包括这个框架，但描述了这个框架的要素，具体如图 9.1 所示。

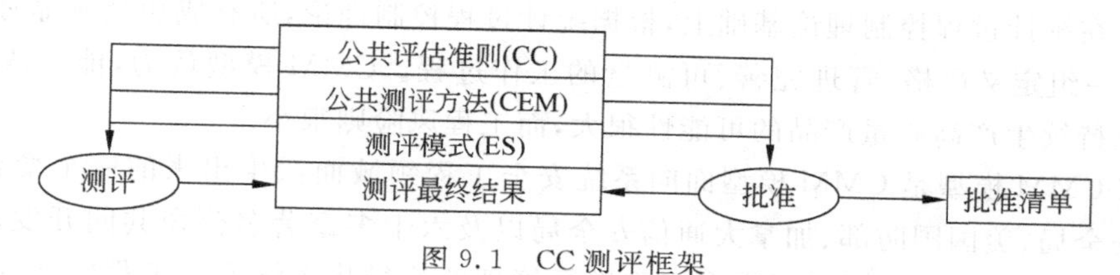

图 9.1　CC 测评框架

其中，公共评估方法（CEM）由另外文件定义，包括 EAL1～EAL4 级测评的具体过程。考虑到各个国家相关组织和机构的设置以及具体的管理模式可能会不同，在上述框架中，测评模式由各个国家自行确定。目前，创建 CC 的六个国家均建立了各自的测评模式，并基于上述框架签署了相互认可测评结果的互认协议 MRA（Mutual Recognition Agreement）。

9.4 系统安全工程能力成熟模型

对于信息安全产品，必须经过权威测评机构的测评认证后才能进入市场，这是国内外通行的信息安全制度。在安全产品测评时，除了要对产品的安全功能和性能进行测评外，还需要对产品的信任度（Assurance）进行评估，以提升用户对安全产品的信任度。所谓信任度是指用户对一个安全产品正确执行其安全功能的信任程度或信心大小，这显然不是一个能直接测量的物理量。目前，安全产品信任度评估方法主要有两种：面向最终产品的方法和面向工程过程的方法。

面向最终产品的评估方法主要通过对产品及其所有文档的严格分析和测试来建立信任度指标。这种方法缺少继承性，被测产品的安全信任度与同一组织以前所开发产品的安全信任度并无直接关系。每个产品的测评都要从头做起，测评过程相对复杂和冗长，增大测评开销。

面向工程过程的评估方法主要通过对一个组织的能力成熟度的评估，建立对该组织所开发安全产品的信任度，以简化对安全产品的认证实践。国际上提出了一种系统安全工程能力成熟度模型(SSE-CMM)，用于评估一个组织或企业从事安全工程的能力。该模型定义一组关键工作过程作为过程能力，通过执行这些过程来评估一个组织的能力成熟度，其执行结果的质量变化范围越小，说明该组织的工程能力越成熟，其产品质量的一致性就越高，而工程风险就越小；反之亦然。然而，这种方法并不能完全取代对最终产品的测评和认证。如果将两种方法有机结合起来，则会加快安全产品的测评过程，节省大量的测评成本。

下面主要介绍 SSE-CMM 模型及其评估方法。

9.4.1 SSE-CMM 模型

一个组织或企业从事工程的能力将直接关系到工程和产品的质量。国际上通常采用能力成熟度模型(Capability Maturity Model，CMM)来评估一个组织的工程能力。CMM 模型建立在统计过程控制理论基础上，根据统计过程控制理论，所有成功企业都有共同特点：具有一组定义严格、管理完善、可测量的工作过程。CMM 模型认为，能力成熟度较高的企业持续生产高质量产品的可能性很大，而工程风险则很小。

SSE-CMM 模型是 CMM 模型面向系统安全工程领域而派生出来的一个变种，由美国国家安全局、美国国防部、加拿大通信安全局以及六十多家著名公司共同开发，目的是在 CMM 模型的基础上，通过对安全工程进行管理的途径将系统安全工程转变为一个具有良好定义的、成熟的、可测量的先进工程学科。1996 年 10 月，SSE-CMM 1.0 版本问世，经过试用和修改后，于 1998 年 10 月公布了 SSE-CMM 2.0 版本，并提交给国际标准化组织申请作为国际标准。

SSE-CMM 模型将各种各样的系统安全工程任务抽象为 11 个有明显特征的子任务，而完成一个子任务所需实施的一组工程实践称为一个过程域(Process Area)。SSE-CMM 模型为每个过程域定义了一组确定的基本实践(Basic Practice)，并规定每一个基本实践对完成该子任务都是不可缺少的。

一个组织每次执行同一个过程时，其执行结果的质量可能是不同的。SSE-CMM 模型将这个变化范围定义为一个组织的过程能力。对于“成熟”的组织，每次执行同一任务结果的质量变化范围比“不成熟”的组织要小。为了衡量一个组织的能力成熟度，其过程完成的质量必须是可量度的。为此，SSE-CMM 模型定义了 5 个过程能力级别，每个级别用一组共同特性(Common Feature)来标识，每个共同特性则通过一组确定的通用实践(Generic Practice)来描述。

这里的组织(Organization)是指执行过程或接受过程能力评估的一个组织机构。一个组织可以是整个企业、企业的一个部门，或者是一个项目组。

SSE-CMM 模型定义了一个两维的框架结构，横轴上有 11 个安全工程过程域，纵轴上有 5 个能力级别。如果对每个过程域都进行能力级别评分，则可以得到一个两维图形，参见图 9.2。

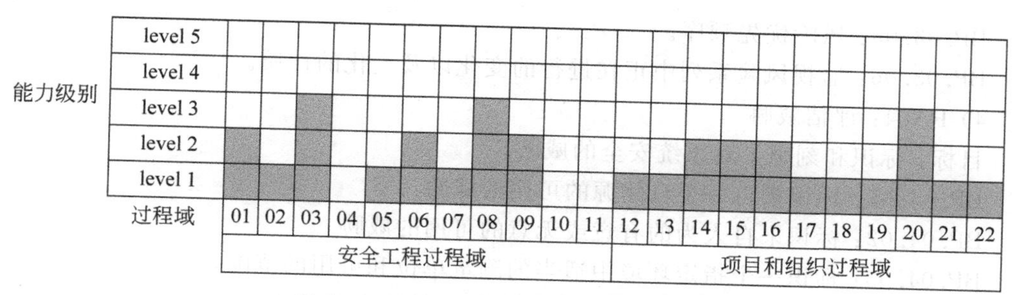

图 9.2 SSE-CMM 模型的两维框架结构

1. 过程域

系统安全工程涉及 3 种过程域：安全工程(Security Engineering)过程域、项目(Project)过程域和组织(Organization)过程域。后两个过程域并不直接与系统安全相关，故不是该模型的一部分，而是在另一个 CMM 模型变种——系统工程能力成熟度模型(SE-CMM)中定义。

SSE-CMM 中的每个过程域都由一组基本实践(BP)来定义，每个基本实践对实现过程域的目标都是不可缺少的。SSE-CMM 过程域如下：

1) PA01：管理安全控制

目标：完全地配置和使用了安全控制。

BP.01.01：建立安全控制的职责和责任，并通告给该组织中的每个人。

BP.01.02：管理系统安全控制的配置。

BP.01.03：管理所有用户和操作员的安全认知、培训和教育程度。

BP.01.04：管理定期的维护和监管安全服务与控制机制。

2) PA02：评估影响

目标：标识和刻画了风险对系统的安全影响。

BP.02.01：标识、分析和优先区分了对系统起关键作用的操作、交易或任务的能力。

BP.02.02：标识和刻画支持系统关键操作能力或安全目标的系统资产。

BP.02.03：选择用于这种评价的影响量度。

BP.02.04：如果必要，则要标识被选评价量度和量度转换因子之间的关系。

BP.02.05：标识和刻画影响。

BP.02.06：监视该影响中正在发生的变化。

3) PA03：评估安全风险

目标 1：在一个所定义的环境中，达到了对操作该系统相关安全风险的一种理解。

目标 2：根据一种所定义的方法优先处理风险。

BP.03.01：对于一个所定义环境中的系统，选择方法、技术和标准来分析、评估和比较安全风险。

BP.03.02：标识威胁/脆弱性/影响。

BP.03.03：评估与一个披露事件相关的风险。

BP.03.04：评估与该披露风险相关的总体不确定性。

BP.03.05：风险优先顺序。

BP.03.06：监视风险系列中正在进行的变化以及变化的性质。

4）PA04：评估威胁

目标：标识和刻画了对系统安全的威胁。

BP.04.01：标识来自一个自然源的可用的威胁。

BP.04.02：标识来自人为的有意或无意的可用的威胁。

BP.04.03：标识一个指定环境中适当的测量单位和可用的范围。

BP.04.04：对来自人为的威胁，评估威胁代理的能力和动机。

BP.04.05：评估发生一个威胁事件的可能性。

BP.04.06：监视威胁系列中正在进行的变化以及变化的性质。

5）PA05：评估脆弱性

目标：在一个所定义的环境中，达到了对系统安全脆弱性的一种理解。

BP.05.01：在一个所定义环境中，通过选择方法、技术和标准来标识和刻画系统安全脆弱性。

BP.05.02：标识系统安全脆弱性。

BP.05.03：收集与脆弱性性质相关的数据。

BP.05.04：评估系统脆弱性以及由特定脆弱性与特定脆弱性组合结果引起的综合脆弱性。

BP.05.05：监视可用脆弱性中正在进行的变化以及变化的性质。

6）PA06：构造信任度论据

目标：工作产品和过程明显地提供了满足消费者安全需要的论据。

BP.06.01：标识安全保证目标。

BP.06.02：定义一个面向所有保证目标的安全保证政策。

BP.06.03：标识和控制安全保证论据。

BP.06.04：执行安全保证论据的分析。

BP.06.05：提供一种安全保证论点，以证明满足了消费者安全的需要。

7）PA07：调整安全

目标1：工程组所有成员都要意识到履行他们的职责对安全工程活动来说是非常必要的。

目标2：通告和调整了与安全相关的决定和建议。

BP.07.01：定义安全工程调整目标和关系。

BP.07.02：标识安全工程调整机制。

BP.07.03：促进安全工程调整。

BP.07.04：使用鉴别机制来调整与安全相关的决定和建议。

8）PA08：监控安全态势

目标1：检测和跟踪与事件相关的内部和外部安全性。

目标2：响应事件，以保持与安全策略的一致。

目标3：标识和处理操作安全态势的变化，以保持与安全目标的一致。

BP. 08. 01：分析事件记录，确定一个事件的起因、如何进行以及有可能发生的未来事件。

BP. 08. 02：监视威胁、脆弱性、影响、风险以及环境中的变化。

BP. 08. 03：标识有关事件的安全性。

BP. 08. 04：监视安全设施的性能和功能的有效性。

BP. 08. 05：为了标识必要的变化而评论系统安全态势。

BP. 08. 06：管理有关事件的安全响应。

BP. 08. 07：适当地保护用于保证安全监视的人工设施。

9）PA09：提供安全输入

目标 1：对于安全隐患，要回顾所有系统问题，并且与安全目标相一致地加以解决。

目标 2：项目组所有成员都拥有一种安全理解，这样他们就能够履行其职责。

目标 3：解决方案反映了所提供的安全输入。

BP. 09. 01：设计人员、开发人员和用户一起工作，保证适当的团体拥有一种对安全输入所需的共同理解。

BP. 09. 02：确定安全约束，并需要考虑产生所通知的工程选择。

BP. 09. 03：标识与工程问题相关的可选择的安全解决方案。

BP. 09. 04：分析和优先区分用于安全约束和考虑的工程选择。

BP. 09. 05：提供有关指导其他工程组的安全性。

BP. 09. 06：提供有关指导操作系统用户和管理员的安全性。

10）PA10：说明安全需求

目标：在包括消费者在内的团体之间传达对安全需求的公共理解。

BP. 10. 01：获得消费者安全需求的理解。

BP. 10. 02：标识支配该系统的法律、政策、标准、外部影响和约束。

BP. 10. 03：标识该系统的目的，以便确定安全上下文。

BP. 10. 04：获取面向一个高级安全性的系统操作视图。

BP. 10. 05：获取定义系统安全性的高级目标。

BP. 10. 06：定义一个一致的声明集合，它规定了在系统中实现的保护。

BP. 10. 07：签订协议，它规定了满足消费者安全需求的安全性。

11）PA11：检验和证实安全

目标 1：满足安全需求的解决方案。

目标 2：满足消费者操作安全需求的解决方案。

BP. 11. 01：标识检验和证实的解决方案。

BP. 11. 02：为检验和证实每个解决方案而定义严格的步骤和级别。

BP. 11. 03：检验解决方案是否实现与预先抽象级别相关的需求。

BP. 11. 04：证实解决方案是否满足与预先抽象级别相关的需求，最终满足消费者操作安全需求。

BP. 11. 05：为其他工程组获取检验和证实的结果。

SSE-CMM 模型将系统安全工程过程分为三类：风险过程、工程过程和信任度过程。

风险是发生了某种不希望的事件并对系统造成影响的可能性。根据模型,能够成为风险的事件由三个部分组成:威胁、系统脆弱性和事件造成的影响。通常,这三种因素必须全都存在才足以构成风险(使风险值大于零)。例如,不安全的系统但无威胁存在、不幸事件发生但没有造成影响等都不视为风险。系统风险分析是建立在对威胁、系统脆弱性和事件影响分析的基础上。而通过系统中的安全机制可将系统遗留的风险控制在可接受的程度内。模型中定义了4个风险过程:评估影响(PA02)、评估安全风险(PA03)、评估威胁(PA04)和评估脆弱性(PA05)。

安全工程不是一个独立的实体,而是系统工程的一个组成部分。例如,安全系统集成通常是系统集成的一个组成部分。SSE-CMM模型强调系统安全工程与其他工程学科的合作和协调,并定义了专门的调整安全过程域(PA07)。在一个工程项目的初始阶段,承担工程的组织必须根据风险分析结果、有关系统需求、可应用的法律法规和方针政策等信息,与客户一起共同定义系统的安全需求,这一过程称为说明安全需求过程域(PA10)。在综合考虑了包括成本、性能、技术风险及使用难易程度等各种因素后,提出解决问题的方案,这一过程称为提供安全输入过程域(PA09)。然后,该组织必须保证其安全机制的正确配置和正常运行,这一过程称为管理安全控制过程域(PA01)。同时,对系统进行连续的监测,以保证新风险不会增大到不可接受的程度,这一过程称为监控安全态势过程域(PA08)。

在信任度问题上,SSE-CMM模型强调对执行安全工程过程结果质量的可重复性信任度。信任度过程不增加额外的系统安全机制,只是通过检验和证实现有系统安全机制的正确性和有效性来实现,这一过程称为检验和证实安全过程域(PA11)。并且允许借鉴其他各个过程域的工作产品来构造系统安全信任度论据,这一过程称为构造信任度论据过程域(PA06)。

SSE-CMM模型没有规定各个过程域在系统安全工程生命周期中出现的顺序,某些过程域甚至可能重复出现在生命周期中的几个阶段。实际上,过程域是依照过程域名的英文字母顺序来编号的。

另外,SE—CMM模型也定义了11个过程域,可以和SSE-CMM模型的11个过程域一起使用共同量度一个组织的过程能力成熟度。

2. 过程能力

为了衡量一个组织的能力成熟度,其过程完成的质量必须是可量度的。为此,SSE-CMM模型定义了5个过程能力级别。

Level 1:非正式执行的过程。它仅仅要求一个过程域的所有基本实践都被执行,而对执行的结果并无明确的要求。

Level 2:计划和跟踪的过程。它强调过程执行前的计划和执行中的检查。这使得一个组织可以根据最终结果的质量来管理其实践活动。

Level 3:良好定义的过程。它要求过程域所包括的所有基本实践都必须依照一组良好定义的操作规范来进行。这组规范是一个组织依据长期工作经验制定出来的,其合理性是经过验证的。

Level 4：定量控制的过程。它能够对一个组织的表现进行定量的量度和预测。使过程管理成为客观的和准确的实践活动。

Level 5：持续改善的过程。它为过程行为的高效化和实用化建立定量的目标。可以准确地量度过程的持续改善所收到的效果。

每个级别用一组共同特性(CF)来标识,每个共同特性则通过一组确定的通用实践(GP)来描述,参见表9.2。

表9.2 过程能力描述结构

能力级别(Level)	共同特性(Common Feature)	通用实践(Generic Practice)
Level 1：非正式执行的过程	CF 1.1：执行了基本实践	GP 1.1.1：执行该过程
Level 2：计划和跟踪的过程	CF 2.1：计划执行	GP 2.1.1：分配资源
		GP 2.1.2：指派责任
		GP 2.1.3：编写过程文档
		GP 2.1.4：提供工具
		GP 2.1.5：确保培训
		GP 2.1.6：计划过程
	CF 2.2：训练执行	GP 2.2.1：使用计划、标准和程序
		GP 2.2.2：对配置进行管理
	CF 2.3：检验执行	GP 2.3.1：检验过程一致性
		GP 2.3.2：审核工作产品
	CF 2.4：跟踪执行	GP 2.4.1：跟踪与测量
		GP 2.4.2：跟踪校正动作
Level 3：良好定义的过程	CF 3.1：定义一个标准过程	GP 3.1.1：标准化过程
		GP 3.1.2：定制标准过程
	CF 3.2：执行所定义的过程	GP 3.2.1：使用一个良好定义的过程
		GP 3.2.2：执行对缺陷的审核
		GP 3.2.3：使用良好定义的数据
	CF 3.3：调整安全实践	GP 3.3.1：执行组内调整
		GP 3.3.2：执行组间调整
		GP 3.3.3：执行外部调整
Level 4：定量控制的过程	CF 4.1：建立可测量的质量目标	GP 4.1.1：建立质量目标
	CF 4.2：客观管理的执行	GP 4.2.1：确定过程能力
		GP 4.2.2：使用过程能力

续表

<table>
<tr><th>能力级别
(Level)</th><th>共同特性
(Common Feature)</th><th>通用实践
(Generic Practice)</th></tr>
<tr><td rowspan="5">Level 5：持续改善的过程</td><td rowspan="2">CF 5.1：改善组织的能力</td><td>GP 5.1.1：建立过程有效性目标</td></tr>
<tr><td>GP 5.1.2：持续改善其标准过程</td></tr>
<tr><td rowspan="3">CF 5.2：改善过程有效性</td><td>GP 5.2.1：执行因果分析</td></tr>
<tr><td>GP 5.2.2：消除缺陷原因</td></tr>
<tr><td>GP 5.2.3：持续改善所定义的过程</td></tr>
</table>

过程能力是用来量度每个过程域的，而不是用来量度整个组织的。当一个组织不能执行一个过程域中的基本实践时，该过程域的过程能力是 0 级。0 级不是一种真正意义上的能力级别，不包含任何通用实践，也不需要测量。

9.4.2 过程能力评估方法

运用 SSE-CMM 模型来评估一个组织的过程能力可采用两种方法：自我评估和第三方评估。

一个组织可以运用 SSE-CMM 模型自我评估每个过程域的能力级别，测评结果可作为改善其过程能力的理论依据和目标。在运用 SSE-CMM 模型评估一个组织的过程能力成熟度之前，应首先使用这一模型评估该组织在以往工程项目中的表现。

由于每个能力级别都定义了一个或多个共同特性，只有当所有共同特性都得到满足时，才达到了对应的能力级别。如果一个过程域只满足 $n+1$ 级或 $n+2$ 级上所定义的部分共同特性，但满足了 n 级上所定义的全部共同特性，其过程能力应当评为 n 级。

在执行具体项目时，一个组织可以根据系统安全工程项目的实际需求有选择地执行某些过程域，而不是全部。此外，一个组织也可能需要执行安全工程过程域之外的关键过程。SSE-CMM 模型推荐了 SE-CMM 模型的 11 个过程域，它们可用于组织和项目本身的管理，可以与 SSE-CMM 过程域配合使用。

为了支持理论模型，保障过程能力评估结果的一致性，SSE-CMM 项目组编写了 SSE-CMM 模型评估方法指南。评估方法指南详细地规定了评估机构的组成、人员责任的划分、日程的安排、评估过程中所使用的一些表格格式及内容等。评估过程包括持续一周的与被评组织直接接触的调研活动。指南建议的评估时间是：自我评估为 500 人小时左右，第三方评估为 1000 人小时左右。评估活动本身并不复杂，主要是确认 SSE-CMM 模型中定义的基本实践和通用实践是否存在。被评组织必须提交证据以支持自己的论点。

过程能力成熟度模型所定义的工作过程具有连续性、可重复性和有效性。过程能力理论指出，一个组织在工作实践中的表现在很大程度上是可预估的。虽然对过程能力的评估不能完全取代对产品的测试和认证，也不能直接担保产品质量的好坏，但一个具有很高过程能力的组织或企业生产高信任度信息安全产品的可能性是很大的。因此，对一个组织的过程能力评估将为其产品信任度的评估提供有力的佐证，并且可以大大简化繁杂的信息安全产品认证实践。

9.5 本章总结

本章主要介绍了信息安全标准、CC 准则以及 SSE-CMM 模型等。

为了推动和规范信息安全技术和产品的开发，使信息安全产品之间能够互操作，一些国际组织制定了有关信息安全的标准和规范。世界各国根据本国的国情制定了一些信息安全标准和法规，体现了各个国家的信息安全方针和政策。

我国目前已制定了八十多个信息安全技术标准，包括系统安全标准、信息安全技术标准、安全评估标准、公钥基础设施标准、系统等级保护标准以及系统分级保护标准等不同的类别，对推动和规范信息安全技术及产品的研究、开发、测评以及工程应用发挥了重要的作用。

信息安全产品必须经过认证机构的评估和认证后才能进入市场，被用户所接受。为了实现产品评估的公正性和一致性，认证机构必须遵循被广泛认可的评估标准来评估信息安全产品。由于世界各国标准在信息安全产品等级划分和评定标准上存在一定的差异，引起兼容性问题，因此国际上提出了信息技术安全评估公共准则——CC，作为信息技术安全评估的国际标准，其目标是建立一个单一的信息安全国际标准，为相同信息安全产品的评价提供可比性，使得各国开发的信息安全产品能够在世界范围内得到认可。

为了简化信息安全产品测评过程，国际上提出 SSE-CMM 模型，用于评估一个组织从事信息安全工程或开发信息安全产品的过程能力成熟度，从而建立对该组织所开发信息安全产品的信任度。SSE-CMM 模型提供了一种过程能力成熟度评估模型和方法，将系统安全工程任务抽象为 11 个过程域，将执行每个过程的能力分为 5 个过程能力级别，并且每个过程域和过程能力级别都是可测评的。通过评估一个组织的过程能力成熟度，有助于建立对该组织所开发产品的信任度。

思 考 题

1. 信息安全标准的意义是什么？
2. 为什么各个国家的信息安全标准都存在一定的差异？
3. 中国信息安全标准有哪些类别？
4. CC 准则的作用是什么？
5. UNIX 和 Windows 操作系统分别达到哪种安全等级？
6. 什么是自主访问控制和强制访问控制？请举例说明。
7. 什么是目标重用？其目的何在？
8. 在高级别的安全系统中，都要求采用可验证的形式化安全模型来描述系统的安全策略，为什么？
9. SSE-CMM 模型的意义和作用是什么？

10. 在 SSE-CMM 模型中，安全风险、系统脆弱性、事件影响和安全威胁的关系是什么？

11. 在 SSE-CMM 模型中，怎样描述和评估过程能力？又怎样评估一个组织的工程能力成熟度？

12. 对一个组织的工程能力成熟度评估可以取代对该组织安全产品认证吗？为什么？

第10章 系统等级保护

10.1 引言

随着信息化的发展,国内各行各业建设了大量的网络信息系统,信息安全问题比较突出。为了应对信息安全方面的挑战,需要综合地运用信息安全技术对信息系统进行有效保护。

信息系统安全保护是一项信息安全工程,不是单一信息安全产品的简单应用,需要按照信息安全工程方法,与信息系统同步规划、设计和建设,贯穿于应用需求分析、安全风险分析、安全设计与实施、安全运行和维护等各个阶段,通过技术手段和管理措施的结合,全面提升信息系统的安全保障能力。

在实施信息安全工程时,需要解决以下问题:

(1) 有差别保护。由于每个信息系统的重要性、信息资产的价值以及受到损害后造成的影响都可能是不同的,因此需要根据信息系统性质、重要性、影响等方面的因素采取有差别的保护措施,不能搞"一刀切"。

(2) 规范化保护。在信息安全工程建设中,涉及信息安全技术和管理的方方面面,不是信息安全产品的简单应用,需要按照统一的标准和要求进行综合化、系统化的保护,防止因随意化、简单化可能造成保护力度不足或留下安全隐患。

(3) 适度保护。由于信息系统安全保护需要投入很大的人力、物力和财力,包括安全方案设计、安全产品购置、网络系统集成、管理机构设置、人员技能培训等方面的费用。因此需要在保护力度和成本费用上取得平衡,既不能欠缺保护,也不能过度保护,应当适度保护。

(4) 测评体系。在信息安全工程完成后,需要对工程质量和保护能力进行综合测评,评估信息系统的安全保护能力是否达到预期的安全目标和要求。在测评时,需要建立一套合理的测评体系,包括测评指标、测评方法以及测评标准等。

因此,需要建立一套信息系统安全保护体系、政策、制度和标准,对信息系统进行有差别、规范化、适度和可评价的安全保护。

我国实行两种信息系统安全保护制度:信息系统安全等级保护和涉密信息系统分级保护,并制定了相关的国家标准和政策,分别用于对不同类别的信息系统进行安全保护。

本章主要介绍信息系统安全等级保护的基本概念、定级方法和基本要求,并举例说明如何确定和设计一个信息系统保护等级和安全保护方案。

10.2 等级保护基本概念

为了对信息系统进行有差别、规范化、适度的安全保护，我国实行两种信息系统安全保护制度：涉密信息系统分级保护（简称分级保护）制度和信息系统安全等级保护（简称等级保护）制度，分别适用于不同的应用场合，为信息系统安全保护提供了法规和标准依据。

从文字上理解，分级保护和等级保护似乎有相同之处，容易将两者混淆起来。实际上，这是两种不同的信息安全保护制度和标准。

1. 分级保护

分级保护的对象是涉密信息系统，重点是保障涉密信息安全。

涉密信息是指涉及国家秘密的信息，而不是商业秘密和个人隐私信息。涉密信息分为绝密级、机密级和秘密级三个密级。

涉密信息系统是指存储、处理国家秘密的计算机信息系统。对涉密信息系统实行分级保护是国家强制执行的信息安全保密政策。国家制定了相应的法律和标准。

在新修订的中华人民共和国保守国家秘密法（2010 年 10 月 1 日起施行）中，明确规定对涉密信息系统实行分级保护。

为了指导和规范涉密信息系统分级保护工作，国家制定了一系列国家保密标准（BMB）。

(1) BMB 17—2006：涉及国家秘密的信息系统分级保护技术要求；

(2) BMB 20—2007：涉及国家秘密的信息系统分级保护管理规范；

(3) BMB 22—2007：涉及国家秘密的信息系统分级保护测评指南；

(4) BMB 23—2007：涉及国家秘密的信息系统分级保护方案设计指南。

BMB 标准规定，涉密信息系统分为绝密级、机密级和秘密级三个级别，其中绝密级和机密级进一步分为一般要求和增强要求，增强要求是对一般要求的进一步增强，其安全防护要求更高一些。

2. 等级保护

等级保护的对象主要是非涉密信息系统，重点是保障信息系统安全。等级保护采取自主定级、自主保护的原则，其保护等级主要根据信息系统在国家安全、经济建设、社会生活中的重要程度，信息系统遭到破坏后对国家安全、社会秩序、公共利益以及公民、法人和其他组织的合法权益的危害程度等因素来确定。

为了指导和规范信息系统安全等级保护工作，国家制定了一系列信息系统等级保护标准。

(1) GB 17859—1999：计算机信息系统安全保护等级划分准则；

(2) GB/T 22239—2008：信息系统安全等级保护基本要求；

(3) GB/T 22240—2008：信息系统安全等级保护定级指南；

(4) GB/T 25058—2010：信息系统安全等级保护实施指南；

(5) GB/T 25070—2010：信息系统等级保护安全设计技术要求；

(6) GB/T 28448—2012：信息系统安全等级保护测评要求；

(7) GB/T 28449—2012：信息系统安全等级保护测评过程指南。

等级保护标准规定，信息系统安全保护等级分为以下五级：

第一级，信息系统受到破坏后，会对公民、法人和其他组织的合法权益造成损害，但不损害国家安全、社会秩序和公共利益。

第二级，信息系统受到破坏后，会对公民、法人和其他组织的合法权益产生严重损害，或者对社会秩序和公共利益造成损害，但不损害国家安全。

第三级，信息系统受到破坏后，会对社会秩序和公共利益造成严重损害，或者对国家安全造成损害。

第四级，信息系统受到破坏后，会对社会秩序和公共利益造成特别严重损害，或者对国家安全造成严重损害。

第五级，信息系统受到破坏后，会对国家安全造成特别严重的损害。

其中，第一级为最低级，属于基本保护；第五级为最高级。第三、第四、第五级主要侧重于对社会秩序和公共利益的保护，虽然也涉及国家安全，但这类信息系统通常是涉密信息系统，必须实行分级保护，并且是强制执行的，而不是自主保护。

信息系统安全等级保护的核心是对信息系统分等级，按标准进行建设、管理和监督。信息系统安全等级保护实施过程中应遵循以下基本原则。

(1) 自主保护原则：信息系统运营、使用单位及其主管部门按照国家相关法规和标准，自主确定信息系统的安全保护等级，自行组织实施安全保护。

(2) 重点保护原则：根据信息系统的重要程度、业务特点，通过划分不同安全保护等级的信息系统，实现不同强度的安全保护，集中资源优先保护涉及核心业务或关键信息资产的信息系统。

(3) 同步建设原则：信息系统在新建、改建、扩建时，应当同步规划和设计安全方案，投入一定比例的资金建设信息安全设施，保障信息安全与信息化建设相适应。

(4) 动态调整原则：要跟踪信息系统的变化情况，调整安全保护措施。由于信息系统的应用类型、范围等条件的变化及其他原因，安全保护等级需要变更的，应当根据等级保护的管理规范和技术标准的要求，重新确定信息系统的安全保护等级，根据信息系统安全保护等级的调整情况，重新实施安全保护。

10.3 等级保护定级方法

10.3.1 定级基本原理

为了对信息系统进行适度的安全保护，准确确定保护等级是非常重要的，也是等级保护的基础。

在 GB/T 22240—2008 标准中，给出了信息系统安全等级保护定级方法，为如何划分信息系统安全保护等级提供了指导方针。

信息系统安全保护等级分为5个级别,保护等级由两个定级要素决定:等级保护对象受到破坏时所侵害的客体和对客体造成侵害的程度。

1. 受侵害的客体

等级保护对象受到破坏时所侵害的客体包括以下三个方面:

(1) 公民、法人和其他组织的合法权益;

(2) 社会秩序、公共利益;

(3) 国家安全。

2. 对客体的侵害程度

对客体的侵害程度由客观方面的不同外在表现综合决定。由于对客体的侵害是通过对等级保护对象的破坏实现的。因此,对客体的侵害外在表现为对等级保护对象的破坏,通过危害方式、危害后果和危害程度加以描述。

等级保护对象受到破坏后对客体造成侵害的程度归结为以下三种:

(1) 造成一般损害;

(2) 造成严重损害;

(3) 造成特别严重损害。

3. 定级要素与等级的关系

定级要素与信息系统安全保护等级的关系如表10.1所示。

表10.1 定级要素与安全保护等级的关系

受侵害的客体	对客体的侵害程度		
	一般损害	严重损害	特别严重损害
公民、法人和其他组织的合法权益	第一级	第二级	第二级
社会秩序、公共利益	第二级	第三级	第四级
国家安全	第三级	第四级	第五级

10.3.2 定级一般方法

1. 定级的一般流程

信息系统安全包括业务信息安全和系统服务安全,与之相关的受侵害客体和对客体的侵害程度可能不同。因此,信息系统定级也应由业务信息安全和系统服务安全两方面确定。

从业务信息安全角度反映的信息系统安全保护等级称为业务信息安全保护等级。

从系统服务安全角度反映的信息系统安全保护等级称为系统服务安全保护等级。

确定信息系统安全保护等级的一般流程如下:

(1) 确定作为定级对象的信息系统。

(2) 确定业务信息安全受到破坏时所侵害的客体。

（3）根据不同的受侵害客体，从多个方面综合评定业务信息安全被破坏对客体的侵害程度。

（4）依据表10.2，得到业务信息安全保护等级。

表10.2 业务信息安全保护等级矩阵表

业务信息安全被破坏时所侵害的客体	对相应客体的侵害程度		
	一般损害	严重损害	特别严重损害
公民、法人和其他组织的合法权益	第一级	第二级	第二级
社会秩序、公共利益	第二级	第三级	第四级
国家安全	第三级	第四级	第五级

（5）确定系统服务安全受到破坏时所侵害的客体。

（6）根据不同的受侵害客体，从多个方面综合评定系统服务安全被破坏对客体的侵害程度。

（7）依据表10.3，得到系统服务安全保护等级。

表10.3 系统服务安全保护等级矩阵表

系统服务安全被破坏时所侵害的客体	对相应客体的侵害程度		
	一般损害	严重损害	特别严重损害
公民、法人和其他组织的合法权益	第一级	第二级	第二级
社会秩序、公共利益	第二级	第三级	第四级
国家安全	第三级	第四级	第五级

（8）将业务信息安全保护等级和系统服务安全保护等级的较高者确定为定级对象的安全保护等级。

确定等级的一般流程如图10.1所示。

2. 确定定级对象

一个单位内运行的信息系统可能比较庞大，为了体现重要部分重点保护，有效控制信息安全建设成本，优化信息安全资源配置的等级保护原则，可将较大的信息系统划分为若干个较小的、可能具有不同安全保护等级的定级对象。

作为定级对象的信息系统应具有以下基本特征：

（1）具有唯一确定的安全责任单位。作为定级对象的信息系统应能够唯一地确定其安全责任单位。如果一个单位的某个下级单位负责信息系统安全建设、运行维护等过程的全部安全责任，则这个下级单位可以成为信息系统的安全责任单位；如果一个单位中的不同下级单位分别承担信息系统不同方面的安全责任，则该信息系统的安全责任单位应是这些下级单位共同所属的单位。

（2）具有信息系统的基本要素。作为定级对象的信息系统应该是由相关的和配套的设备、设施按照一定的应用目标和规则组合而成的有形实体。应避免将某个单一的系统

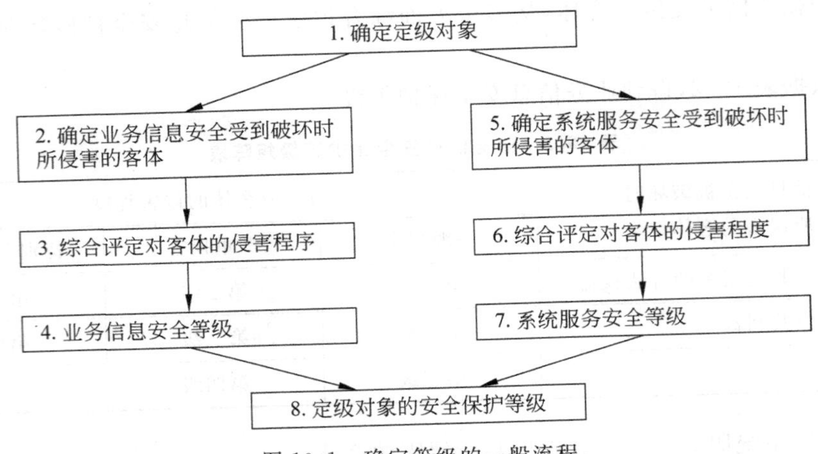

图 10.1　确定等级的一般流程

组件,如服务器,终端、网络设备等作为定级对象。

(3) 承载单一或相对独立的业务应用。定级对象承载“单一”的业务应用是指该业务应用的业务流程独立,与其他业务应用没有数据交换,且独享所有信息处理设备。定级对象承载“相对独立”的业务应用是指其业务应用的主要业务流程独立,同时与其他业务应用有少量的数据交换,定级对象可能会与其他业务应用共享一些设备,尤其是网络传输设备。

3. 确定受侵害的客体

定级对象受到破坏时所侵害的客体包括国家安全、社会秩序、公众利益以及公民、法人和其他组织的合法权益。

侵害国家安全的事项包括以下方面:

(1) 影响国家政权稳固和国防实力;

(2) 影响国家统一、民族团结和社会安定;

(3) 影响国家对外活动中的政治、经济利益;

(4) 影响国家重要的安全保卫工作;

(5) 影响国家经济竞争力和科技实力;

(6) 其他影响国家安全的事项。

侵害社会秩序的事项包括以下方面:

(1) 影响国家机关社会管理和公共服务的工作秩序;

(2) 影响各种类型的经济活动秩序;

(3) 影响各行业的科研、生产秩序;

(4) 影响公众在法律约束和道德规范下的正常生活秩序等;

(5) 其他影响社会秩序的事项。

影响公共利益的事项包括以下方面:

(1) 影响社会成员使用公共设施;

(2) 影响社会成员获取公开信息资源;

(3) 影响社会成员接受公共服务等方面;

(4) 其他影响公共利益的事项。

影响公民、法人和其他组织的合法权益是指由法律确认的并受法律保护的公民、法人和其他组织所享有的一定的社会权利和利益。

确定作为定级对象的信息系统受到破坏后所侵害的客体时,应首先判断是否侵害国家安全,然后判断是否侵害社会秩序或公众利益,最后判断是否侵害公民、法人和其他组织的合法权益。

各个行业可根据本行业业务特点,分析各类信息和各类信息系统与国家安全、社会秩序、公共利益以及公民、法人和其他组织的合法权益的关系,从而确定本行业各类信息和各类信息系统受到破坏时所侵害的客体。

4. 确定对客体的侵害程度

1) 侵害的客观方面

在客观方面,对客体的侵害外在表现为对定级对象的破坏,其危害方式表现为对信息安全的破坏和对信息系统服务的破坏,其中信息安全是指确保信息系统内信息的保密性、完整性和可用性等;系统服务安全是指确保信息系统可以及时、有效地提供服务,以完成预定的业务目标。由于业务信息安全和系统服务安全受到破坏,所侵害的客体和对客体的侵害程度可能会有所不同,在定级过程中,需要分别处理这两种危害方式。

信息安全和系统服务安全受到破坏后,可能产生以下危害后果:

(1) 影响行使工作职能;

(2) 导致业务能力下降;

(3) 引起法律纠纷;

(4) 导致财产损失;

(5) 造成社会不良影响;

(6) 对其他组织和个人造成损失;

(7) 其他影响。

2) 综合判定侵害程度

侵害程度是客观方面的不同外在表现的综合体现,因此,应首先根据不同的受侵害客体、不同危害后果分别确定其危害程度。对不同危害后果确定其危害程度所采取的方法和所考虑的角度可能不同,例如系统服务安全被破坏导致业务能力下降的程度可以从信息系统服务覆盖的区域范围、用户人数或业务量等不同方面确定,业务信息安全被破坏导致的财物损失可以从直接的资金损失大小、间接的信息恢复费用等方面进行确定。

在针对不同的受侵害客体进行侵害程度的判断时,应参照以下不同的判别基准:

(1) 如果受侵害客体是公民、法人或其他组织的合法权益,则以本人或本单位的总体利益作为判断侵害程度的基准;

(2) 如果受侵害客体是社会秩序、公共利益或国家安全,则应以整个行业或国家的总体利益作为判断侵害程度的基准。

不同危害后果的三种危害程度描述如下。

(1) 一般损害:工作职能受到局部影响,业务能力有所降低但不影响主要功能的执行,出现较轻的法律问题,较低的财产损失,有限的社会不良影响,对其他组织和个人造成较低损害。

(2) 严重损害:工作职能受到严重影响,业务能力显著下降且严重影响主要功能执行,出现较严重的法律问题,较高的财产损失,较大范围的社会不良影响,对其他组织和个人造成较严重损害。

(3) 特别严重损害:工作职能受到特别严重的影响或丧失行使能力,业务能力严重下降且或功能无法执行,出现极其严重的法律问题,极高的财产损失,大范围的社会不良影响,对其他组织和个人造成非常严重的损害。

信息安全和系统服务安全被破坏后对客体的侵害程度,由对不同危害结果的危害程度进行综合评定得出。由于各行业信息系统所处理的信息种类和系统服务特点各不相同,信息安全和系统服务安全受到破坏后关注的危害结果、危害程度的计算方式均可能不同,各行业可根据本行业信息特点和系统服务特点,制定危害程度的综合评定方法,并给出侵害不同客体造成一般损害、严重损害、特别严重损害的具体定义。

5. 确定定级对象的安全保护等级

根据业务信息安全被破坏所侵害的客体以及对相应客体的侵害程度,依据表 10.2 业务信息安全保护等级矩阵表,即可得到业务信息安全保护等级。

根据系统服务安全被破坏时所侵害的客体以及对相应客体的侵害程度,依据表 10.3 系统服务安全保护等级矩阵表,即可得到系统服务安全保护等级。

作为定级对象的信息系统的安全保护等级由业务信息安全保护等级和系统服务安全保护等级的较高者决定。

在信息系统的运行过程中,安全保护等级应随着信息系统所处理的信息和业务状态的变化进行适当的变更,尤其是当状态变化可能导致业务信息安全或系统服务受到破坏后的受侵害客体和对客体的侵害程度有较大的变化,可能影响系统的安全保护等级时,应按上面给出的定级方法重新定级。

10.4 等级保护基本要求

10.4.1 基本概念

信息系统安全等级保护的基本要求是等级保护的核心,它建立了评价每个保护等级的指标体系,也是等级测评的依据。信息系统安全等级保护的基本要求包括基本技术要求和基本管理要求两个方面,体现了技术和管理并重的系统安全保护原则。

在 GB/T 22239—2008 标准中,提出了不同安全保护等级信息系统的最低保护要求,即基本安全要求,包括基本技术要求和基本管理要求,用于规范和指导信息系统安全等级保护工作。

不同等级的信息系统应具备的基本安全保护能力如下。

第一级安全保护能力：应能够防护系统免受来自个人的、拥有很少资源的威胁源发起的恶意攻击、一般的自然灾难，以及其他相当危害程度的威胁所造成的关键资源损害，在系统遭到损害后，能够恢复部分功能。

第二级安全保护能力：应能够防护系统免受来自外部小型组织的、拥有少量资源的威胁源发起的恶意攻击、一般的自然灾难，以及其他相当危害程度的威胁所造成的重要资源损害，能够发现重要的安全漏洞和安全事件，在系统遭到损害后，能够在一段时间内恢复部分功能。

第三级安全保护能力：应能够在统一安全策略下防护系统免受来自外部有组织的团体、拥有较为丰富资源的威胁源发起的恶意攻击、较为严重的自然灾难，以及其他相当危害程度的威胁所造成的主要资源损害，能够发现安全漏洞和安全事件，在系统遭到损害后，能够较快恢复绝大部分功能。

第四级安全保护能力：应能够在统一安全策略下防护系统免受来自国家级别的、敌对组织的、拥有丰富资源的威胁源发起的恶意攻击、严重的自然灾难，以及其他相当危害程度的威胁所造成的资源损害，能够发现安全漏洞和安全事件，在系统遭到损害后，能够迅速恢复所有功能。

信息系统安全等级保护应依据信息系统的安全保护等级情况保证它们具有相应等级的基本安全保护能力，不同安全保护等级的信息系统要求具有不同的安全保护能力。

基本安全要求是针对不同安全保护等级信息系统应该具有的基本安全保护能力提出的安全要求，根据实现方式的不同，基本安全要求分为基本技术要求和基本管理要求两大类。技术类安全要求与信息系统提供的技术安全机制有关，主要通过在信息系统中部署软硬件产品并正确地配置其安全功能来实现；管理类安全要求与信息系统中各种角色参与的活动有关，主要通过控制各种角色的活动，从政策、制度、规范、流程以及记录等方面做出规定来实现。

基本技术要求从物理安全、网络安全、主机安全、应用安全和数据安全几个层面提出；基本管理要求从安全管理制度、安全管理机构、人员安全管理、系统建设管理和系统运维管理几个方面提出，基本技术要求和基本管理要求是确保信息系统安全不可分割的两个部分。

基本安全要求从各个层面或方面提出了系统的每个组件应该满足的安全要求，信息系统具有的整体安全保护能力通过不同组件实现基本安全要求来保证。除了保证系统的每个组件满足基本安全要求外，还要考虑组件之间的相互关系，来保证信息系统的整体安全保护能力。

根据保护侧重点的不同，技术类安全要求进一步细分为：保护数据在存储、传输、处理过程中不被泄露、破坏和免受未授权修改的信息安全类要求；保护系统连续正常运行，免受对系统的未授权修改、破坏而导致系统不可用的服务保证类要求；通用安全保护类要求。

10.4.2　基本技术要求

基本技术要求从物理安全、网络安全、主机安全、应用安全和数据安全几个层面提出，每个层面分成第一～第五级，第一级提出了最基本的要求，第二～第五级是在第一级的基础上逐级增强，增强要求包括两个方面：一是增加了新的项目及要求；二是增强了项目的防护强度。

1. 物理安全

物理安全是指对机房环境的基本安全要求。机房主要用于安放网络核心设备机柜，网络核心设备包括网络路由器、交换机、服务器、存储器以及各种安全设备等，这些设备应安装在一个或多个机柜中。因此，机房属于重点保护的要害部位。

物理安全的基本安全要求包括物理位置选择、物理访问控制、防盗窃和防破坏、防雷击、防火、防水和防潮、温湿度控制、电力供应、防静电、防电磁等方面的基本要求。

第一级物理安全提出了基本的物理安全要求，包括以下项目：

(1) 物理访问控制；

(2) 防盗窃和防破坏；

(3) 防雷击；

(4) 防火；

(5) 防水和防潮；

(6) 温湿度控制；

(7) 电力供应。

第二～第五级物理安全是在第一级的基础上逐级增强，下面是第三级物理安全的基本要求。

(1) 物理位置选择。

① 机房和办公场地应选择在具有防震、防风和防雨等能力的建筑内；

② 机房场地应避免设在建筑物的高层或地下室，以及用水设备的下层或隔壁。

(2) 物理访问控制。

① 机房出入口应安排专人值守，控制、鉴别和记录进入的人员；

② 需进入机房的来访人员应经过申请和审批流程，并限制和监控其活动范围；

③ 应对机房划分区域进行管理，区域和区域之间设置物理隔离装置，在重要区域前设置交付或安装等过渡区域；

④ 重要区域应配置电子门禁系统，控制、鉴别和记录进入的人员。

(3) 防盗窃和防破坏。

① 应将主要设备放置在机房内；

② 应将设备或主要部件进行固定，并设置明显的不易除去的标记；

③ 应将通信线缆铺设在隐蔽处，可铺设在地下或管道中；

④ 应对介质分类标识，存储在介质库或档案室中；

⑤ 应利用光、电等技术设置机房防盗报警系统；

⑥ 应对机房设置监控报警系统。

(4) 防雷击。

① 机房建筑应设置避雷装置；

② 应设置防雷保安器，防止感应雷；

③ 机房应设置交流电源地线。

(5) 防火。

① 机房应设置火灾自动消防系统，能够自动检测火情、自动报警，并自动灭火；

② 机房及相关的工作房间和辅助房应采用具有耐火等级的建筑材料；

③ 机房应采取区域隔离防火措施，将重要设备与其他设备隔离开。

(6) 防水和防潮。

① 水管安装，不得穿过机房屋顶和活动地板下；

② 应采取措施防止雨水通过机房窗户、屋顶和墙壁渗透；

③ 应采取措施防止机房内水蒸汽结露和地下积水的转移与渗透；

④ 应安装对水敏感的检测仪表或元件，对机房进行防水检测和报警。

(7) 防静电。

① 主要设备应采用必要的接地防静电措施；

② 机房应采用防静电地板。

(8) 温湿度控制。

机房应设置温湿度自动调节设施，使机房温湿度的变化在设备运行所允许的范围之内。

(9) 电力供应。

① 应在机房供电线路上配置稳压器和过电压防护设备；

② 应提供短期的备用电力供应，至少满足主要设备在断电情况下的正常运行要求；

③ 应设置冗余或并行的电力电缆线路为计算机系统供电；

④ 应建立备用供电系统。

(10) 电磁防护。

① 应采用接地方式防止外界电磁干扰和设备寄生耦合干扰；

② 电源线和通信线缆应隔离铺设，避免互相干扰；

③ 应对关键设备和磁介质实施电磁屏蔽。

2. 网络安全

网络安全是指对网络系统的基本安全要求。根据网络规模大小，一个网络系统可能由接入网络、汇聚网络、核心网络等部分组成，由相应的路由器、交换机等网络设备连接而成，也是重点保护对象。

网络安全的基本安全要求包括结构安全、访问控制、安全审计、边界完整性检查、入侵防范、恶意代码防范、网络设备防护等方面的基本要求。

第一级网络安全提出了基本的网络安全要求，包括以下项目：

(1) 结构安全；

(2) 访问控制；

(3) 网络设备防护。

第二～第五级网络安全是在第一级的基础上逐级增强的，下面是第三级网络安全的基本要求。

(1) 结构安全。

① 应保证主要网络设备的业务处理能力具备冗余空间,满足业务高峰期需要;

② 应保证网络各个部分的带宽满足业务高峰期需要;

③ 应在业务终端与业务服务器之间进行路由控制建立安全的访问路径;

④ 应绘制与当前运行情况相符的网络拓扑结构图;

⑤ 应根据各部门的工作职能、重要性和所涉及信息的重要程度等因素,划分不同的子网或网段,并按照方便管理和控制的原则为各子网、网段分配地址段;

⑥ 应避免将重要网段部署在网络边界处且直接连接外部信息系统,重要网段与其他网段之间采取可靠的技术隔离手段;

⑦ 应按照对业务服务的重要次序来指定带宽分配优先级别,保证在网络发生拥堵的时候优先保护重要主机。

(2) 访问控制。

① 应在网络边界部署访问控制设备,启用访问控制功能;

② 应能根据会话状态信息为数据流提供明确的允许/拒绝访问的能力,控制粒度为端口级;

③ 应对进出网络的信息内容进行过滤,实现对应用层 HTTP、FTP、Telnet、SMTP、POP3 等协议命令级的控制;

④ 应在会话处于非活跃一定时间或会话结束后终止网络连接;

⑤ 应限制网络最大流量数及网络连接数;

⑥ 重要网段应采取技术手段防止地址欺骗;

⑦ 应按用户和系统之间的允许访问规则,决定允许或拒绝用户对受控系统进行资源访问,控制粒度为单个用户;

⑧ 应限制具有拨号访问权限的用户数量。

(3) 安全审计。

① 应对网络系统中的网络设备运行状况、网络流量、用户行为等进行日志记录;

② 审计记录应包括:事件的日期和时间、用户、事件类型、事件是否成功及其他与审计相关的信息;

③ 应能够根据记录数据进行分析,并生成审计报表;

④ 应对审计记录进行保护,避免受到非预期的删除、修改或覆盖等。

(4) 边界完整性检查。

① 应能够对非授权设备私自连到内部网络的行为进行检查,准确定出位置,并对其进行有效阻断;

② 应能够对内部网络用户私自连到外部网络的行为进行检查,准确定出位置,并对其进行有效阻断。

(5) 入侵防范。

① 应在网络边界处监视以下攻击行为:端口扫描、强力攻击、木马后门攻击、拒绝服务攻击、缓冲区溢出攻击、IP 碎片攻击和网络蠕虫攻击等;

② 当检测到攻击行为时，记录攻击源 IP 地址、攻击类型、攻击目的、攻击时间，在发生严重入侵事件时应提供报警。

(6) 恶意代码防范。

① 应在网络边界处对恶意代码进行检测和清除；

② 应维护恶意代码库的升级和检测系统的更新。

(7) 网络设备防护。

① 应对登录网络设备的用户进行身份鉴别；

② 应对网络设备的管理员登录地址进行限制；

③ 网络设备用户的标识应唯一；

④ 主要网络设备应对同一用户选择两种或两种以上组合的身份鉴别技术进行身份鉴别；

⑤ 身份鉴别信息应具有不易被冒用的特点，口令应有复杂度要求并定期更换；

⑥ 应具有登录失败处理功能，可采取结束会话、限制非法登录次数和当网络登录连接超时自动退出等措施；

⑦ 当对网络设备进行远程管理时，应采取必要措施防止鉴别信息在网络传输过程中被窃听；

⑧ 应实现设备特权用户的权限分离。

3. 主机安全

主机安全是指对主机系统的基本安全要求，包括接入网络的客户机和服务器。主机安全的基本要求包括身份鉴别、安全标记、访问控制、可信路径、安全审计、剩余信息保护、入侵防范、恶意代码防范、资源控制等方面的基本要求。

第一级主机安全提出了基本的主机安全要求，包括以下项目：

(1) 身份鉴别；

(2) 访问控制；

(3) 入侵防范；

(4) 恶意代码防范。

第二～第五级主机安全是在第一级的基础上逐级增强的，下面是第三级主机安全的基本要求。

(1) 身份鉴别。

① 应对登录操作系统和数据库系统的用户进行身份标识和鉴别；

② 操作系统和数据库系统管理用户身份标识应具有不易被冒用的特点，口令应有复杂度要求并定期更换；

③ 应启用登录失败处理功能，可采取结束会话、限制非法登录次数和自动退出等措施；

④ 当对服务器进行远程管理时，应采取必要措施，防止鉴别信息在网络传输过程中被窃听；

⑤ 应为操作系统和数据库系统的不同用户分配不同的用户名，确保用户名具有唯

一性。

⑥ 应采用两种或两种以上组合的身份鉴别技术对管理用户进行身份鉴别。

(2) 访问控制。

① 应启用访问控制功能,依据安全策略控制用户对资源的访问;

② 应根据管理用户的角色分配权限,实现管理用户的权限分离,仅授予管理用户所需的最小权限;

③ 应实现操作系统和数据库系统特权用户的权限分离;

④ 应严格限制默认账户的访问权限,重命名系统默认账户,修改这些帐户的默认口令;

⑤ 应及时删除多余的、过期的账户,避免共享账户的存在。

⑥ 应对重要信息资源设置敏感标记;

⑦ 应依据安全策略严格控制用户对有敏感标记重要信息资源的操作;

(3) 安全审计。

① 审计范围应覆盖到服务器和重要客户端上的每个操作系统用户和数据库用户;

② 审计内容应包括重要用户行为、系统资源的异常使用和重要系统命令的使用等系统内重要的安全相关事件;

③ 审计记录应包括事件的日期、时间、类型、主体标识、客体标识和结果等;

④ 应能够根据记录数据进行分析,并生成审计报表;

⑤ 应保护审计进程,避免受到未预期的中断;

⑥ 应保护审计记录,避免受到未预期的删除、修改或覆盖等。

(4) 剩余信息保护。

① 应保证操作系统和数据库系统用户的鉴别信息所在的存储空间,被释放或再分配给其他用户前得到完全清除,无论这些信息是存放在硬盘上还是在内存中的;

② 应确保系统内的文件、目录和数据库记录等资源所在的存储空间,被释放或重新分配给其他用户前得到完全清除。

(5) 入侵防范。

① 应能够检测到对重要服务器进行入侵的行为,能够记录入侵的源 IP 地址、攻击的类型、攻击的目的、攻击的时间,并在发生严重入侵事件时提供报警;

② 应能够对重要程序的完整性进行检测,并在检测到完整性受到破坏后具有恢复的措施;

③ 操作系统应遵循最小安装的原则,仅安装需要的组件和应用程序,并通过设置升级服务器等方式保持系统补丁及时得到更新。

(6) 恶意代码防范。

① 应安装防恶意代码软件,并及时更新防恶意代码软件版本和恶意代码库;

② 主机防恶意代码产品应具有与网络防恶意代码产品不同的恶意代码库;

③ 应支持防恶意代码的统一管理。

(7) 资源控制。

① 应通过设定终端接入方式、网络地址范围等条件限制终端登录;

② 应根据安全策略设置登录终端的操作超时锁定；

③ 应对重要服务器进行监视，包括监视服务器的CPU、硬盘、内存、网络等资源的使用情况；

④ 应限制单个用户对系统资源的最大或最小使用限度；

⑤ 应能够对系统的服务水平降低到预先规定的最小值进行检测和报警。

4. 应用安全

应用安全是指对应用软件系统的基本安全要求，包括身份鉴别、安全标记、访问控制、可信路径、安全审计、剩余信息保护、通信完整性、通信保密性、抗抵赖、软件容错、资源控制等方面的基本要求。

第一级主机安全提出了基本的主机安全要求，包括以下项目：

(1) 身份鉴别；

(2) 访问控制；

(3) 通信完整性；

(4) 软件容错。

第二～第五级主机安全是在第一级的基础上逐级增强的，下面是第三级应用安全的基本要求。

(1) 身份鉴别。

① 应提供专用的登录控制模块对登录用户进行身份标识和鉴别；

② 应对同一用户采用两种或两种以上组合的身份鉴别技术实现用户身份鉴别；

③ 应提供用户身份标识唯一和鉴别信息复杂度检查功能，保证应用系统中不存在重复用户身份标识，身份鉴别信息不易被冒用；

④ 应提供登录失败处理功能，可采取结束会话、限制非法登录次数和自动退出等措施；

⑤ 应启用身份鉴别、用户身份标识唯一性检查、用户身份鉴别信息复杂度检查以及登录失败处理功能，并根据安全策略配置相关参数。

(2) 访问控制。

① 应提供访问控制功能，依据安全策略控制用户对文件、数据库表等客体的访问；

② 访问控制的覆盖范围应包括与资源访问相关的主体、客体及它们之间的操作；

③ 应由授权主体配置访问控制策略，并严格限制默认账户的访问权限；

④ 应授予不同账户为完成各自承担任务所需的最小权限，并在它们之间形成相互制约的关系；

⑤ 应具有对重要信息资源设置敏感标记的功能；

⑥ 应依据安全策略严格控制用户对有敏感标记重要信息资源的操作。

(3) 安全审计。

① 应提供覆盖到每个用户的安全审计功能，对应用系统重要安全事件进行审计；

② 应保证无法单独中断审计进程，无法删除、修改或覆盖审计记录；

③ 审计记录的内容至少应包括事件的日期、时间、发起者信息、类型、描述和结果等；

④ 应提供对审计记录数据进行统计、查询、分析及生成审计报表的功能。

(4) 剩余信息保护。

① 应保证用户鉴别信息所在的存储空间被释放或再分配给其他用户前得到完全清除,无论这些信息是存放在硬盘上还是在内存中的;

② 应保证系统内的文件、目录和数据库记录等资源所在的存储空间被释放或重新分配给其他用户前得到完全清除。

(5) 通信完整性。

应采用密码技术保证通信过程中数据的完整性。

(6) 通信保密性。

① 在通信双方建立连接之前,应用系统应利用密码技术进行会话初始化验证;

② 应对通信过程中的整个报文或会话过程进行加密。

(7) 抗抵赖。

① 应具有在请求的情况下为数据原发者或接收者提供数据原发证据的功能;

② 应具有在请求的情况下为数据原发者或接收者提供数据接收证据的功能。

(8) 软件容错。

① 应提供数据有效性检验功能,保证通过人机接口输入或通过通信接口输入的数据格式或长度符合系统设定要求;

② 应提供自动保护功能,当故障发生时自动保护当前所有状态,保证系统能够进行恢复。

(9) 资源控制。

① 当应用系统的通信双方中的一方在一段时间内未做任何响应时,另一方应能够自动结束会话;

② 应能够对系统的最大并发会话连接数进行限制;

③ 应能够对单个账户的多重并发会话进行限制;

④ 应能够对一个时间段内可能的并发会话连接数进行限制;

⑤ 应能够对一个访问账户或一个请求进程占用的资源分配最大限额和最小限额;

⑥ 应能够对系统服务水平降低到预先规定的最小值进行检测和报警;

⑦ 应提供服务优先级设定功能,并在安装后根据安全策略设定访问账户或请求进程的优先级,根据优先级分配系统资源。

5. 数据安全

数据安全是指对数据安全及备份恢复的基本安全要求,包括数据完整性、数据保密性、备份和恢复等方面的基本要求。

第一级数据安全提出了基本的数据安全及备份恢复要求,包括以下项目:

(1) 数据完整性;

(2) 备份和恢复。

第二~第五级数据安全是在第一级的基础上逐级增强的,下面是第三级数据安全的基本要求。

（1）数据完整性。

① 应能够检测到系统管理数据、鉴别信息和重要业务数据在传输过程中完整性受到破坏，并在检测到完整性错误时采取必要的恢复措施；

② 应能够检测到系统管理数据、鉴别信息和重要业务数据在存储过程中完整性受到破坏，并在检测到完整性错误时采取必要的恢复措施。

（2）数据保密性。

① 应采用加密或其他有效措施实现系统管理数据、鉴别信息和重要业务数据传输保密性；

② 应采用加密或其他保护措施实现系统管理数据、鉴别信息和重要业务数据存储保密性。

（3）备份和恢复。

① 应提供本地数据备份与恢复功能，完全数据备份至少每天一次，备份介质场外存放；

② 应提供异地数据备份功能，利用通信网络将关键数据定时批量传送至备用场地；

③ 应采用冗余技术设计网络拓扑结构，避免关键节点存在单点故障；

④ 应提供主要网络设备、通信线路和数据处理系统的硬件冗余，保证系统的高可用性。

10.4.3 基本管理要求

基本管理要求从安全管理制度、安全管理机构、人员安全管理、系统建设管理和系统运维管理5个管理方面提出。

安全管理制度规定了日常安全管理活动的总体方针、安全策略、操作规程等，基本要求包括管理制度、制定和发布、评审和修订等方面。

安全管理机构是对安全管理机构提出的要求，基本要求包括岗位设置、人员配备、授权和审批、沟通和合作、审核和检查等方面。

人员安全管理是对人员安全管理规章制度提出的要求，基本要求包括人员录用、人员离岗、人员考核、安全教育和培训、外部人员访问管理等方面。

系统建设管理是对系统建设管理规章制度提出的要求，基本要求包括系统定级、安全方案设计、产品采购和使用、自行软件开发、外包软件开发、工程实施、测试验收、系统交付、系统备案、等级测评、安全服务商选择等方面。

系统运维管理是对系统运维管理规章制度提出的要求，基本要求包括环境管理、资产管理、介质管理、设备管理、网络安全管理、系统安全管理、恶意代码防范管理、备份与恢复管理、变更管理、安全事件处置、应急预案管理等方面。

上述的5个管理方面也分为第一～第五级，第一级提出了最基本的要求，第二～第五级是在第一级的基础上逐级增强的，增强要求包括两个方面：一是增加了新的项目及要求；二是增强了项目的管理强度。关于每个级别的具体要求，可参阅有关标准，这里不做详细介绍。

10.5 等级保护应用举例

10.5.1 信息系统描述

下面以某市地税信息系统为例，介绍信息系统安全等级保护方案的规划和设计问题。

该信息系统的主要应用系统有公众服务的门户网站系统、面向税务管理的业务信息管理系统、面向单位内部的管理信息系统和电子邮件系统等。

该信息系统的网络环境分为三个区域和一个主干。

(1) 本地主机域：用于连接网络中所有的本地主机，这些主机通过布线系统中的信息插座接入网络。由于本地主机数量多，并分布在多个大楼内，因此采用三层网络结构：第一层为接入层，使用一定数量的接入交换机来连接所有的主机（信息插座）；第二层为汇聚层，通过少量的汇聚交换机连接所有的接入交换机；第三层为核心层，将所有的汇聚交换机连接到网络主干的核心交换机上。

(2) 服务器域：用于连接网络中的一组服务器，包括门户网站服务器、业务信息服务器、管理信息服务器、安全产品服务器等，这些服务器通过一个汇聚交换机连接到网络主干的核心交换机上。由于业务管理系统产生的业务数据量较大，因此业务系统服务器采用存储网络来存储业务数据。

(3) 网络接入域：用于连接互联网，为内部用户提供接入互联网以及外部用户访问门户网站等服务，外接链路连接到一个路由器上，路由器与网络主干核心交换机相连。

(4) 网络主干：通过一个核心交换机连接三个区域，构成网络主干。

网络拓扑结构图如图 10.2 所示，整个网络系统均为千兆链路，布线系统采用光纤和超 5 类非屏蔽双绞线混合布线，所有布线均采用隐蔽式铺设。

10.5.2 信息系统定级

在信息系统安全等级保护，首先需要确定信息系统安全保护等级。

通常，信息系统安全包括业务信息安全和系统服务安全，与之相关的受侵害客体和对客体的侵害程度可能不同。因此，信息系统定级也由业务信息安全和系统服务安全两方面来确定：一是从业务信息安全角度反映的信息系统安全保护等级称业务信息安全保护等级；二是从系统服务安全角度反映的信息系统安全保护等级称系统服务安全保护等级。

信息系统安全等级保护定级的一般流程如下：

(1) 确定作为定级对象的信息系统。

(2) 确定业务信息安全和系统服务安全受到破坏时所侵害的客体。

(3) 根据不同的受侵害客体，从多个方面综合评定业务信息安全和系统服务安全被破坏对客体的侵害程度。

(4) 根据业务信息安全和系统服务安全的受侵害客体以及侵害程度，确定业务信息安全和系统服务安全保护等级。

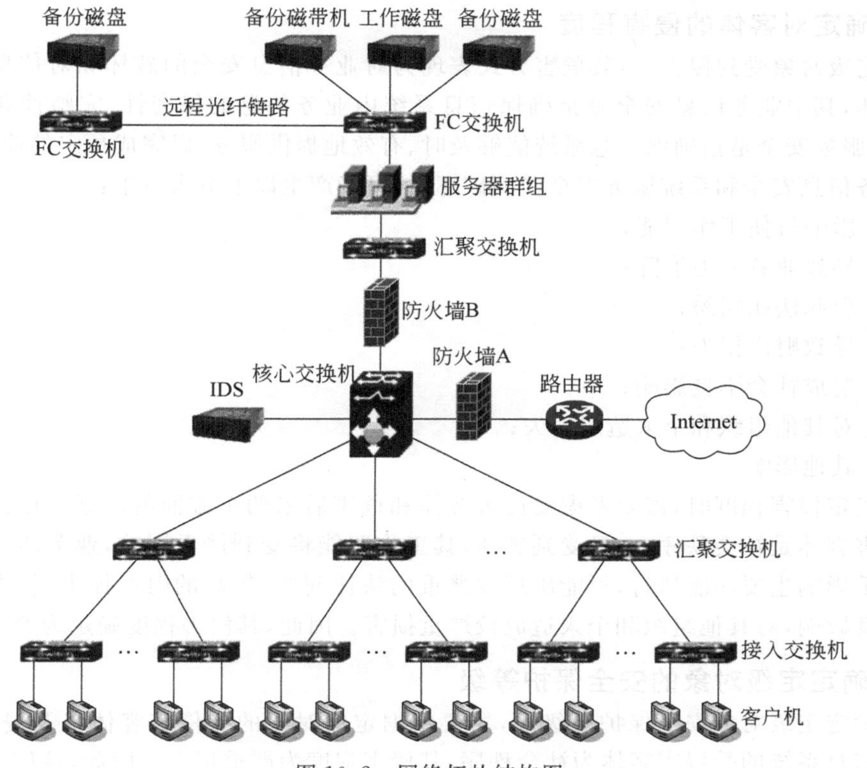

图 10.2　网络拓扑结构图

（5）将业务信息安全保护等级和系统服务安全保护等级的较高者确定为定级对象的安全保护等级。

1. 确定定级对象

该单位的信息系统采用统一规划、设计和建设，并实行集中运维和管理，该单位是信息系统的唯一安全责任单位。因此，定级对象确定为该信息系统。

2. 确定受侵害的客体

定级对象受到破坏时所侵害的客体包括国家安全、社会秩序、公众利益以及公民、法人和其他组织的合法权益等。

根据该信息系统的性质，在该信息系统受到破坏时所侵害的客体主要是社会秩序，其侵害事项包括以下方面：

（1）影响国家机关社会管理和公共服务的工作秩序；

（2）影响各种类型的经济活动秩序；

（3）影响各行业的科研、生产秩序；

（4）影响公众在法律约束和道德规范下的正常生活秩序等；

（5）其他影响社会秩序的事项。

因此，该信息系统的受侵害客体确定社会秩序。

3. 确定对客体的侵害程度

在定级对象受到侵害时，其危害方式表现为对业务信息安全的破坏和对信息系统服务的破坏，其中业务信息安全是指确保信息系统内业务信息的保密性、完整性和可用性等；系统服务安全是指确保信息系统能够及时、有效地提供服务，以完成预定的业务目标。

业务信息安全和系统服务安全受到破坏后，可能产生以下危害后果：

(1) 影响行使工作职能；

(2) 导致业务能力下降；

(3) 引起法律纠纷；

(4) 导致财产损失；

(5) 造成社会不良影响；

(6) 对其他组织和个人造成损失；

(7) 其他影响。

在确定侵害程度时，需要考虑受侵害客体和危害后果两个方面的因素。该信息系统的受侵害客体是社会秩序，一旦受到破坏，其工作职能将受到严重影响，业务能力显著下降并严重影响主要功能执行，可能出现较严重的法律问题，较高的财产损失，较大范围的社会不良影响，对其他组织和个人造成较严重损害。因此，其侵害程度确定为严重损害。

4. 确定定级对象的安全保护等级

在确定定级对象安全保护等级时，主要依据定级对象的受侵害客体以及侵害程度。由于该信息系统的受侵害客体为社会秩序，其侵害程度为严重损害。因此，该信息系统的安全保护等级确定为第三级。

10.5.3 安全保护方案

信息系统安全等级保护方案包括安全技术方案和安全管理方案，它们是确保信息系统安全不可分割的两个部分。

1. 安全技术方案

根据信息系统定级，该信息系统按照第三级系统安全保护要求，从物理安全、网络安全、主机安全、应用安全、数据安全 5 个方面来设计安全技术方案。

1) 物理安全主要是指中心机房安全。按照第三级物理安全要求，需要从中心机房的物理位置选择、物理访问控制、防盗窃和防破坏、防雷击、防火、防水和防潮、温湿度控制、电力供应、防静电、防电磁等方面进行安全设计。

(1) 物理位置选择

中心机房在一幢 8 层大楼内，中心机房位于第 5 层。该楼具有防震、防风和防雨等能力。

(2) 物理访问控制

① 中心机房配置电子门禁系统，用于控制、鉴别和记录进入的人员；

② 建立中心机房管理制度，对进入中心机房的人员及管理办法做出规定，在一般情况下，禁止非机房工作人员进入中心机房；在特殊情况下，非机房工作人员进入中心机房

时,需要履行申请、审批、登记等手续。

(3) 防盗窃和防破坏

① 中心机房设置视频监控系统,对门窗、机柜等部位进行视频监控;

② 中心机房设置红外防盗报警系统,对门窗进行防盗监控;

③ 中心机房的所有设备均安装固定在机柜中;

④ 布线系统采用隐蔽式铺设,配线架安装在大楼的管道间,并采取物理保护措施。

(4) 防雷击

中心机房所在的大楼安装了避雷装置、防雷保安器以及交流电源地线。

(5) 防火

① 中心机房配置火灾自动消防系统;

② 中心机房采用具有耐火等级的建筑材料装修。

(6) 防水和防潮

① 中心机房没有水管穿过机房屋顶和活动地板下;

② 中心机房具备防止雨水渗透能力;

③ 中心机房配置防水检测仪表,对机房进行防水检测和报警。

(7) 防静电

中心机房配置防静电地板来防静电。

(8) 温湿度控制

中心机房配置机房专用空调系统,对机房温、湿度进行自动调节。

(9) 电力供应

① 中心机房供电线路上配置稳压器和过电压防护设备;

② 中心机房配置不间断电源系统(UPS),提供短期的备用电力供应,电力供应时间满足主要设备在断电情况下的正常运行要求;

③ 中心机房配置冗余电力电缆线路为计算机系统供电;

④ 中心机房配置自备发电机,作为备用供电系统。

(10) 电磁防护

① 中心机房和机柜采用接地方式来防止外界电磁干扰和设备寄生耦合干扰;

② 电源线和通信线缆采取隔离铺设,两者之间保持一定的安全距离,防止互相干扰。

在中心机房和布线系统建设过程中,首先采用招标方式,选择有资质的工程施工和工程监理单位;在施工过程中,按照第三级物理安全要求来设计和实施;在工程完成后,按照第三级物理安全要求进行测试和验收。因此,物理安全设计符合第三级物理安全要求。

2) 网络安全

网络安全是对网络系统的安全保护,按照第三级网络安全要求,需要从结构安全、访问控制、安全审计、边界完整性检查、入侵防范、恶意代码防范、网络设备防护等方面进行安全设计。

(1) 结构安全

① 根据网络业务量分析,核心交换机和汇聚交换机的配置都具备一定的冗余处理能力,能够满足业务高峰期的处理能力和网络带宽需要;

② 网络接入域路由器与网络主干核心交换机之间部署防火墙(图 10.2 中的防火墙 A),通过设置安全规则,控制外部用户对内部网及资源的访问;

③ 服务器域汇聚交换机与网络主干核心交换机之间部署防火墙(图 10.2 中的防火墙 B),通过设置安全规则,在终端与务服务器之间建立安全的访问路径;

④ 在网络主干上部署入侵检测系统(IDS),连接在核心交换机镜像端口,对网络入侵行为进行监测;

⑤ 根据各部门的工作职能划分不同的虚拟局域网(VLAN),实施网络流量隔离;

⑥ 在核心交换机上设置带宽分配优先级策略,按照业务服务重要顺序指定带宽分配优先级别,保证在网络发生拥堵时优先保护重要主机;

⑦ 网络拓扑结构图如图 10.2 所示。

(2) 访问控制

① 在防火墙 A 上,根据 IP 地址和 TCP/UDP 端口号设置安全规则,对来自互联网的外部用户及行为进行控制,只允许访问开放或授权的网络服务和资源;

② 在防火墙 B 上,根据 IP 地址和 TCP/UDP 端口号设置安全规则,对来自内部和外部用户及行为进行控制,只允许访问开放或授权的网络服务和资源;

③ 在防火墙 A 和 B 上设置安全规则,对进出网络的信息内容进行过滤,实施对应用层 HTTP、FTP、Telnet、SMTP、POP3 等协议命令级的控制;

④ 在防火墙 A 和 B 上设置安全规则,对会话状态进行检测和控制,在会话处于非活跃一定时间或会话结束后终止网络连接;

⑤ 在防火墙 A 和 B 上设置安全规则,对网络最大流量数及网络连接数进行限制;

⑥ 在防火墙 A 和 B 上设置安全规则,对地址欺骗攻击进行检测和防范;

⑦ 在防火墙 A 和 B 上设置安全规则,对用户访问网络服务和资源进行控制,控制粒度为单个用户;

⑧ 不提供拨号上网功能。

(3) 安全审计

① 在网络中部署第三方安全审计系统,对网络系统中的网络设备运行状况、网络流量、用户行为等进行日志记录和集中审计,安全审计服务设置在服务器域中;

② 该系统提供日志查询和审计功能,支持多种日志查询方式,对事件的日期和时间、用户、事件类型、事件是否成功等信息进行审计;

③ 该系统以图表形式显示审计结果,并可生成审计报表输出;

④ 该系统对日志记录文件进行保护,禁止对日志记录的删除和修改操作。为了防止日志文件记满而产生数据丢失,系统将根据用户设置的日志文件长度,对文件长度进行监测,当达到设定的上限值时,连续给出警告信息,提醒管理员及时备份当前日志数据,以防止数据丢失。

(4) 边界完整性检查

① 采用主机 MAC 地址、IP 地址和接入交换机端口三者绑定的方法,禁止非授权计算机或设备接入网络中;

② 在用户主机上安装网络通信监控系统,对无线、拨号或其他非授权方式接入外部

网络的行为进行监控和阻断。

(5) 入侵防范

① 设置IDS的安全规则，对端口扫描、强力攻击、木马后门攻击、拒绝服务攻击、缓冲区溢出攻击、IP碎片攻击和网络蠕虫攻击等网络攻击行为进行监测；

② 当IDS检测到攻击行为时，记录攻击源IP地址、攻击类型、攻击目的、攻击时间，在检测到严重入侵事件时发出报警信息。

(6) 恶意代码防范

① 在网络中部署网络版病毒查杀系统，对恶意代码进行检测和清除。病毒查杀服务器设置在服务器域，病毒查杀客户端安装在网络中所有的服务器和主机上；

② 通过病毒查杀服务器实现对恶意代码库的升级和软件版本的更新。

(7) 网络设备防护

① 路由器、交换机、安全产品等主要网络设备都提供了基于口令的用户身份鉴别功能，通过正确设置和实施身份鉴别策略，对登录网络设备的用户进行身份鉴别；

② 在防火墙B上设置安全规则，对用户登录网络设备的地址进行限制；

③ 设置身份鉴别策略，规定访问网络设备的用户标识是唯一的；

④ 在网络设备提供两种及以上身份鉴别技术的情况下，采取组合鉴别技术进行身份鉴别；

⑤ 设置身份鉴别策略，规定口令长度和更换周期；

⑥ 设置身份鉴别策略，规定登录失败次数和锁定功能；

⑦ 不支持对网络设备的远程管理功能；

⑧ 在防火墙、IDS、安全审计系统、病毒查杀系统等安全产品中，系统管理员与安全审计员职责和权限是分离的，避免特权用户。

上述的网络安全方案主要通过三种途径来实现：一是通过合理的网络结构设计和网络交换设备选择，并正确部署和配置网络交换设备；二是通过部署防火墙、IDS、安全审计系统、病毒查杀系统等多种安全产品，并正确设置其安全规则和功能；三是利用网络设备本身提供的安全管理功能，并正确设置其安全规则。网络安全设计符合第三级网络安全要求。

3) 主机安全

根据重点保护原则，主机安全重点保护的对象是服务器，按照第三级主机安全要求，需要从主机的身份鉴别、访问控制、安全审计、剩余信息保护、入侵防范、恶意代码防范、资源控制等方面进行安全设计。

(1) 身份鉴别

① 系统采取全局强制性用户管理和身份鉴别策略，并通过部署域控服务器来实施。在域控服务器中，为每个合法用户设置用户账户和访问权限，对访问服务器及数据库系统的用户进行强制性身份鉴别；

② 设置每个用户账户的身份鉴别策略，规定口令长度和更换周期；

③ 设置每个用户账户的身份鉴别策略，规定登录失败次数及锁定功能；

④ 不提供服务器远程管理功能；

⑤ 设置每个用户账户的身份鉴别策略，规定访问服务器及数据库系统的用户标识是唯一的；

⑥ 管理用户采用开机身份鉴别和登录身份鉴别两种鉴别方式进行身份鉴别。

(2) 访问控制

① 在域控服务器中，为每个用户账户设置访问权限，控制用户对网络服务和资源的访问；

② 采取基于角色的访问控制策略，设置若干管理用户的角色，实现管理用户的权限分离，并授予管理用户所需的最小权限；

③ 将操作系统和数据库系统特权用户及权限相分离；

④ 重命名系统默认账户，修改这些账户的默认口令；

⑤ 删除多余的、过期的账户，避免共享账户的存在；

⑥ 对重要信息资源设置敏感标记；

⑦ 依据安全策略控制用户对有敏感标记的重要信息资源的操作。

(3) 安全审计

① 安全审计系统的审计范围覆盖每个操作系统用户和数据库用户，审计内容包括重要用户行为、系统资源异常使用和重要系统命令使用等系统中重要的安全相关事件；

② 该系统提供日志查询和审计功能，支持多种日志查询方式，对事件的日期和时间、用户、事件类型、事件是否成功等信息进行审计；

③ 该系统以图表形式显示审计结果，并可生成审计报表输出；

④ 该系统对日志记录文件进行保护，禁止对日志记录的删除和修改操作。为了防止日志文件记满而产生数据丢失，系统将根据用户设置的日志文件长度，对文件长度进行监测，当达到设定的上限值时，连续给出警告信息，提醒管理员及时备份当前日志数据，以防止数据丢失。

(4) 剩余信息保护

① 操作系统的账户管理系统提供账户剩余信息保护功能，能够保证操作系统和数据库系统用户的鉴别信息所在的存储空间，被释放或再分配给其他用户前得到完全清除，无论这些信息是存放在硬盘上还是存在内存中的；

② 操作系统的文件管理系统提供文件剩余信息保护功能，能够保证系统内的文件、目录和数据库记录等资源所在的存储空间，被释放或重新分配给其他用户前得到完全清除。

(5) 入侵防范

① 设置 IDS 的安全规则，对服务器的入侵行为进行监测，当 IDS 检测到入侵行为时，记录入侵的源 IP 地址、攻击的类型、攻击的目的、攻击的时间，并在发生严重入侵事件时进行报警；

② 在网络中设置升级服务器(如 WSUS 等)，能够自动更新系统补丁，修复系统漏洞。

(6) 恶意代码防范

① 在网络中所有的服务器和主机上安装病毒查杀客户端，对恶意代码进行检测和

清除；

② 通过病毒查杀服务器实现对恶意代码库的升级和软件版本的更新。

(7) 资源控制

① 在域控服务器中，为每个用户账户设置终端登录策略，包括终端接入方式、网络地址范围、操作超时锁定等，对终端登录进行限制；

② 使用系统管理工具对重要服务器的CPU、硬盘、内存、网络等资源使用情况进行监视；

③ 使用系统管理工具对单个用户对系统资源的最大或最小使用限度进行限制。

上述的主机安全方案通过两种途径来实现：一是通过部署域控服务器、IDS、安全审计系统、网络病毒查杀系统等多种安全产品，并正确设置其安全规则和功能；二是利用操作系统和数据库系统本身提供的安全管理功能，并正确设置其安全规则。主机安全设计符合第三级主机安全要求。

4) 应用安全

应用安全是对应用软件系统的安全保护，应用软件系统包括门户网站系统、业务信息管理系统、管理信息系统以及电子邮件系统等。按照第三级应用安全要求，需要从身份鉴别、访问控制、安全审计、剩余信息保护、通信完整性、通信保密性、抗抵赖、软件容错、资源控制等方面进行安全设计。

(1) 身份鉴别

① 业务信息管理系统、管理信息系统以及电子邮件系统等应用系统都提供登录用户身份鉴别功能，对登录应用系统的用户进行强制性身份鉴别；

② 设置身份鉴别策略，包括口令最小长度、失败登录次数、用户身份标识唯一性等限制。

(2) 访问控制

① 在应用系统中，通过设置用户访问权限，对用户访问文件、数据库表等客体进行控制；

② 在应用系统中，为授权主体设置访问控制策略，并严格限制默认账户的访问权限；

③ 在应用系统中，为不同用户授予为完成各自承担任务所需的最小权限，并在它们之间形成相互制约的关系；

④ 对重要信息资源设置敏感标记；

⑤ 依据安全策略严格控制用户对有敏感标记的重要信息资源的操作。

(3) 安全审计

① 通过安全审计系统，对应用系统重要安全事件进行审计；

② 该系统提供日志查询和审计功能，支持多种日志查询方式，对事件的日期和时间、用户、事件类型、事件是否成功等信息进行审计；

③ 该系统以图表形式显示审计结果，并可生成审计报表输出；

④ 该系统对日志记录文件进行保护，禁止对日志记录的删除和修改操作。为了防止日志文件记满而产生数据丢失，系统将根据用户设置的日志文件长度，对文件长度进行监测，当达到设定的上限值时，连续给出警告信息，提醒管理员及时备份当前日志数据，以防

止数据丢失。

(4) 剩余信息保护

① 操作系统的账户管理系统提供账户剩余信息保护功能，能够保证操作系统和数据库系统用户的鉴别信息所在的存储空间被释放或再分配给其他用户前得到完全清除，无论这些信息是存放在硬盘上还是在存内存中的；

② 操作系统的文件管理系统提供文件剩余信息保护功能，能够保证系统内的文件、目录和数据库记录等资源所在的存储空间被释放或重新分配给其他用户前得到完全清除。

(5) 通信完整性

业务信息管理系统提供通信完整性保护功能，防止业务信息被篡改。

(6) 通信保密性

应用系统处理的信息为非涉密信息，因此不涉及通信保密问题。

(7) 抗抵赖

应用系统属于非电子交易系统，因此不涉及抗抵赖问题。

(8) 软件容错

① 应用系统提供数据有效性检验功能，保证通过人机接口输入或通过通信接口输入的数据格式或长度符合系统设定要求；

② 应用系统提供系统自动保护和恢复功能。

(9) 资源控制

① 应用系统通常提供超时未响应时自动结束会话功能；

② 使用系统管理工具对系统的最大并发会话连接数进行限制；

③ 使用系统管理工具对单个账户的多重并发会话进行限制；

④ 使用系统管理工具对一个时间段内的并发会话连接数进行限制；

⑤ 使用系统管理工具对系统服务水平降低到预先规定的最小值进行检测和报警。

上述的应用安全方案通过两种途径来实现：一是通过部署域控服务器、安全审计系统、系统管理工具等多种安全产品，并正确设置其安全规则和功能；二是利用操作系统和应用系统本身提供的安全管理功能，并正确设置其安全规则。应用安全设计符合第三级应用安全要求。

5) 数据安全

数据安全保护的重点是业务信息管理系统所产生的业务数据，按照第三级数据安全要求，需要从数据完整性、数据保密性、备份和恢复等方面进行安全设计。

(1) 数据完整性

业务信息管理系统提供数据完整性保护功能，包括数据通信和存储两个方面。

(2) 数据保密性

该系统不涉及数据保密问题。

(3) 备份和恢复

① 业务信息管理系统采用基于 FC 的存储网络来存储业务数据，业务信息服务器通过 FC 交换机与来 RAID 磁盘相连，实现网络数据存储。

② 在存储网络中部署备份磁盘、备份磁带机和备份服务器等设备，这些设备连接在 FC 交换机上，实现业务数据的同步备份（备份磁盘）和定时备份（备份磁带机）。制定数据备份策略，每天做一次完全数据备份，备份磁带场外存放。

③ 在异地部署备份磁盘，建立异地灾备系统，通过光纤线路将业务数据实时传送至异地备份磁盘上进行异步备份，光纤线路连接在 FC 交换机上。

④ 所有的备份操作均在后端的存储网络中进行，不占用前端网络带宽，保证了系统的高可用性。

上述的数据安全方案主要通过数据完整性和多种备份和恢复机制来实现，备份方式包括本地同步备份、本地定时备份和远程异步备份等。数据安全设计符合第三级数据安全要求。

2. 安全管理方案

根据信息系统定级，该系统按照第三级系统安全保护要求，从安全管理制度、安全管理机构、人员安全管理、系统建设管理和系统运维管理 5 个方面来设计安全管理方案。

安全管理方案主要通过各项安全管理制度的制定和实施来实现，安全管理制度应当包括安全管理机构、人员安全管理、系统建设管理和系统运维管理等方面。在安全管理制度时，应当遵循以下基本原则。

(1) 完整性：按照第三级系统安全保护管理要求，分项制定相应的管理制度，形成一个完整的安全管理制度系列，达到第三级系统安全保护的基本管理要求。

(2) 可操作性：各项安全管理制度应与具体单位的实际情况结合起来，内容详实，条款具体，可操作性强。

(3) 正规性：各项安全管理制度应由相应的主管部门组织制定，以单位红头文件形式发布，以显示其正规性和权威性。

由于安全管理方案与具体单位的实际情况相关，这里不再一一列举。

10.6 本章总结

本章主要介绍了信息系统安全等级保护的基本概念、定级方法、基本要求和应用举例等，信息系统安全等级保护是我国实行的一项重要的信息系统安全保护制度，对信息系统安全保护的规划化、标准化起到重要的指导和促进作用。

为了对信息系统进行有差别和适度的保护，必须准确、合理地确定保护等级，这是等级保护的前提和基础。信息系统安全保护等级分为五级，第一级为最低级，属于基本保护；第五级为最高级。保护等级由两个要素决定：等级保护对象受到破坏时所侵害的客体和对客体造成侵害的程度。

信息系统安全等级保护的基本要求建立了评价每个保护等级的指标体系，也是等级测评的依据。基本要求包括基本技术要求和基本管理要求两个方面，基本技术要求从物理安全、网络安全、主机安全、应用安全和数据安全几个层面提出；基本管理要求从安全管理制度、安全管理机构、人员安全管理、系统建设管理和系统运维管理几个方面提出，基本技术要求和基本管理要求是确保信息系统安全不可分割的两个部分，体现了技术和管理并重的系统安全保护原则。

最后通过一个第三级保护实例，说明对一个具体的信息系统，如何确定其保护等级，如何设计符合第三级保护要求的安全保护方案，如何部署和应用信息安全产品等，加深对信息系统安全等级保护制度与标准的理解和认识，为等级保护制度与标准的正确应用和实施打下基础。

思 考 题

1. 实行等级保护制度的意义和作用是什么？
2. 等级保护制度和分级保护制度分别适用于什么类别的信息系统保护？
3. 等级保护分成几级？如何确定信息系统的保护等级？
4. 等级保护基本技术要求从5个方面提出，分别应对哪些安全风险？
5. 在物理安全、网络安全、主机安全、应用安全和数据安全中，分别应用了哪些安全机制？使用了哪些信息安全产品来实现？
6. 等级保护基本管理要求从5个方面提出，分别应对哪些安全风险？
7. 为什么说基本技术要求和基本管理要求是确保信息系统安全不可分割的两个部分？
8. 为什么在基于等级保护的信息系统建成后需要进行现场测评？测评的依据是什么？由谁来测评？
9. 为什么在信息安全工程中必须使用经过检测和认证的信息安全产品？
10. 在信息安全工程中，依据什么来选择、部署和设置信息安全产品？
11. 依据等级保护要求，设计一个大型电子商务网站的安全防护方案。

索　引

（各章均以出现的先后为序）

第 1 章

第 2 章

第 3 章

第 4 章

第 5 章

第 6 章

第 7 章

第 8 章

第 9 章

第 10 章

参 考 文 献

[1] 蔡皖东. 网络与信息安全[M]. 西安：西北工业大学出版社，2002.
[2] 蔡皖东. 系统安全工程能力成熟度模型(SSE-CMM)及其应用[M]. 西安：西安电子科技大学出版社，2004.
[3] 蔡皖东. 计算机网络(第三版)[M]. 西安：西安电子科技大学出版社，2007.
[4] Bruce S. 应用密码学——协议、算法与C源程序[M]. 北京：机械工业出版社，2000.
[5] GB 17859—1999,信息安全技术 计算机信息系统安全保护等级划分准则.
[6] GB/T 22239—2008,信息安全技术 信息系统安全等级保护基本要求.
[7] GB/T 22240—2008,信息安全技术 信息系统安全等级保护定级指南.
[8] GB/T 25058—2010,信息安全技术 信息系统安全等级保护实施指南.
[9] GB/T 25070—2010,信息安全技术 信息系统等级保护安全设计技术要求.
[10] GB/T 28448—2012,信息安全技术 信息系统安全等级保护测评要求.
[11] GB/T 28449—2012,信息安全技术 信息系统安全等级保护测评过程指南.